测度论
基础

冯德成　编著

清华大学出版社
北京

内 容 简 介

本书是针对概率统计专业和相关的其他数学专业研究生"测度论"课程的教材. 内容包括: 集类与测度; 可测映射与可测函数; 可测函数的积分; 测度的分解; 乘积可测空间上的测度与积分. 本书选材少而精, 叙述由浅入深, 难点分散. 每章配有适量的习题, 书末附有习题的参考答案.

本书可作为研究生和高年级本科生相关课程的教材, 也可作为相关专业科研人员教学和科研的参考书.

图书在版编目(CIP)数据

测度论基础 / 冯德成编著.—北京: 清华大学出版社, 2023.6
ISBN 978-7-302-63142-2

I.①测… Ⅱ.①冯… Ⅲ.①测度论－研究生－教材 Ⅳ.①O174.12

中国国家版本馆 CIP 数据核字(2023)第 047754 号

责任编辑: 刘 颖
封面设计: 傅瑞学
责任校对: 赵丽敏
责任印制: 朱雨萌

出版发行: 清华大学出版社
　　　　网　　址: http://www.tup.com.cn, http://www.wqbook.com
　　　　地　　址: 北京清华大学学研大厦 A 座　　　　邮　编: 100084
　　　　社 总 机: 010-83470000　　　　邮　购: 010-62786544
　　　　投稿与读者服务: 010-62776969, c-service@tup.tsinghua.edu.cn
　　　　质量反馈: 010-62772015, zhiliang@tup.tsinghua.edu.cn
印 装 者: 三河市人民印务有限公司
经　　销: 全国新华书店
开　　本: 170mm×240mm　　　印　张: 12.25　　　字　数: 255 千字
版　　次: 2023 年 6 月第 1 版　　　　印　次: 2023 年 6 月第 1 次印刷
定　　价: 46.00 元

产品编号: 098771-01

序

    测度论是现代数学的重要分支, 也是现代分析 (如泛函分析、调和分析等) 和现代概率论的理论基础. 1902 年, 法国数学家 Lebesgue 本质上针对 Euclid 空间中的点集引入了可测性和测度的概念, 并由此建立了一种影响深远的积分 (现称 Lebesgue 积分). 1915 年, Frechet 对 Lebesgue 的测度概念和积分进行了抽象化处理, 提出了一般 (抽象) 测度论的基本框架. 此后, 经过众多学者的努力, 这一框架不断得到丰富和发展. 1930 年, Radon 和 Nikodym 在一般 (抽象) 测度论框架中获得了关于符号测度不定积分表示问题的深刻结果, 并由此引入了 Radon-Nikodym 导数的重要概念. 至此, 一般 (抽象) 测度论趋于完善并定型.

    "测度论" 课程旨在讲授一般 (抽象) 测度论的基本内容, 如: 集类与测度、可测函数与积分、乘积测度与 Fubini 定理、符号测度与 Radon-Nikodym 定理等. 冯德成同志多年来一直承担 "测度论" 课程的讲授任务, 积累了丰富的教学经验. 他参阅国内外同类专著和教材, 结合师范院校的课程设置特点, 撰写了这部《测度论基础》教材. 其突出特色在于: (1) 内容丰富、安排合理, 可满足不同专业的教学需求. (2) 讲解细致、推导完整, 且语言表达通俗易懂, 特别适合于初学和自学. (3) 配备有精心选择的习题, 且题量适中, 有利于学生加深理解和复习巩固所学内容. 相信这部教材的出版将会为有关专业的教学带来更多的选择.

王才士

2022 年 8 月

前　言

　　测度论是现代数学的一个重要分支, 它的奠基人是法国数学家 Lebesgue. 到 20 世纪 30 年代, 测度与积分理论趋于成熟, 并在概率论、泛函分析和调和分析中得到广泛应用. 例如, 苏联著名数学家 Kolmogorov 就是从测度论观点出发, 创立了概率论的公理化体系, 为现代概率论奠定了严格的数学基础.

　　作者自 2009 年起, 给数学专业硕士研究生讲授 "测度论" 课程, 本书就是在作者所写 "测度论" 课程讲稿的基础上, 逐步修改完善而成的. 在选材上, 既突出核心内容的少而精, 又考虑到理论上的完整性和严谨性, 同时为了方便自学, 本书力求深入浅出, 难点分散, 内容自成体系, 读者掌握数学分析和实变函数论的一些基本知识就能阅读本书.

　　在本书的编写过程中, 王才士教授针对具体内容提供了重要的指导, 研究生同学在录入和校稿的过程中提供了帮助. 本书的出版, 得到了西北师范大学数学与统计学院学科建设经费和西北师范大学研究生院 "研究生精品教材建设项目" 的支持, 在此一并感谢!

　　由于作者水平有限, 缺点和错误定然不少, 敬请读者批评指正!

作　者

2022 年 10 月

目　　录

第 1 章　集类与测度

1.1　集合的运算与集类

在本书中, $\mathbb{N}$ 表示全体自然数集, $\mathbb{Z}$ 表示全体整数集, $\mathbb{Q}$ 表示全体有理数集, $\mathbb{R}$ 表示全体实数集, $\mathbb{C}$ 表示全体复数集, $\mathbb{R}_+$ 表示全体非负实数集, $\mathbb{R}_-$ 表示全体非正实数集, $\mathbb{R}^n$ 表示 n 维欧几里得空间.

集合是现代数学最基本的概念之一, 在测度论中, 我们通常在某个给定的集合上讨论问题.

设 Ω 是一个非空集合, Ω 中的元素用 ω 表示. Ω 的子集用大写英文字母 $A, B, C, \cdots$ 等表示. 如果一个元素 ω 属于集合 A, 记作 $\omega \in A$; 反之, 元素 ω 不属于集合 A, 记作 $\omega \notin A$. 不包含任何元素的集合称为空集, 记为 $\varnothing$. 如果

$$\omega \in A \Rightarrow \omega \in B,$$

则称集合 A 被集合 B 包含, 或集合 A 是集合 B 的子集, 记为 $A \subset B$ 或 $B \supset A$. 如果 $A \subset B$ 且 $B \subset A$, 则称集合 A 等于集合 B, 记为 $A = B$.

用 A^c 表示集合 A 的余集, 这里

$$A^c \stackrel{\text{def}}{=} \{\omega | \omega \notin A\}.$$

给定两个集合 A, B, 用

$$A \cap B, \ A \cup B, \ A \setminus B, \ A \triangle B$$

分别表示集合 A 与集合 B 的交、并、差和对称差. 这里

$$A \cap B \stackrel{\text{def}}{=} \{\omega | \omega \in A \text{ 且 } \omega \in B\},$$

$$A \cup B \stackrel{\text{def}}{=} \{\omega | \omega \in A \text{ 或 } \omega \in B\},$$

$$A \setminus B \stackrel{\text{def}}{=} \{\omega | \omega \in A \text{ 且 } \omega \notin B\},$$

$$A \triangle B \stackrel{\text{def}}{=} (A \setminus B) \cup (B \setminus A).$$

有时也用 AB 表示 $A \cap B$, 把 $A \cup B$ 称为集合 A 与 B 的和. 当 $B \subset A$ 时, 也称 $A \setminus B$ 为 A 和 B 的真差.

显然有

$$A^c = \Omega \backslash A, \ A \backslash B = A \cap B^c, \ A \cap A^c = \varnothing, \ A \cup A^c = \Omega, \ A \triangle B = (A \cup B) \backslash (A \cap B).$$

若 $A \cap B = \varnothing$, 则称集合 A 与 B 是不相交的. 当 A 与 B 不相交时, 我们也称 $A \cup B$ 为集合 A 与 B 的直和, 以 $A + B$ 表示.

集合的运算满足交换律、结合律、分配律和对偶律, 其中对偶律也叫德摩根（De Morgan）律, 即有

$$A \cap B = B \cap A, \ A \cup B = B \cup A;$$

$$(A \cap B) \cap C = A \cap (B \cap C), \ (A \cup B) \cup C = A \cup (B \cup C);$$

$$(A \cup B) \cap C = (A \cap C) \cup (B \cap C), \ (A \cap B) \cup C = (A \cup C) \cap (B \cup C);$$

$$(A \cap B)^c = A^c \cup B^c, \ (A \cup B)^c = A^c \cap B^c.$$

特别地, $(A^c)^c = A$.

交和并的概念及运算法则可以推广到任意多个集合的情形.

设 $\{A_i, i \in I\}$ 是一族集合, 这里 I 是指标集（I 中的元素可数或不可数）, 分别用

$$\bigcap_{i \in I} A_i \stackrel{\text{def}}{=} \{\omega | \text{对一切 } i \in I, \ \text{有 } \omega \in A_i\},$$

$$\bigcup_{i \in I} A_i \stackrel{\text{def}}{=} \{\omega | \exists i \in I, \ \text{使 } \omega \in A_i\}$$

表示集合族 $\{A_i, i \in I\}$ 的交和并.

如果对任何 $i, j \in I$, 都有 $A_i \cap A_j = \varnothing$, 则称这族集合 $\{A_i, i \in I\}$ 是两两不交的. 同样, 一族集合 $\{A_i, i \in I\}$ 的交和并运算遵循交换律、结合律、分配律和对偶律. 特别地

$$\left(\bigcup_{i \in I} A_i\right)^c = \bigcap_{i \in I} A_i^c, \ \left(\bigcap_{i \in I} A_i\right)^c = \bigcup_{i \in I} A_i^c.$$

定义 1.1.1　设 $\{A_n, n \geqslant 1\}$ 为一集合序列, 若对每个 $n = 1, 2, \cdots$, 有 $A_n \subset A_{n+1}$, 则称 $\{A_n, n \geqslant 1\}$ 为单调增（非降）的集合序列, 记为 $A_n \uparrow$. 若对每个 $n = 1, 2, \cdots$, 有 $A_n \supset A_{n+1}$, 则称 $\{A_n, n \geqslant 1\}$ 为单调降（非增）的集合序列, 记为 $A_n \downarrow$.

把单调增和单调降的集合序列统称为单调集合序列.

定义 1.1.2　设 $\{A_n, n \geqslant 1\}$ 是一个单调增集合序列, 令 $A = \bigcup_{n=1}^{\infty} A_n$, 则称 A 为

$\{A_n, n \geq 1\}$ 的极限, 记作 $\lim\limits_{n \to \infty} A_n = A$, 或 $A_n \uparrow A$. 即 $\bigcup\limits_{n=1}^{\infty} A_n$ 是单调增集合序列的极限.

当 $\{A_n, n \geq 1\}$ 是一个单调降集合序列, 令 $A = \bigcap\limits_{n=1}^{\infty} A_n$, 则称 A 为 $\{A_n, n \geq 1\}$ 的极限, 记作 $\lim\limits_{n \to \infty} A_n = A$, 或 $A_n \downarrow A$. 即 $\bigcap\limits_{n=1}^{\infty} A_n$ 是单调降集合序列的极限.

定义 1.1.2 表明, 单调集合序列总有极限.

由对偶律可知, 如果 $A_n \uparrow A$, 则 $A_n^c \downarrow A^c$. 反之, 如果 $A_n \downarrow A$, 则 $A_n^c \uparrow A^c$.

下面给出一般的集合序列下极限和上极限的定义.

定义 1.1.3 设 $\{A_n, n \geq 1\}$ 是任意给定的一个集合序列, 令

$$\liminf_{n \to \infty} A_n \overset{\text{def}}{=} \bigcup_{n=1}^{\infty} \bigcap_{k=n}^{\infty} A_k,$$

$$\limsup_{n \to \infty} A_n \overset{\text{def}}{=} \bigcap_{n=1}^{\infty} \bigcup_{k=n}^{\infty} A_k.$$

分别称其为 $\{A_n, n \geq 1\}$ 的下极限和上极限.

事实上, 对于任意给定的一个集合序列 $\{A_n, n \geq 1\}$, 可构造两个不同的集合序列 $\left\{\bigcap\limits_{k=n}^{\infty} A_k, n \geq 1\right\}$ 和 $\left\{\bigcup\limits_{k=n}^{\infty} A_k, n \geq 1\right\}$. 注意到 $\left\{\bigcap\limits_{k=n}^{\infty} A_k, n \geq 1\right\}$ 和 $\left\{\bigcup\limits_{k=n}^{\infty} A_k, n \geq 1\right\}$ 分别是单调增和单调降的集合序列, 因此它们分别有极限 $\bigcup\limits_{n=1}^{\infty} \bigcap\limits_{k=n}^{\infty} A_k$ 和 $\bigcap\limits_{n=1}^{\infty} \bigcup\limits_{k=n}^{\infty} A_k$. 此时, 我们就将 $\bigcup\limits_{n=1}^{\infty} \bigcap\limits_{k=n}^{\infty} A_k$ 和 $\bigcap\limits_{n=1}^{\infty} \bigcup\limits_{k=n}^{\infty} A_k$ 分别称为 $\{A_n, n \geq 1\}$ 的下极限和上极限, 并分别用 $\liminf\limits_{n \to \infty} A_n$ 和 $\limsup\limits_{n \to \infty} A_n$ 表示 $\left(\text{有时也用 } \varliminf\limits_{n \to \infty} A_n \text{ 和 } \varlimsup\limits_{n \to \infty} A_n \text{ 表示}\right)$.

由于

$$\omega \in \bigcup_{n=1}^{\infty} \bigcap_{k=n}^{\infty} A_k \Leftrightarrow \text{存在 } n_0 \geq 1, \text{ 使得 } \omega \in \bigcap_{k=n_0}^{\infty} A_k$$

$$\Leftrightarrow \text{存在 } n_0 \geq 1, \text{ 使得当 } n \geq n_0 \text{ 时}, \omega \in A_n$$

$$\Leftrightarrow \omega \text{ 属于 } A_{n_0} \text{ 之后的所有的 } A_n.$$

$$\omega \in \bigcap_{n=1}^{\infty} \bigcup_{k=n}^{\infty} A_k \Leftrightarrow \text{对每个 } n \geqslant 1, \ \omega \in \bigcup_{k=n}^{\infty} A_k$$

$$\Leftrightarrow \text{对每个 } n \geqslant 1, \text{ 存在一个 } k_n \geqslant n, \text{ 使得 } \omega \in A_{k_n}$$

$$\Leftrightarrow \omega \text{ 属于无穷多个 } A_n.$$

所以有

$$\liminf_{n \to \infty} A_n = \{\omega | \omega \text{ 至多不属于有限多个 } A_n\}.$$

上式表明了 $\{A_n, n \geqslant 1\}$ 的下极限中元素的特征: 即除去 $\{A_n, n \geqslant 1\}$ 中的有限个集合外, 元素 ω 属于该序列的其余集合. 而

$$\limsup_{n \to \infty} A_n = \{\omega | \omega \text{ 属于无穷多个 } A_n\}.$$

意味着 $\{A_n, n \geqslant 1\}$ 的上极限中元素 ω 属于序列 $\{A_n, n \geqslant 1\}$ 中的无穷多个集合.

于是有

$$\liminf_{n \to \infty} A_n \subset \limsup_{n \to \infty} A_n.$$

对于集合序列 $\{A_n, n \geqslant 1\}$, 若

$$\liminf_{n \to \infty} A_n = \limsup_{n \to \infty} A_n,$$

则称 $\{A_n, n \geqslant 1\}$ 的极限存在, 并用 $\lim_{n \to \infty} A_n$ 表示. 此时

$$\lim_{n \to \infty} A_n \overset{\text{def}}{=} \liminf_{n \to \infty} A_n = \limsup_{n \to \infty} A_n.$$

例 1.1.1　对 $n \geqslant 1$, 令

$$A_n = \begin{cases} \left(-\dfrac{1}{n}, 1 \right], & \text{当 } n \text{ 为奇数}, \\[2mm] \left(-1, \dfrac{1}{n} \right], & \text{当 } n \text{ 为偶数}. \end{cases}$$

由于

$$\bigcup_{k=n}^{\infty} A_k = (-1, 1], \quad \bigcap_{k=n}^{\infty} A_k = \{0\}, \ n \geqslant 1.$$

因而

$$\liminf_{n\to\infty} A_n = \bigcup_{n=1}^{\infty} \bigcap_{k=n}^{\infty} A_k = \{0\}, \quad \limsup_{n\to\infty} A_n = \bigcap_{n=1}^{\infty} \bigcup_{k=n}^{\infty} A_k = (-1,1].$$

即

$$\liminf_{n\to\infty} A_n \subsetneq \limsup_{n\to\infty} A_n.$$

设 $\{A_n, n \geqslant 1\}$ 为一集合序列, 若 $\{A_n, n \geqslant 1\}$ 两两不相交 (即当 $n \neq m$ 时, $A_n \cap A_m = \varnothing$), 则可用 $\sum_{n=1}^{\infty} A_n$ 表示 $\bigcup_{n=1}^{\infty} A_n$. 若有 $\sum_{n=1}^{\infty} A_n = \Omega$, 则称 $\{A_n, n \geqslant 1\}$ 为 Ω 的一个 (可数) 划分.

对任意集合序列 $\{A_n, n \geqslant 1\}$, 通过下述方法可构造一个新的集合序列 $\{B_n, n \geqslant 1\}$.

$$B_1 = A_1, \ B_n = A_n A_1^c \cdots A_{n-1}^c = A_n \setminus \bigcup_{k=1}^{n-1} A_k, \ n \geqslant 2,$$

则 $\{B_n, n \geqslant 1\}$ 中的集合是两两不相交的, 且有 $\sum_{n=1}^{\infty} B_n = \bigcup_{n=1}^{\infty} A_n$.

利用这个方法可将任意一个集合序列改造成一个两两不交的新的集合序列.

以集合 Ω 中的一些子集合为元素构成的集合称为 Ω 上的集类 (集合系). 集类一般用花体字母 $\mathcal{A}, \mathcal{B}, \mathcal{C}, \cdots$ 来表示.

定义 1.1.4 设 $\mathcal{C}$ 是 Ω 上的一个非空集类, 如果满足

$$A_1, A_2, \cdots, A_n \in \mathcal{C} \Rightarrow \bigcap_{i=1}^{n} A_i \in \mathcal{C},$$

则称 $\mathcal{C}$ 对有限交 (运算) 封闭. 如果满足

$$A_n \in \mathcal{C}, \quad n \geqslant 1 \Rightarrow \bigcap_{n=1}^{\infty} A_n \in \mathcal{C},$$

则称 $\mathcal{C}$ 对可列交 (运算) 封闭.

类似地可定义 "有限并 (运算) 封闭" "可列并 (运算) 封闭" 以及 "单调序列极限 (运算) 封闭" 等概念.

若令

$$\mathcal{C}_{\cap f} = \left\{ A \middle| A = \bigcap_{i=1}^{n} A_i, \ A_i \in \mathcal{C}, \ i = 1, 2, \cdots, n, \ n \geqslant 1 \right\},$$

则 $\mathcal{C}_{\cap f}$ 对有限交 (运算) 封闭. 我们也称 $\mathcal{C}_{\cap f}$ 为 $\mathcal{C}$ 上使得有限交运算封闭的集类.

类似地, 用

$$\mathcal{C}_{\cup f},\ \mathcal{C}_{\Sigma f},\ \mathcal{C}_{\delta},\ \mathcal{C}_{\sigma},\ \mathcal{C}_{\Sigma \sigma}$$

分别表示 $\mathcal{C}$ 上使得有限并运算、有限不交并运算、可列交运算、可列并运算以及可列不交并运算封闭的集类.

下面介绍测度论中常用的一些集类.

以下总是假定 $\mathcal{C}$ 为 Ω 的若干子集合构成的集类.

定义 1.1.5　若 $\mathcal{C}$ 对交运算封闭, 即

$$A, B \in \mathcal{C} \Rightarrow A \cap B \in \mathcal{C},$$

则称 $\mathcal{C}$ 为一个 π 类.

例 1.1.2　用 $\mathbb{R}$ 表示全体实数组成的集合, 对任意 $a \in \mathbb{R}$, 有

$$(-\infty, a] = \{x | x \in \mathbb{R}, -\infty < x \leqslant a\},$$

若令

$$\mathcal{C} = \{(-\infty, a] | a \in \mathbb{R}\},$$

则 $\mathcal{C}$ 为 $\mathbb{R}$ 上的一个 π 类.

定义 1.1.6　若 $\mathcal{C}$ 满足:

(1) $\varnothing \in \mathcal{C}$;

(2) $A, B \in \mathcal{C} \Rightarrow A \cap B \in \mathcal{C}$;

(3) 当 $A, B \in \mathcal{C}$ 且 $A \supset B$ 时, 存在有限个两两不交的 $\{C_k | C_k \in \mathcal{C},\ k = 1, 2, \cdots, n\}$, 使得 $A \backslash B = \bigcup\limits_{k=1}^{n} C_k$. 则称 $\mathcal{C}$ 为一个半环.

例 1.1.3　设 $\Omega = \{\omega_1, \omega_2, \cdots, \omega_n\}$. 令

$$\mathcal{C} = \{\varnothing, \{\omega_1\}, \{\omega_2\}, \cdots, \{\omega_n\}\}.$$

此时 $\mathcal{C}$ 就是 Ω 上的一个半环.

注　由半环的定义可知, 半环一定是 π 类.

定义 1.1.7　如果 $\mathcal{C}$ 是半环, 且 $\Omega \in \mathcal{C}$, 则称 $\mathcal{C}$ 是一个半代数.

下面是半代数的一个等价说法.

若 $\mathcal{C}$ 满足:

(1) $\Omega \in \mathcal{C}$;

(2) $A, B \in \mathcal{C} \Rightarrow A \cap B \in \mathcal{C}$;

(3) $A, B \in \mathcal{C}$, 且 $A \subset B \Rightarrow B \backslash A = \bigcup_{k=1}^{n} C_k$, 其中 $C_k \in \mathcal{C}$, $k = 1, 2, \cdots, n$, 且两两不交.

则 $\mathcal{C}$ 是一个半代数.

显然, 对于例 1.1.3 中的 $\mathcal{C}$, 若添加 Ω 在 $\mathcal{C}$ 中, 则 $\mathcal{C}$ 构成一个半代数.

定义 1.1.8 若 $\mathcal{C}$ 对并和差运算封闭, 即

$$A, B \in \mathcal{C} \Rightarrow A \cup B \in \mathcal{C}, \ A \backslash B \in \mathcal{C}.$$

则称 $\mathcal{C}$ 是一个环.

例 1.1.4 若令

$$\mathcal{C} = \bigcup_{n=1}^{\infty} \left\{ \bigcup_{k=1}^{n} (a_k, b_k] | a_k, b_k \in \mathbb{R} \right\},$$

则 $\mathcal{C}$ 是 $\mathbb{R}$ 上的环.

定义 1.1.9 如果 $\mathcal{C}$ 对有限交及取余运算封闭, 且有 $\Omega \in \mathcal{C}$. 即 $\mathcal{C}$ 满足下列条件:

(1) $\Omega \in \mathcal{C}$;

(2) $A \in \mathcal{C} \Rightarrow A^c \in \mathcal{C}$;

(3) $A, B \in \mathcal{C} \Rightarrow A \cap B \in \mathcal{C}$.

则称 $\mathcal{C}$ 是一个代数（或域）.

若 $\mathcal{C}$ 是一个代数, 易证它对有限并及差运算封闭, 即

$$A, B \in \mathcal{C} \Rightarrow A \cup B \in \mathcal{C}, A \backslash B \in \mathcal{C}.$$

因此代数一定是环.

定义 1.1.10 如果 $\mathcal{C}$ 对可列交及取余运算封闭, 且有 $\Omega \in \mathcal{C}$. 即 $\mathcal{C}$ 满足下列条件:

(1) $\Omega \in \mathcal{C}$;

(2) $A \in \mathcal{C} \Rightarrow A^c \in \mathcal{C}$;

(3) $\{A_n, n \geqslant 1\} \subset \mathcal{C} \Rightarrow \bigcap_{n=1}^{\infty} A_n \in \mathcal{C}$.

则称 $\mathcal{C}$ 是一个 σ 代数（或 σ 域）.

若 $\mathcal{C}$ 是一个 σ 代数, 易证它对差及可列并运算封闭, 即有

(4) $\varnothing \in \mathcal{C}$;

(5) $A, B \in \mathcal{C} \Rightarrow A \backslash B \in \mathcal{C}$;

(6) 若 $\{A_n, n \geqslant 1\} \subset \mathcal{C} \Rightarrow \bigcup_{n=1}^{\infty} A_n \in \mathcal{C}$.

定理 1.1.1　设 $\mathcal{C}$ 是一个代数, 则下列 5 种可数集运算的封闭性是相互等价的:

(1) "可数并" 运算封闭;

(2) "可数交" 运算封闭;

(3) "可数直和" 运算封闭;

(4) "非降极限" 运算封闭;

(5) "非增极限" 运算封闭.

证明　设 $\{A_n, n \geqslant 1\} \subset \mathcal{C}$, 由于 $\mathcal{C}$ 是代数, 故 $\{A_n^c, n \geqslant 1\} \subset \mathcal{C}$. 令

$$B_1 = A_1, \ B_n = A_n A_1^c \cdots A_{n-1}^c = A_n \backslash \bigcup_{k=1}^{n-1} A_k, \ n \geqslant 2,$$

则 $\{B_n, n \geqslant 1\} \subset \mathcal{C}$, $\{B_n, n \geqslant 1\}$ 中的集合两两不交, 且有 $\bigcup\limits_{n=1}^{\infty} B_n = \bigcup\limits_{n=1}^{\infty} A_n$.

(1) $\Leftrightarrow$ (2)　若 (1) 成立, 则 $\bigcup\limits_{n=1}^{\infty} A_n^c \in \mathcal{C}$. 再由 $\mathcal{C}$ 是代数, 则 $\left(\bigcup\limits_{n=1}^{\infty} A_n^c\right)^c \in \mathcal{C}$, 从而

$\bigcap\limits_{n=1}^{\infty} A_n = \left(\bigcup\limits_{n=1}^{\infty} A_n^c\right)^c \in \mathcal{C}$. 反之, 若 (2) 成立, 则由 $\bigcup\limits_{n=1}^{\infty} A_n = \left(\bigcap\limits_{n=1}^{\infty} A_n^c\right)^c \in \mathcal{C}$, 即 (1)

成立.

(1) $\Leftrightarrow$ (3)　由 $\bigcup\limits_{n=1}^{\infty} B_n = \bigcup\limits_{n=1}^{\infty} A_n$ 可得.

(1) $\Leftrightarrow$ (4)　若 (1) 成立, 设 $\{A_n, n \geqslant 1\}$ 是非降集合序列, 由于

$$A_n \uparrow \bigcup_{n=1}^{\infty} A_n \in \mathcal{C},$$

故 (4) 成立. 反之, 若 (4) 成立, 则集合序列 $\left\{\bigcup\limits_{k=1}^{n} A_k, n \geqslant 1\right\} \subset \mathcal{C}$, 且当 $n \to \infty$ 时

$$\bigcup_{k=1}^{n} A_k \uparrow \bigcup_{k=1}^{\infty} A_k \in \mathcal{C},$$

故 (1) 成立.

(2) $\Leftrightarrow$ (5)　类似于 (1) 和 (4) 的等价性证明, 可证 (2) 和 (5) 是等价的. 证毕.

由定理 1.1.1 可知, 当我们需要验证某集类 $\mathcal{C}$ 是 σ 代数时, 只需验证 $\mathcal{C}$ 是代数, 同时还须验证定理中所述 5 种可数集运算之一是封闭的, 其中 (3)、(4) 或 (5) 比 (1) 或 (2) 更容易验证.

例 1.1.5 设 $\Omega = \{1, 2, 3\}$,分别令

$$\mathcal{C}_1 = \{\varnothing, \{1\}, \{2\}, \{3\}, \{1,2\}, \{1,3\}, \{2,3\}, \{1,2,3\}\}, \qquad \mathcal{C}_2 = \{\varnothing, \{1,2,3\}\}.$$

则 $\mathcal{C}_1, \mathcal{C}_2$ 都是 Ω 上的 σ 代数.

在例 1.1.5 中,若以 2^Ω 表示 Ω 的幂集(Ω 的一切子集构成的类),即有 $\mathcal{C}_1 = 2^\Omega$,则 2^Ω 是 Ω 上的 σ 代数. 易见 Ω 上的任何 σ 代数都包含于 $\mathcal{C}_1$,因而 $\mathcal{C}_1$ 是 Ω 上最大的 σ 代数. 同时,$\mathcal{C}_2$ 被任何 σ 代数都包含,因而是 Ω 上最小的 σ 代数. 如果 A 是 Ω 的一个非空真子集合,则包含 A 的最小的 σ 代数为 $\{\varnothing, A, A^c, \Omega\}$.

定义 1.1.11 如果 $\mathcal{C}$ 对单调序列极限封闭,即

$$\{A_n, n \geqslant 1\} \subset \mathcal{C}, \ A_n \uparrow A \ (\text{或} \ A_n \downarrow A) \Rightarrow A \in \mathcal{C}.$$

则称 $\mathcal{C}$ 是一个单调类.

定义 1.1.12 如果 $\mathcal{C}$ 满足下列条件:

(1) $\Omega \in \mathcal{C}$;

(2) $A, B \in \mathcal{C}, \ B \subset A \Rightarrow A \backslash B \in \mathcal{C}$;

(3) $\{A_n, n \geqslant 1\} \subset \mathcal{C}, \ A_n \uparrow A \Rightarrow A \in \mathcal{C}$.

则称 $\mathcal{C}$ 是一个 λ 类.

λ 类还有另外一种定义.

把上述定义记为(I),下面给出的另外一种定义记为(II).

(II) 如果 $\mathcal{C}$ 满足下列条件:

(1) $\Omega \in \mathcal{C}$;

(2) $A, B \in \mathcal{C}, \ B \subset A \Rightarrow A \backslash B \in \mathcal{C}$;

(3)$'$ $\{A_n, n \geqslant 1\} \subset \mathcal{C}$, 且 $A_n \cap A_m = \varnothing, \ m \neq n \Rightarrow \bigcup\limits_{n=1}^{\infty} A_n \in \mathcal{C}$.

则 $\mathcal{C}$ 是一个 λ 类.

下面证明这两个定义是等价的.

(I)$\Rightarrow$(II) 只需证 (3)$'$ 成立.

设 $\{A_n, n \geqslant 1\} \subset \mathcal{C}$, 且 $A_n \cap A_m = \varnothing, \ m \neq n$,构造集合序列

$$B_n = \bigcup_{k=1}^{n} A_k, \ n = 1, 2, \cdots,$$

显然有 $B_n \subset B_{n+1}, \ n = 1, 2, \cdots$,而

$$\bigcup_{k=1}^{\infty} A_k = \bigcup_{n=1}^{\infty} B_n.$$

由 (3) 知 $\lim\limits_{n\to\infty} B_n \in \mathcal{C}$, 即 $\bigcup\limits_{k=1}^{\infty} A_k \in \mathcal{C}$.

(II) $\Rightarrow$ (I)   只需证 (3) 成立. 设 $\{A_n, n \geqslant 1\} \subset \mathcal{C}$, 构造集合序列 $\{B_n, n \geqslant 1\}$.

$$B_1 = A_1, \ B_n = A_n \setminus \bigcup_{k=1}^{n-1} A_k, \ n \geqslant 2,$$

此时 $B_n \cap B_m = \varnothing, \ m \neq n$, 且 $\{B_n, n \geqslant 1\} \subset \mathcal{C}$. 由此

$$A = \bigcup_{n=1}^{\infty} A_n = \bigcup_{n=1}^{\infty} B_n \in \mathcal{C}.$$

总结以上不同定义, 我们得到了不同集类之间由强到弱的顺序:

$$\sigma \text{ 代数} \Rightarrow \text{代数} \Rightarrow \text{半代数} \Rightarrow \text{半环} \Rightarrow \pi \text{ 类},$$

$$\sigma \text{ 代数} \Rightarrow \text{代数} \Rightarrow \text{环} \Rightarrow \text{半环} \Rightarrow \pi \text{ 类},$$

$$\sigma \text{ 代数} \Rightarrow \lambda \text{ 类} \Rightarrow \text{单调类}.$$

上述这些集类最核心的是 σ 代数, 它的成员就是我们常说的可测集 (在概率论中, σ 代数也称为事件域, 它里面的元素称为事件). 我们最终就是要在 σ 代数上建立测度.

今后, 一个非空集合 Ω 和它上面的一个 σ 代数 $\mathcal{F}$ 放在一起写成的二元组 $(\Omega, \mathcal{F})$, 被称为可测空间.

一个简单的集类在什么情况下能成为一个 σ 代数呢? 下面我们来探讨一下这个问题. 有下面两个理论上的结果.

命题 1.1.1   集类 $\mathcal{F}$ 是 σ 代数的充分必要条件是 $\mathcal{F}$ 既是单调类又是代数.

证明   必要性显然, 下证充分性.

设 $\mathcal{F}$ 是一个单调类且是一个代数, 只需证 $\mathcal{F}$ 对可数并封闭.

设 $\{A_n, n \geqslant 1\} \subset \mathcal{F}$, 记 $B_n = \bigcup\limits_{k=1}^{n} A_k, \ n \geqslant 1$, 则 $\{B_n, n \geqslant 1\}$ 是一个单调增序列, 因此 $B_n \uparrow \bigcup\limits_{n=1}^{\infty} B_n$. 由于 $\mathcal{F}$ 为代数, 故 $B_n \in \mathcal{F}, n \geqslant 1$. 又 $\mathcal{F}$ 为单调类, 从而 $\bigcup\limits_{n=1}^{\infty} B_n \in \mathcal{F}$. 因此

$$\bigcup_{n=1}^{\infty} A_n = \bigcup_{n=1}^{\infty} \left(\bigcup_{k=1}^{n} A_k \right) = \bigcup_{n=1}^{\infty} B_n \in \mathcal{F}.$$

可见, $\mathcal{F}$ 是一个 σ 代数. 证毕.

命题 1.1.2   集类 $\mathcal{F}$ 是 σ 代数的充分必要条件是 $\mathcal{F}$ 既是 λ 类又是 π 类.

该命题有两种证法.

证法 I 易证, 一个集类如果既是 λ 类又是 π 类, 则它是一个代数, 而 λ 类又蕴含单调类, 由命题 1.1.1 知, 结论成立.

证法 II 必要性显然, 下证充分性.

设 $\{A_n, n \geqslant 1\} \subset \mathcal{F}$, 只需证 $\bigcup\limits_{n=1}^{\infty} A_n \in \mathcal{F}$ 即可. 事实上由于 $A_n \in \mathcal{F}$, $n \geqslant 1$, 则

$A_n^c \in \mathcal{F}$. 记 $B_n = \bigcap\limits_{k=1}^{n} A_k^c$, $n \geqslant 1$, 则 $B_n \in \mathcal{F}$, 且 $\{B_n, n \geqslant 1\}$ 是一个单调降序列. 从而

$B_n \downarrow \bigcap\limits_{n=1}^{\infty} B_n$, 故 $\bigcap\limits_{n=1}^{\infty} B_n \in \mathcal{F}$. 因此

$$\bigcup_{n=1}^{\infty} A_n = \left(\bigcap_{n=1}^{\infty} A_n^c\right)^c = \left[\bigcap_{n=1}^{\infty}\left(\bigcap_{k=1}^{n} A_k^c\right)\right]^c = \left(\bigcap_{n=1}^{\infty} B_n\right)^c \in \mathcal{F}.$$

所以, $\mathcal{F}$ 是一个 σ 代数. 证毕.

1.2 集合形式的单调类定理

本节考虑一个更深入的问题: 如何由简单的集类生成比较复杂的集类? 首先来明确一下"生成"这个概念的数学定义.

定义 1.2.1 称 $\mathcal{F}$ 是由集类 $\mathcal{A}$ 生成的 σ 代数 (或 λ 类, 或单调类), 如果下列条件被满足:

(1) $\mathcal{A} \subset \mathcal{F}$;

(2) 对任一 σ 代数 (或 λ 类, 或单调类) $\mathcal{F}'$, 总有

$$\mathcal{A} \subset \mathcal{F}' \Rightarrow \mathcal{F} \subset \mathcal{F}'.$$

由定义 1.2.1 可以看出, 由集类 $\mathcal{A}$ 生成的 σ 代数 (或 λ 类, 或单调类), 也就是包含 $\mathcal{A}$ 的最小的 σ 代数 (或 λ 类, 或单调类), 分别用 $\sigma(\mathcal{A})$, $\lambda(\mathcal{A})$ 和 $m(\mathcal{A})$ 来表示.

下面的命题表明, 这样的包含 $\mathcal{A}$ 的最小的 σ 代数 (或 λ 类, 或单调类) 是存在的.

命题 1.2.1 由任意集类 $\mathcal{A}$ 生成的 σ 代数 (或 λ 类, 或单调类) 是存在的.

证明 我们只对 σ 代数的情形来证明. 其他两种情况的证明完全类似.

记 $\mathcal{B}$ 为由 Ω 的所有子集构成的集类, 显然 $\mathcal{B}$ 是一个 σ 代数, 且 $\mathcal{B} \supset \mathcal{A}$, 用 Γ 表示包含 $\mathcal{A}$ 的 σ 代数的全体, 则 $\mathcal{B} \in \Gamma$, 因此 Γ 不空, 令

$$\mathcal{F} = \bigcap_{\mathcal{C} \in \Gamma} \mathcal{C}.$$

易证 $\mathcal{F}$ 是一个 σ 代数, 且满足定义 1.2.1 的条件. 由此 $\mathcal{F}$ 即为所求. 证毕.

依据 $m(\mathcal{A})$, $\lambda(\mathcal{A})$ 和 $\sigma(\mathcal{A})$ 的定义, 有 $m(\mathcal{A}) \subset \lambda(\mathcal{A}) \subset \sigma(\mathcal{A})$. 下面我们研究在什么条件下有 $m(\mathcal{A}) = \sigma(\mathcal{A})$ 或 $\lambda(\mathcal{A}) = \sigma(\mathcal{A})$.

定理 1.2.1　设 $\mathcal{A}$ 为一集类, 则有

(1) 若 $\mathcal{A}$ 为代数, 则 $m(\mathcal{A}) = \sigma(\mathcal{A})$;

(2) 若 $\mathcal{A}$ 为 π 类, 则 $\lambda(\mathcal{A}) = \sigma(\mathcal{A})$.

证明　(1) 因为有 $m(\mathcal{A}) \subset \sigma(\mathcal{A})$, 故只需证明 $m(\mathcal{A}) \supset \sigma(\mathcal{A})$ 即可.

由于 $\sigma(\mathcal{A})$ 是包含 $\mathcal{A}$ 的最小的 σ 代数, 所以只需证 $m(\mathcal{A})$ 是一个 σ 代数, 再由命题 1.1.1, 只需证 $m(\mathcal{A})$ 是一个代数即可. 令

$$\mathcal{B}_1 = \{B | B \in m(\mathcal{A}), \ B^c \in m(\mathcal{A}), \ \forall A \in \mathcal{A}, \ A \cap B \in m(\mathcal{A})\}.$$

显然有 $\mathcal{A} \subset \mathcal{B}_1 \subset m(\mathcal{A})$. 下面证明 $\mathcal{B}_1$ 是单调类.

设 $\{B_n, n \geqslant 1\} \subset \mathcal{B}_1$, 且 $B_n \uparrow B$. 由于 $B_n \in \mathcal{B}_1$, $n = 1, 2, \cdots$, 故对任意 n, 都有 $B_n \in m(\mathcal{A})$, $B_n^c \in m(\mathcal{A})$, 且对任意的 $A \in \mathcal{A}$, $A \cap B_n \in m(\mathcal{A})$. 由于 $m(\mathcal{A})$ 为单调类, 故

$$B = \bigcup_{n=1}^{\infty} B_n \in m(\mathcal{A}),$$

$$B^c = \left(\bigcup_{n=1}^{\infty} B_n \right)^c = \bigcap_{n=1}^{\infty} B_n^c \in m(\mathcal{A}),$$

$$\left(\bigcup_{n=1}^{\infty} B_n \right) \cap A = \bigcup_{n=1}^{\infty} (B_n \cap A) \in m(\mathcal{A}).$$

故 $\mathcal{B}_1$ 为单调类, 由此 $\mathcal{B}_1 = m(\mathcal{A})$. 令

$$\mathcal{B}_2 = \{B | B \in m(\mathcal{A}), \ \forall A \in m(\mathcal{A}), \ A \cap B \in m(\mathcal{A})\}.$$

显然有 $\mathcal{A} \subset \mathcal{B}_2 \subset m(\mathcal{A})$. 下面证明 $\mathcal{B}_2$ 是单调类.

设 $\{C_n, n \geqslant 1\} \subset \mathcal{B}_2$, 且 $C_n \uparrow C$. 由于 $C_n \in \mathcal{B}_2$, $n = 1, 2, \cdots$, 故对任意 n, 都有 $C_n \in m(\mathcal{A})$, 且对任意 $A \in m(\mathcal{A})$, $A \cap C_n \in m(\mathcal{A})$, 所以有

$$\bigcup_{n=1}^{\infty} C_n \in m(\mathcal{A}),$$

且

$$\left(\bigcup_{n=1}^{\infty} C_n \right) \cap A = \bigcup_{n=1}^{\infty} (C_n \cap A) \in m(\mathcal{A}),$$

故 $\mathcal{B}_2$ 为单调类. 所以 $\mathcal{B}_2 = m(\mathcal{A})$.

综上, 我们有

$$m(\mathcal{A}) = \mathcal{B}_1 = \mathcal{B}_2.$$

这就意味着

$$A \in m(\mathcal{A}) \Rightarrow A^c \in m(\mathcal{A}),$$

$$A, B \in m(\mathcal{A}) \Rightarrow A \cap B \in m(\mathcal{A}).$$

又因为 $\mathcal{A}$ 是一个代数, 所以 $\Omega \in \mathcal{A}$. 故 $\Omega \in m(\mathcal{A})$, 从而 $m(\mathcal{A})$ 是一个代数. 再由命题 1.1.1 得, $m(\mathcal{A})$ 为一 σ 代数, 因此 $m(\mathcal{A}) \supset \sigma(\mathcal{A})$. 最终就有 $m(\mathcal{A}) = \sigma(\mathcal{A})$.

(2) 只需证明 $\lambda(\mathcal{A})$ 为 π 类即可. 令

$$\mathcal{B}_1 = \{ B \mid B \in \lambda(\mathcal{A}), \, \forall A \in \mathcal{A}, \, A \cap B \in \lambda(\mathcal{A})\},$$

显然有 $\mathcal{A} \subset \mathcal{B}_1 \subset \lambda(\mathcal{A})$.

下面证明 $\mathcal{B}_1 = \lambda(\mathcal{A})$, 即只需证 $\lambda(\mathcal{A}) \subset \mathcal{B}_1$. 由于 $\lambda(\mathcal{A})$ 是 $\mathcal{A}$ 生成的最小的 λ 类, 故只需证 $\mathcal{B}_1$ 是 λ 类.

因为 $\Omega \in \lambda(\mathcal{A})$, 则对任意的 $A \in \mathcal{A}$, $\Omega \cap A = A \in \mathcal{A} \subset \lambda(\mathcal{A})$, 故 $\Omega \in \mathcal{B}_1$.

若 $B, C \in \mathcal{B}_1$, 且 $B \supset C$, 则 $B, C \in \lambda(\mathcal{A})$, 且对任意 $A \in \mathcal{A}$, $A \cap B, A \cap C \in \lambda(\mathcal{A})$. 所以

$$(B \backslash C) \cap A = (B \cap A) \backslash (C \cap A) \in \lambda(\mathcal{A}),$$

从而 $B \backslash C \in \mathcal{B}_1$.

若 $\{B_n, n \geqslant 1\} \subset \mathcal{B}_1$, $B_n \uparrow B$, 则 $B \in \lambda(\mathcal{A})$, 对任意的 $A \in \mathcal{A}$, 有

$$\left(\bigcup_{n=1}^{\infty} B_n \right) \cap A = \bigcup_{n=1}^{\infty} (B_n \cap A) \in \lambda(\mathcal{A}),$$

故 $\bigcup_{n=1}^{\infty} B_n \in \mathcal{B}_1$, 从而 $\mathcal{B}_1$ 是 λ 类, 所以 $\mathcal{B}_1 = \lambda(\mathcal{A})$. 令

$$\mathcal{B}_2 = \{B | B \in \lambda(\mathcal{A}), \, \forall A \in \lambda(\mathcal{A}), \, A \cap B \in \lambda(\mathcal{A})\},$$

显然 $\mathcal{A} \subset \mathcal{B}_2 \subset \lambda(\mathcal{A})$.

易证 $\mathcal{B}_2$ 是 λ 类, 故 $\mathcal{B}_2 = \lambda(\mathcal{A})$. 所以

$$\lambda(\mathcal{A}) = \mathcal{B}_1 = \mathcal{B}_2.$$

上式说明了 $\lambda(\mathcal{A})$ 具有集类 $\mathcal{B}_1$ 和 $\mathcal{B}_2$ 中集合的性质, 即对任意的 $A, B \in \lambda(\mathcal{A})$, 总有

$A \cap B \in \lambda(\mathcal{A})$, 由此 $\lambda(\mathcal{A})$ 是 π 类, 再由命题 1.1.2, 得 $\lambda(\mathcal{A}) \supset \sigma(\mathcal{A})$. 最终有 $\lambda(\mathcal{A}) = \sigma(\mathcal{A})$. 证毕.

定理 1.2.1 被称为单调类定理. 此定理的结论隐含了一种重要的证明方法（思想）, 我们也把这种方法称为单调类方法.

单调类定理表明: 为验证某 σ 代数 $\mathcal{F}$ 中的元素有某种性质, 只需验证: (1) 有一生成 $\mathcal{F}$ 的代数（或 π 类）$\mathcal{A}$, 其元素有该性质; (2) 有该性质的集合全体构成一单调类（或 λ 类）, 而这后二者的验证往往比较容易.

事实上, 若 $\mathcal{H}$ 为所有具有该性质的集合的全体所构成的集类, 则有 $\mathcal{A} \subset \mathcal{H}$. 由于 $\mathcal{A}$ 是代数（或 π 类）, 所以由单调类定理, 就有

$$m(\mathcal{A}) = \sigma(\mathcal{A}) = \mathcal{F},$$

或

$$\lambda(\mathcal{A}) = \sigma(\mathcal{A}) = \mathcal{F}.$$

故当 $\mathcal{H}$ 为单调类（或 λ 类）时, 就有 $\mathcal{F} = m(\mathcal{A}) \subset \mathcal{H}$（或 $\mathcal{F} = \lambda(\mathcal{A}) \subset \mathcal{H}$）. 从而 $\mathcal{F}$ 中的所有元素都有这种性质.

单调类定理（单调类方法）是测度论中的一个重要的证明工具.

运用单调类方法证明具体问题, 主要有下面 3 种情形.

1. 已知 $\mathcal{A}$ 是一个集类, 若 $\mathcal{A}$ 中每个元素具有性质 p, 往证 $\sigma(\mathcal{A})$ 中的每个元素也具有性质 p.

方法: 令

$$\mathcal{F} = \{F \mid F \in \sigma(\mathcal{A}),\ F \text{具有性质} p\}.$$

则只需验证 $\mathcal{F}$ 是 σ 代数即可.

2. 设 $\mathcal{A}$ 是一个代数, 并且 $\mathcal{A}$ 中每个元素具有性质 p, 往证 $\sigma(\mathcal{A})$ 中的元素也具有性质 p.

方法: 令

$$\mathcal{F} = \{F \mid F \in \sigma(\mathcal{A}),\ F \text{具有性质} p\}.$$

则只需验证 $\mathcal{F}$ 是单调类即可.

3. 设 $\mathcal{A}$ 是一个 π 类, 并且 $\mathcal{A}$ 中每个元素具有性质 p, 往证 $\sigma(\mathcal{A})$ 中每个元素也具有性质 p.

方法: 令

$$\mathcal{F} = \{F \mid F \in \sigma(\mathcal{A}),\ F \text{具有性质} p\}.$$

则只需验证 $\mathcal{A}$ 是 λ 类即可.

作为单调类定理的等价形式, 有下面两个更有用的推论.

推论 1.2.1　如果 $\mathcal{A}$ 是代数, $\mathcal{B}$ 是单调类, 则

$$\mathcal{A} \subset \mathcal{B} \Rightarrow \sigma(\mathcal{A}) \subset \mathcal{B}.$$

推论 1.2.2　如果 $\mathcal{A}$ 是 π 类, $\mathcal{B}$ 是 λ 类, 则

$$\mathcal{A} \subset \mathcal{B} \Rightarrow \sigma(\mathcal{A}) \subset \mathcal{B}.$$

下面给出由简单集类生成 σ 代数的一个重要例子. 令

$$\mathcal{D}_{\mathbb{R}} = \{(a,b] | a, b \in \mathbb{R}\}, \qquad \mathcal{P}_{\mathbb{R}} = \{(-\infty, a] | a \in \mathbb{R}\}.$$

则

$$\mathcal{B}(\mathbb{R}) \overset{\text{def}}{=} \sigma(\mathcal{D}_{\mathbb{R}}) = \sigma(\mathcal{P}_{\mathbb{R}}),$$

此时, 将 $\mathcal{B}(\mathbb{R})$ 称为 $\mathbb{R}$ 上的 Borel σ 代数, $\mathcal{B}(\mathbb{R})$ 中的元素称为 Borel 可测集.

以 $\mathcal{Q}_{\mathbb{R}}$ 表示 $\mathbb{R}$ 中所有的开集构成的集类, 则容易证明 $\mathcal{B}(\mathbb{R}) = \sigma(\mathcal{Q}_{\mathbb{R}})$. 由此出发, 可以把 Borel 集的概念一般化: 对于拓扑空间 X, 以 $\mathcal{Q}$ 表示所有开集构成的集类, 我们将 $\mathcal{B} \overset{\text{def}}{=} \sigma(\mathcal{Q})$ 称为 X 上的 Borel σ 代数, $\mathcal{B}$ 中的元素称为 X 上的 Borel 集, 而 $(X, \mathcal{B})$ 则叫做拓扑可测空间.

定义 1.2.2　设 $\mathcal{F}$ 为 Ω 上的 σ 代数, 称序偶 $(\Omega, \mathcal{F})$ 为可测空间, $\mathcal{F}$ 中的元素称为 $\mathcal{F}$ 可测集 (简称为可测集). 如果存在 $\mathcal{F}$ 的一可数子类 $\mathcal{B}$, 使得 $\mathcal{F} = \sigma(\mathcal{B})$, 称 σ 代数 $\mathcal{F}$ 为可分的 (或可数生成的).

注　(1) 可分 σ 代数的元素未必是可数多个; (2) 若 σ 代数 $\mathcal{F}$ 可分, 则存在一代数 $\mathcal{B}$, 其元素个数至多可数, 使得 $\mathcal{F} = \sigma(\mathcal{B})$.

定义 1.2.3　设 $(\Omega, \mathcal{F})$ 为可测空间, 对任一 $\omega \in \Omega$, 令

$$\mathcal{F}_{\omega} = \{B \in \mathcal{F} | \omega \in B\}, \quad A(\omega) = \bigcap_{B \in \mathcal{F}_{\omega}} B.$$

称 $A(\omega)$ 为包含 ω 的 $\mathcal{F}$ 原子.

注　上述定义中, 这样的 B 未必可数, 故 $A(\omega)$ 未必为 $\mathcal{F}$ 可测. 特别地, 若 $\mathcal{F}$ 可分, 则每个 $\mathcal{F}$ 原子属于 $\mathcal{F}$, 即 $A(\omega)$ 一定是 $\mathcal{F}$ 可测的.

例 1.2.1　设 $\mathbb{R}$ 是实数域, 令

$$\mathcal{F} = \sigma\{[n, n+1) | n \in \mathbb{Z}\}.$$

若取 $\omega \in \mathbb{R}$, 则存在 $n_0 \in \mathbb{Z}$, 使得 $\omega \in [n_0, n_0 + 1)$, 可证得 $A(\omega) = [n_0, n_0 + 1)$.

1.3 测度与非负集函数

设 $\mathcal{F}$ 是空间 Ω 上的一个集类, 我们把定义在 $\mathcal{F}$ 上, 取值于 $[0, +\infty]$ 的函数统称为非负集函数, 用希腊字母 μ, ν, τ, $\cdots$ 表示.

定义 1.3.1 设 μ 是 $\mathcal{F}$ 上的一个非负集函数. 若对任意可列个两两不交的集合 $A_1, A_2, \cdots \in \mathcal{F}$, 只要 $\bigcup\limits_{n=1}^{\infty} A_n \in \mathcal{F}$, 就一定有

$$\mu\left(\bigcup_{n=1}^{\infty} A_n\right) = \sum_{n=1}^{\infty} \mu(A_n),$$

则称 μ 具有可列可加性（或 σ 可加性）.

一般地, 若对任意可列个集合 $A_1, A_2, \cdots \in \mathcal{F}$, 只要 $\bigcup\limits_{n=1}^{\infty} A_n \in \mathcal{F}$, 就一定有

$$\mu\left(\bigcup_{n=1}^{\infty} A_n\right) \leqslant \sum_{n=1}^{\infty} \mu(A_n),$$

则称 μ 具有次可列可加性（或次 σ 可加性）.

在实变函数论中, 我们知道 Lebesgue 测度的最核心的性质就是它的非负性和可列可加性, 因而对一般的可测空间, 我们自然可以把非负性和可列可加性作为公理来定义测度.

下面给出可测空间上测度的概念. 显然, 本节中将要引入的测度概念是 Lebesgue 测度的进一步的抽象化.

定义 1.3.2 设 $(\Omega, \mathcal{F})$ 为一可测空间, μ 为定义于 $\mathcal{F}$ 取值于 $\overline{\mathbb{R}}_+ = [0, +\infty]$ 的集函数, 若满足

(1) $\mu(\varnothing) = 0$;

(2) 可列可加性 (σ 可加性), 即

$$\{A_n, n \geqslant 1\} \subset \mathcal{F}, \ A_n \cap A_m = \varnothing, \ m \neq n \Rightarrow \mu\left(\bigcup_{n=1}^{\infty} A_n\right) = \sum_{n=1}^{\infty} \mu(A_n).$$

则称 μ 为 Ω (或 $(\Omega, \mathcal{F})$) 上的测度.

设 μ 为可测空间 $(\Omega, \mathcal{F})$ 上的测度, 称三元组 $(\Omega, \mathcal{F}, \mu)$ 为测度空间. 若 $\mu(\Omega) < +\infty$, 则称 μ 为有限测度, 并称 $(\Omega, \mathcal{F}, \mu)$ 为有限测度空间; 若 $\mu(\Omega) = 1$, 则称 μ 为概率测度, 并称 $(\Omega, \mathcal{F}, \mu)$ 为概率测度空间; 若存在 $A_n \in \mathcal{F}, n \geqslant 1$, 使得 $\bigcup\limits_{n} A_n = \Omega$, 且有 $\mu(A_n) < +\infty$, 则称 μ 为 σ 有限测度, 并称 $(\Omega, \mathcal{F}, \mu)$ 为 σ 有限测度空间.

注 在概率测度空间 $(\Omega, \mathcal{F}, \mu)$ 中, $\mathcal{F}$ 中的集合 A 又称为随机事件（简称为事件），又把 $\mu(A)$ 称为事件 A 发生的概率.

例 1.3.1 设 Ω 是一个非空集合, $\mathcal{F}$ 是由 Ω 的所有子集合构成的 σ 代数, 即 $\mathcal{F} = 2^{\Omega}$. 定义 $\mu: \mathcal{F} \to \overline{\mathbb{R}}_+$ 为

$$\mu(A) = \sharp(A), \ \forall A \in \mathcal{F}.$$

这里 $\sharp(A)$ 表示集合 A 中元素的个数, 则很容易验证 μ 是 $(\Omega, \mathcal{F})$ 上的测度. 该测度也称为 $(\Omega, \mathcal{F})$ 上的计数测度.

特别地, 当 Ω 是一个有限集时, μ 是有限测度, 此时 $(\Omega, \mathcal{F}, \mu)$ 就是一个有限测度空间; 当 Ω 是一个无限集时, μ 是 σ 有限测度, 从而 $(\Omega, \mathcal{F}, \mu)$ 就是一个 σ 有限测度空间.

例 1.3.2 设 Ω 是一个非空的有限集, $\mathcal{F}$ 是由 Ω 的所有子集合构成的 σ 代数, 即 $\mathcal{F} = 2^{\Omega}$. 定义 $\mu: \mathcal{F} \to \overline{\mathbb{R}}_+$ 为

$$\mu(A) = \frac{\sharp(A)}{\sharp(\Omega)}, \ \forall A \in \mathcal{F}.$$

则 μ 是 $(\Omega, \mathcal{F})$ 上的概率测度, 因此 $(\Omega, \mathcal{F}, \mu)$ 就是一个概率测度空间. 显然, 此概率测度空间为初等概率论中古典概型的概率空间.

下面的命题给出了测度的一些基本性质.

命题 1.3.1 设 μ 是可测空间 $(\Omega, \mathcal{F})$ 上的测度, 则 μ 满足:

(1) 有限可加性: 设 $A_1, A_2, \cdots, A_n \in \mathcal{F}$, 且 $A_i \cap A_j = \varnothing$, $i \neq j$, 则 $\mu\left(\bigcup_{i=1}^{n} A_i\right) = \sum_{i=1}^{n} \mu(A_i)$.

(2) 单调性: 若 $A, B \in \mathcal{F}$, 且 $A \subset B$, 则 $\mu(A) \leqslant \mu(B)$.

(3) 可减性: 对 $A, B \in \mathcal{F}$, 若 $A \subset B$, 且 $\mu(B) < +\infty$, 则 $\mu(B \backslash A) = \mu(B) - \mu(A)$.

一般地, 对 $A, B \in \mathcal{F}$, 若 $\mu(B) < +\infty$, 则 $\mu(B \backslash A) = \mu(B) - \mu(AB)$.

上述三条性质的证明比较简单, 在此略去.

除以上列出的性质外, 测度还有其他的性质, 下面以定理的形式给出.

定理 1.3.1 设 μ 是可测空间 $(\Omega, \mathcal{F})$ 上的测度, 则对 $\{A_n, n \geqslant 1\} \subset \mathcal{F}$, 都有

$$\mu\left(\bigcup_{n=1}^{\infty} A_n\right) \leqslant \sum_{n=1}^{\infty} \mu(A_n).$$

证明 记

$$B_1 = A_1, \ B_n = A_n \backslash \bigcup_{k=1}^{n-1} A_k, \ n \geqslant 2,$$

则 $B_i \subset A_i$, $i = 1, 2, \cdots$, $\{B_n, n \geqslant 1\}$ 两两不交, 且 $\bigcup\limits_{n=1}^{\infty} A_n = \bigcup\limits_{n=1}^{\infty} B_n$. 所以

$$\mu\left(\bigcup_{n=1}^{\infty} A_n\right) = \mu\left(\bigcup_{n=1}^{\infty} B_n\right) = \sum_{n=1}^{\infty} \mu(B_n) \leqslant \sum_{n=1}^{\infty} \mu(A_n).$$

证毕.

将上述性质称为测度的次 σ 可加性.

由测度的单调性和次 σ 可加性, 又可得到测度的半 σ 可加性: 即如果 $\{A_n, n \geqslant 1\} \subset \mathcal{F}$, $A \in \mathcal{F}$, 且 $A \subset \bigcup\limits_{n=1}^{\infty} A_n$, 则

$$\mu(A) \leqslant \mu\left(\bigcup_{n=1}^{\infty} A_n\right).$$

定理 1.3.2　设 μ 是可测空间 $(\Omega, \mathcal{F})$ 上的测度, 则

(1) 若 $\{A_n, n \geqslant 1\} \subset \mathcal{F}$, 且 $A_n \subset A_{n+1}, n \geqslant 1$, 则 $\lim\limits_{n\to\infty} \mu(A_n) = \mu\left(\bigcup\limits_{n=1}^{\infty} A_n\right)$;

(2) 若 $\{A_n, n \geqslant 1\} \subset \mathcal{F}$, $A_n \supset A_{n+1}$, $n \geqslant 1$, 且 $\mu(A_1) < +\infty$, 则有 $\lim\limits_{n\to\infty} \mu(A_n) = \mu\left(\bigcap\limits_{n=1}^{\infty} A_n\right)$.

证明　(1) 若存在 n, 使得 $\mu(A_n) = +\infty$, 则显然有

$$\lim_{n\to\infty} \mu(A_n) = \mu\left(\bigcup_{n=1}^{\infty} A_n\right) = +\infty.$$

不妨设对所有的 $n \geqslant 1$, 都有 $\mu(A_n) < +\infty$. 由于 $A_n \subset A_{n+1}, n \geqslant 1$, 故可构造集合序列 $\{B_n, n \geqslant 1\}$ 如下:

$$B_1 = A_1, \ B_n = A_n \backslash A_{n-1}, \ n \geqslant 2,$$

则有

$$B_n \in \mathcal{F}, \ n = 1, 2, \cdots, \ B_m \cap B_n = \varnothing, m \neq n.$$

且

$$\bigcup_{n=1}^{\infty} A_n = \bigcup_{n=1}^{\infty} B_n.$$

因此

$$\mu\left(\bigcup_{n=1}^{\infty} A_n\right) = \mu\left(\bigcup_{n=1}^{\infty} B_n\right) = \sum_{n=1}^{\infty} \mu(B_n)$$

$$= \mu(B_1) + \sum_{n=2}^{\infty} \mu(B_n)$$

$$= \mu(A_1) + \sum_{n=2}^{\infty} \mu(A_n \backslash A_{n-1})$$

$$= \mu(A_1) + \sum_{n=2}^{\infty} [\mu(A_n) - \mu(A_{n-1})]$$

$$= \mu(A_1) + \lim_{n\to\infty} \sum_{k=2}^{n} [\mu(A_k) - \mu(A_{k-1})]$$

$$= \lim_{n\to\infty} \mu(A_n).$$

称此性质为测度的从下连续性.

(2) 由于

$$A_1 = \bigcup_{n=1}^{\infty} (A_n \backslash A_{n+1}) \cup \left(\bigcap_{n=1}^{\infty} A_n\right),$$

于是

$$\mu(A_1) = \mu\left(\bigcup_{n=1}^{\infty} (A_n \backslash A_{n+1}) \cup \left(\bigcap_{n=1}^{\infty} A_n\right)\right) = \sum_{n=1}^{\infty} \mu(A_n \backslash A_{n+1}) + \mu\left(\bigcap_{n=1}^{\infty} A_n\right).$$

因 $\mu(A_1) < +\infty$, 故对任意 $n \geqslant 1$, $\mu(A_n) < +\infty$, 从而

$$\mu\left(\bigcap_{n=1}^{\infty} A_n\right) = \mu(A_1) - \sum_{n=1}^{\infty} \mu(A_n \backslash A_{n+1})$$

$$= \mu(A_1) - \sum_{n=1}^{\infty} [\mu(A_n) - \mu(A_{n+1})]$$

$$= \mu(A_1) - \lim_{n\to\infty} \sum_{k=1}^{n} [\mu(A_k) - \mu(A_{k+1})]$$

$$= \lim_{n\to\infty} \mu(A_n).$$

证毕.

此性质也叫测度的从上连续性.

作为测度从上连续性的一种特殊情形, 有下面的推论.

推论 1.3.1   设 μ 是可测空间 $(\Omega, \mathcal{F})$ 上的测度, 若 $\{A_n, n \geqslant 1\} \subset \mathcal{F}$, $\mu(A_1) < +\infty$, 则当 $A_n \downarrow \varnothing$ 时, 就有

$$\lim_{n \to \infty} \mu(A_n) = 0.$$

注   在定理 1.3.2 (2) 和推论 1.3.1 中的条件 " $\mu(A_1) < +\infty$ " 是不能去掉的. 设 μ 为 $\mathbb{R}$ 上的计数测度, 考虑集合序列 $\{A_n, n \geqslant 1\}$, 这里 $A_n = [n, \infty)$, $n \geqslant 1$, 就有 $A_n \downarrow \varnothing$, 但 $\mu(A_n) = +\infty$, 因此 $\lim\limits_{n \to \infty} \mu(A_n) = +\infty \neq 0$.

例 1.3.3   设 $(\Omega, \mathcal{F})$ 是一个可测空间, μ 和 ν 是 $\mathcal{F}$ 上的两个有限测度, $\mathcal{D}$ 是一个 π 类, 满足 $\Omega \in \mathcal{D}$, 且 $\mathcal{F} = \sigma(\mathcal{D})$, 若 $\mu|_{\mathcal{D}} = \nu|_{\mathcal{D}}$, 则 $\mu = \nu$.

事实上, 若令

$$\mathcal{A} = \{F \in \mathcal{F} | \mu(F) = \nu(F)\}.$$

下面只要说明 $\mathcal{F} = \mathcal{A}$ 即可. 易见 $\mathcal{D} \subset \mathcal{A} \subset \mathcal{F}$, 故只需说明 $\mathcal{A} \supset \mathcal{F}$. 又 $\mathcal{D}$ 是 π 类, 且 $\mathcal{F} = \sigma(\mathcal{D})$, 因此, 由单调类定理, 只需说明 $\mathcal{A}$ 是一个 λ 类即可.

首先, 由于 $\Omega \in \mathcal{D}$, 则 $\mu(\Omega) = \nu(\Omega)$, 从而 $\Omega \in \mathcal{A}$.

其次, 设 $A, B \in \mathcal{A}$, 且 $A \subset B$, 则 $\mu(A) = \nu(A)$, $\mu(B) = \nu(B)$, 且

$$\mu(B - A) = \mu(B) - \mu(A) = \nu(B) - \nu(A) = \nu(B - A),$$

从而 $B - A \in \mathcal{A}$.

最后, 设 $\{A_n, n \geqslant 1\} \subset \mathcal{A}$, 且 A_n 单调增, 即 $\forall n \geqslant 1, \mu(A_n) = \nu(A_n)$, 且有 $A_n \uparrow \bigcup\limits_{n=1}^{\infty} A_n$, 因此

$$\mu\left(\bigcup_{n=1}^{\infty} A_n\right) = \lim_{n \to \infty} \mu(A_n) = \lim_{n \to \infty} \nu(A_n) = \nu\left(\bigcup_{n=1}^{\infty} A_n\right),$$

所以 $\bigcup\limits_{n=1}^{\infty} A_n \in \mathcal{A}$, 因而 $\mathcal{A}$ 是一个 λ 类, 即有 $\mathcal{F} = \mathcal{A}$.

这就说明了 $\mathcal{F}$ 具有 $\mathcal{A}$ 中集合的属性, 即对于任意的 $A \in \mathcal{F}$, 都有 $\mu(A) = \nu(A)$.

注   在上例中, 若 $\mathcal{D}$ 是一个半代数, 且 $\mu|_{\mathcal{D}} = \nu|_{\mathcal{D}}$, 则当 μ 和 ν 是 $\mathcal{F}$ 上的 σ 有限测度时, 也有 $\mu = \nu$.

命题 1.3.2   设 $\mathcal{A}$ 是 Ω 上的代数, μ 是 $\mathcal{A}$ 上的一个有限可加的非负集函数 (隐含 $\mu(\varnothing) = 0$), 若下列条件之一满足, 则 μ 是可列可加的.

(1) μ 是次 σ 可加的;

(2) μ 从下连续;

(3) μ 有限, 且在 $\varnothing$ 处从上连续.

证明 (1) 设 $\{A_n, n \geqslant 1\} \subset \mathcal{A}, A_n \cap A_m = \varnothing, m \neq n,$ 且 $\bigcup\limits_{n=1}^{\infty} A_n \in \mathcal{A}.$ 则对任意 $m \geqslant 1,$ 有

$$\bigcup_{k=1}^{\infty} A_k = \bigcup_{k=1}^{m} A_k + \bigcup_{k=m+1}^{\infty} A_k,$$

从而

$$\mu\left(\bigcup_{k=1}^{\infty} A_k\right) \geqslant \mu\left(\bigcup_{k=1}^{m} A_k\right) = \sum_{k=1}^{m} \mu(A_k).$$

再由 m 的任意性可得

$$\mu\left(\bigcup_{k=1}^{\infty} A_k\right) \geqslant \sum_{k=1}^{\infty} \mu(A_k).$$

再由于 μ 是次 σ 可加的, 则

$$\mu\left(\bigcup_{n=1}^{\infty} A_n\right) \leqslant \sum_{n=1}^{\infty} \mu(A_n).$$

所以

$$\mu\left(\bigcup_{n=1}^{\infty} A_n\right) = \sum_{n=1}^{\infty} \mu(A_n).$$

(2) 设 $\{A_n, n \geqslant 1\} \subset \mathcal{A}, A_n \cap A_m = \varnothing, m \neq n,$ 且 $\bigcup\limits_{n=1}^{\infty} A_n \in \mathcal{A}.$ 由 μ 的次 σ 可加性知

$$\mu\left(\bigcup_{k=1}^{\infty} A_k\right) \leqslant \sum_{k=1}^{\infty} \mu(A_k).$$

令 $B_m = \bigcup\limits_{n=1}^{m} A_n, m \geqslant 1,$ 则 $B_m \uparrow \bigcup\limits_{n=1}^{\infty} A_n.$ 故

$$\mu\left(\bigcup_{n=1}^{\infty} A_n\right) = \mu(\lim_{m\to\infty} B_m) = \lim_{m\to\infty} \sum_{n=1}^{m} \mu(A_n) = \sum_{n=1}^{\infty} \mu(A_n).$$

(3) 设 $\{A_n, n \geqslant 1\} \subset \mathcal{A}$, 且 $A_n \cap A_m = \varnothing, m \neq n$. 令 $B_n = \bigcup\limits_{k=n}^{\infty} A_k$, 则

$B_n \downarrow \bigcap\limits_{n=1}^{\infty} \bigcup\limits_{k=n}^{\infty} A_k = \varnothing$, 由题设条件得

$$\lim_{n \to \infty} \mu \left(\bigcup_{k=n}^{\infty} A_k \right) = \mu(\lim_{n \to \infty} B_n) = 0.$$

而

$$\mu \left(\bigcup_{k=1}^{\infty} A_k \right) = \mu \left(\bigcup_{k=1}^{n} A_k \right) + \mu \left(\bigcup_{k=n+1}^{\infty} A_k \right) = \sum_{k=1}^{n} \mu(A_k) + \mu \left(\bigcup_{k=n+1}^{\infty} A_k \right).$$

上式两边关于 n 求极限即得. 证毕.

注　若 μ 是可测空间 $(\Omega, \mathcal{F})$ 上的一个有限测度, 取 $E_n \in \mathcal{F}, n \geqslant 1$, 使得 $\{E_n, n \geqslant 1\}$ 为 Ω 的一个划分, 且 $\mu(E_n) < +\infty, n \geqslant 1$. 若令

$$\nu(F) = \sum_{n=1}^{\infty} \frac{1}{2^n} \frac{\mu(F \cap E_n)}{1 + \mu(F \cap E_n)}, \; \forall F \in \mathcal{F},$$

则 ν 是一个有限测度.

1.4　外测度与测度的扩张

设 μ 为某个集类 $\mathcal{C}$ 上的具有 σ 可加性的非负集函数, 且 $\mu(\varnothing) = 0$, 但如果集类 $\mathcal{C}$ 不是 σ 代数, 则 μ 还不能算是严格意义上的测度. 由 1.2 节的内容可知, 任何集类都可以生成一个 σ 代数, 因此一个很自然的话题就是: 当集类 $\mathcal{C}$ 生成一个 σ 代数后, 能否将集类 $\mathcal{C}$ 上具有 σ 可加性的非负集函数扩张成 $\sigma(\mathcal{C})$ 上的一个测度?

本节将研究如何把一半环 $\mathcal{C}$ 上的具有 σ 可加性的非负集函数扩张成为 σ 代数上的测度, 一般所采用的是外测度方法.

定义 1.4.1　设 $A(\Omega)$ 表示 Ω 的所有子集（包括空集）所构成的集类, μ 为 $A(\Omega)$ 上的一非负集函数, 即 $\mu : A(\Omega) \to \overline{\mathbb{R}}_+$. 若 μ 满足

(1) $\mu(\varnothing) = 0$;

(2) 若 $A, B \subset \Omega$, 且 $A \subset B$, 则 $\mu(A) \leqslant \mu(B)$;

(3) $A_n \subset \Omega, n \geqslant 1$, 则 $\mu \left(\bigcup\limits_{n=1}^{\infty} A_n \right) \leqslant \sum\limits_{n=1}^{\infty} \mu(A_n)$.

则称 μ 为 Ω 上的一个外测度.

在上述定义中, (2) 和 (3) 分别被叫做外测度的单调性和次 σ 可加性.

$A(\Omega)$ 显然是 Ω 上的 "最大的" σ 代数. 比较测度与外测度的定义可知, 每一个 $(\Omega, A(\Omega))$ 上的测度一定是 Ω 上的外测度. 反之未必. 下面的例子说明, Ω 上的外测度未必是 $(\Omega, A(\Omega))$ 上的测度.

例 1.4.1 设 $\Omega = \{a, b, c\}$, 则

$$A(\Omega) = \{\varnothing, \{a\}, \{b\}, \{c\}, \{a,b\}, \{a,c\}, \{b,c\}, \{a,b,c\}\}.$$

定义 $\mu : A(\Omega) \to \overline{\mathbb{R}}_+$ 为

$$\mu(\varnothing) = 0, \ \mu(\{a\}) = 1, \ \mu(\{b\}) = 1, \ \mu(\{c\}) = 1,$$

$$\mu(\{a,b\}) = 1, \ \mu(\{b,c\}) = 1, \ \mu(\{a,c\}) = 2, \ \mu(\{a,b,c\}) = 2.$$

显然 μ 是 Ω 上的外测度. 但

$$\mu(\{a,b\}) \neq \mu(\{a\}) + \mu(\{b\}),$$

所以 μ 不具有有限可加性, 因而 μ 不是 $(\Omega, A(\Omega))$ 上的测度.

进一步的问题是: 如果把外测度限制在比 $A(\Omega)$ "小一些" 的某个 σ 代数上, 它是否会成为测度呢? 下面的定理将给出肯定的回答.

定理 1.4.1 设 μ 为 Ω 上的外测度, 令

$$\mathcal{U} = \{A | A \subset \Omega, \text{ 且 } \forall D \subset \Omega, \text{ 有 } \mu(D) = \mu(A \cap D) + \mu(A^c \cap D)\}.$$

则 $\mathcal{U}$ 为 Ω 上的 σ 代数, 且 μ 限制在 $\mathcal{U}$ 上为测度. 也称 $\mathcal{U}$ 中的元素为 μ 可测集.

证明 首先证 $\mathcal{U}$ 为 Ω 上的 σ 代数.

由于 $\mu(D) = \mu(\Omega \cap D) + \mu(\Omega^c \cap D)$, 可得 $\Omega \in \mathcal{U}$.

若 $A \in \mathcal{U}$, 则 $\forall D \subset \Omega$, 有

$$\mu(D) = \mu(A \cap D) + \mu(A^c \cap D) = \mu((A^c)^c \cap D) + \mu(A^c \cap D),$$

故 $A^c \in \mathcal{U}$.

若 $A, B \in \mathcal{U}$, 则 $\forall D \subset \Omega$, 有

$$\begin{aligned}
\mu(D) &= \mu(A \cap D) + \mu(A^c \cap D) \\
&= \mu(A \cap D) + \mu(B \cap A^c \cap D) + \mu(B^c \cap A^c \cap D) \\
&\geqslant \mu[(A \cap D) \cup (B \cap A^c \cap D)] + \mu(B^c \cap A^c \cap D) \\
&= \mu[(A \cap D) \cup (B \cap D)] + \mu[(A \cup B)^c \cap D] \\
&= \mu[(A \cup B) \cap D] + \mu[(A \cup B)^c \cap D].
\end{aligned}$$

又
$$\mu[(A \cup B) \cap D] + \mu[(A \cup B)^c \cap D] \geqslant \mu(D)$$

显然成立, 故
$$\mu(D) = \mu[(A \cup B) \cap D] + \mu[(A \cup B)^c \cap D].$$

所以 $A \cup B \in \mathcal{U}$.

以上三条说明 $\mathcal{U}$ 是一个代数. 再由定理 1.1.1 知, 要证 $\mathcal{U}$ 是 σ 代数, 只需证 $\mathcal{U}$ 对 "可数直和" 运算封闭即可.

设 $\{A_n, n \geqslant 1\} \subset \mathcal{U}$, 且 $A_n \cap A_m = \varnothing$, $m \neq n$. 于是 $\forall D \subset \Omega$, 有
$$\begin{aligned}
\mu(D) &= \mu(A_1 \cap D) + \mu(A_1^c \cap D) \\
&= \mu(A_1 \cap D) + \mu(A_1^c \cap D \cap A_2) + \mu(A_1^c \cap D \cap A_2^c) \\
&= \mu(A_1 \cap D) + \mu(A_2 \cap D) + \mu(A_1^c \cap D \cap A_2^c) \\
&= \cdots \\
&= \sum_{k=1}^{n} \mu(A_k \cap D) + \mu(A_1^c A_2^c \cdots A_n^c D) \\
&= \sum_{k=1}^{n} \mu(A_k \cap D) + \mu\left(\left(\bigcup_{k=1}^{n} A_k\right)^c \cdot \cap D\right) \\
&\geqslant \sum_{k=1}^{n} \mu(A_k \cap D) + \mu\left(\left(\bigcup_{k=1}^{\infty} A_k\right)^c \cap D\right).
\end{aligned}$$

在上式中令 $n \to \infty$, 则由 μ 的次 σ 可加性得
$$\mu(D) \geqslant \sum_{k=1}^{\infty} \mu(A_k \cap D) + \mu\left(\left(\bigcup_{k=1}^{\infty} A_k\right)^c \cap D\right) \geqslant \mu\left(\left(\bigcup_{k=1}^{\infty} A_k\right) \cap D\right) + \mu\left(\left(\bigcup_{k=1}^{\infty} A_k\right)^c \cap D\right).$$

又
$$\mu\left(\left(\bigcup_{k=1}^{\infty} A_k\right) \cap D\right) + \mu\left(\left(\bigcup_{k=1}^{\infty} A_k\right)^c \cap D\right) \geqslant \mu(D)$$

显然成立, 所以
$$\mu(D) = \mu\left(\left(\bigcup_{k=1}^{\infty} A_k\right) \cap D\right) + \mu\left(\left(\bigcup_{k=1}^{\infty} A_k\right)^c \cap D\right).$$

由此说明 $\displaystyle\bigcup_{k=1}^{\infty} A_k \in \mathcal{U}$, 从而 $\mathcal{U}$ 是 σ 代数.

其次证明 μ 限制在 $\mathcal{U}$ 上为测度.

由于 $\mu(\varnothing) = 0$, 故只需证明 μ 在 $\mathcal{U}$ 上具有 σ 可加性.

依据前述证明, 对两两不交的 $\{A_n, n \geqslant 1\} \subset \mathcal{U}$, 若取 $D = \bigcup_{k=1}^{\infty} A_k$, 则

$$\mu\left(\bigcup_{n=1}^{\infty} A_n\right) = \mu(D) \geqslant \sum_{n=1}^{\infty} \mu(A_n \cap D) + \mu\left(\left(\bigcup_{n=1}^{\infty} A_n\right)^c \cap D\right) = \sum_{n=1}^{\infty} \mu(A_n).$$

从而

$$\mu\left(\bigcup_{n=1}^{\infty} A_n\right) = \sum_{n=1}^{\infty} \mu(A_n).$$

所以 μ 限制在 $\mathcal{U}$ 上为测度.

也可用另外一种证法: 对上述两两不交的 $\{A_n, n \geqslant 1\} \subset \mathcal{U}$, 有

$$\mu\left(\bigcup_{n=1}^{\infty} A_n\right) = \mu\left(\left(\bigcup_{n=1}^{\infty} A_n\right) \cap A_1\right) + \mu\left(\bigcup_{n=1}^{\infty} A_n \cap A_1^c\right)$$

$$= \mu(A_1) + \mu\left(\bigcup_{n=2}^{\infty} A_n\right)$$

$$= \cdots$$

$$= \sum_{k=1}^{m} \mu(A_k) + \mu\left(\bigcup_{n=m+1}^{\infty} A_n\right)$$

$$\geqslant \sum_{k=1}^{m} \mu(A_k).$$

上式中令 $m \to \infty$, 得

$$\mu\left(\bigcup_{n=1}^{\infty} A_n\right) \geqslant \sum_{n=1}^{\infty} \mu(A_n).$$

反之, 显然有 $\mu\left(\bigcup_{n=1}^{\infty} A_n\right) \leqslant \sum_{n=1}^{\infty} \mu(A_n)$, 所以

$$\mu\left(\bigcup_{n=1}^{\infty} A_n\right) = \sum_{n=1}^{\infty} \mu(A_n).$$

证毕.

下面的定理表明, 外测度的定义其实十分宽松, 几乎随便给定一个集类, 以及该集类上的一个非负集函数, 就可以产生一个外测度.

定理 1.4.2 设 $\mathcal{D}$ 为 Ω 上一集类, 且 $\varnothing \in \mathcal{D}$. 又设 μ 为 $\mathcal{D}$ 上的非负集函数, 使得 $\mu(\varnothing) = 0, \forall A \subset \Omega$, 令

$$\mu^*(A) = \inf \left\{ \sum_{n=1}^{\infty} \mu(B_n) \middle| B_n \in \mathcal{D}, n \geqslant 1, \text{ 且 } A \subset \bigcup_{n=1}^{\infty} B_n \right\}.$$

这里约定 $\inf \varnothing = +\infty$. 则 μ^* 为 Ω 上的外测度, 也称 μ^* 为 μ 引出的外测度.

证明 按外测度的定义来证. 由于 $\mu^*(\varnothing) \leqslant \mu(\varnothing) + \mu(\varnothing) + \cdots = 0$, 故 $\mu^*(\varnothing) = 0$.

设 $A, B \subset \Omega$, 且 $A \subset B$, 则

若存在 $B_n \in \mathcal{D}, n \geqslant 1$, 使得 $B \subset \bigcup_{n=1}^{\infty} B_n$, 就一定有 $A \subset \bigcup_{n=1}^{\infty} B_n$, 故

$$\mu^*(A) = \inf \left\{ \sum_{n=1}^{\infty} \mu(B_n) \middle| B_n \in \mathcal{D}, n \geqslant 1, \text{ 且 } A \subset \bigcup_{n=1}^{\infty} B_n \right\} \leqslant \mu^*(B).$$

若在 $\mathcal{D}$ 中不存在这样的集列, 使 $B \subset \bigcup_{n=1}^{\infty} B_n$, 则 $\mu^*(B) = +\infty$, 显然有 $\mu^*(A) \leqslant \mu^*(B)$.

设 $\{A_n, n \geqslant 1\} \subset A(\Omega)$, 下证 $\mu^* \left(\bigcup_{n=1}^{\infty} A_n \right) \leqslant \sum_{n=1}^{\infty} \mu^*(A_n)$.

若存在 $n_0 \in \mathbb{N}$, 使 $\mu^*(A_0) = +\infty$, 则显然有 $\sum_{n=1}^{\infty} \mu^*(A_n) = +\infty$, 从而

$$\mu^* \left(\bigcup_{n=1}^{\infty} A_n \right) \leqslant \sum_{n=1}^{\infty} \mu^*(A_n).$$

不妨设对所有 $n \geqslant 1$, 都有 $\mu^*(A_n) < +\infty$. 此时, $\forall \varepsilon > 0$, 可选取 $\{B_n^{(k)}, k \geqslant 1, n \geqslant 1\} \subset \mathcal{D}$, 使 $A_n \subset \bigcup_{k=1}^{\infty} B_n^{(k)}, n \geqslant 1$, 且

$$\sum_{n=1}^{\infty} \mu(B_n^{(k)}) \leqslant \mu^*(A_n) + \frac{\varepsilon}{2^n}.$$

易见

$$\bigcup_{n=1}^{\infty} A_n \subset \bigcup_{n=1}^{\infty} \bigcup_{k=1}^{\infty} B_n^{(k)},$$

所以

$$\mu^*\left(\bigcup_{n=1}^{\infty} A_n\right) \leqslant \sum_{n=1}^{\infty}\sum_{k=1}^{\infty} \mu(B_n^{(k)}) \leqslant \sum_{n=1}^{\infty} \mu^*(A_n) + \varepsilon.$$

由 $\varepsilon > 0$ 的任意性, 可见

$$\mu^*\left(\bigcup_{n=1}^{\infty} A_n\right) \leqslant \sum_{n=1}^{\infty} \mu^*(A_n).$$

所以 μ^* 为 Ω 上的外测度. 证毕.

我们的任务是把一个集类上的具有 σ 可加性的非负集函数扩张到比它更大的 σ 代数上去. 定理 1.4.2 似乎告诉我们: 只要在集类 $\mathcal{D}$ 上有一个 "σ 可加" 的非负集函数, 就可以用它在 Ω 上 "引出" 一个外测度, 而由定理 1.4.1, 把这个外测度限制在 σ 代数 $\mathcal{U}$ 上就得到了一个测度, 这样它不就把 $\mathcal{D}$ 上的 σ 可加非负集函数扩张出去了吗?

先来看一个例子.

例 1.4.2 设 $\Omega = \{a, b, c\}, \mathcal{D} = \{\varnothing, \{a,b\}, \{b,c\}, \Omega\}$. 构造 $\mu: \mathcal{D} \to \overline{\mathbb{R}}_+$ 如下:

$$\mu(\varnothing) = 0, \ \mu(\{a, b\}) = 1, \ \mu(\{b, c\}) = 1, \ \mu(\Omega) = 2.$$

容易验证, μ 是 $\mathcal{D}$ 上的一个 σ 可加的非负集函数, 所以由定理 1.4.2 知, μ 可生成 Ω 上的一个外测度 $\mu^*: A(\Omega) \to \overline{\mathbb{R}}_+$ 为

$$\mu^*(\varnothing) = 0, \ \mu^*(\Omega) = \mu^*(\{a, c\}) = 2,$$

$$\mu^*(\{a\}) = \mu^*(\{b\}) = \mu^*(\{c\}) = \mu^*(\{a, b\}) = \mu^*(\{b, c\}) = 1.$$

再由定理 1.4.1, 可得

$$\mathcal{U} = \{\varnothing, \Omega\}.$$

此例表明: 经过定理 1.4.2 和定理 1.4.1 描述的过程, 所获得的具有测度 μ^* 的 σ 代数不但没有扩大, 反而缩小了. 产生这种现象的原因是对 $\mathcal{D}$ 的要求过于宽泛. 因此, 为了得到测度的扩张, 必须对集类 $\mathcal{D}$ 作出某种限制. 后面我们将证明, 当 $\mathcal{D}$ 是一个半环时, 其上的 σ 可加非负集函数按上面的过程将得到扩张.

为了实现半环上 σ 可加非负集函数测度的扩张, 我们先做一些准备性的工作.

接下来讨论半环上 σ 可加非负集函数具有的性质.

命题 1.4.1 设 μ 是半环 $\mathcal{D}$ 上的 σ 可加非负集函数, 则 μ 具有有限可加性.

证明 此结论显然.

命题 1.4.2 设 μ 是半环 $\mathcal{D}$ 上的 σ 可加非负集函数, $A_1, A_2, \cdots, A_n, B \in \mathcal{D}$, 且

$A_1, A_2, \cdots, A_n$ 两两不交, $\bigcup\limits_{k=1}^{n} A_k \subset B$, 则 $\sum\limits_{i=1}^{n} \mu(A_i) \leqslant \mu(B)$.

证明　由于 $\mathcal{D}_{\Sigma f}$ 是一个包含 $\mathcal{D}$ 的代数, 所以 $B \backslash \bigcup\limits_{k=1}^{n} A_k \in \mathcal{D}_{\Sigma f}$. 于是存在 D_1,
$D_2, \cdots, D_m \in \mathcal{D}$, 且 $D_i \cap D_j = \varnothing$, $i \neq j$, 使得

$$B \backslash \bigcup_{k=1}^{n} A_k = \bigcup_{i=1}^{m} D_i,$$

从而有 $B = \left(\bigcup\limits_{k=1}^{n} A_k \right) \cup \left(\bigcup\limits_{j=1}^{m} D_j \right)$, 所以

$$\mu(B) = \sum_{i=1}^{n} \mu(A_i) + \sum_{i=1}^{m} \mu(D_i) \geqslant \sum_{i=1}^{n} \mu(A_i).$$

证毕.

此命题间接说明半环 $\mathcal{D}$ 上的 σ 可加非负集函数 μ 具有单调性.

命题 1.4.3　设 μ 是半环 $\mathcal{D}$ 上的 σ 可加非负集函数, $A \in \mathcal{D}$, $\{B_n, n \geqslant 1\} \subset \mathcal{D}$, 且
$A \subset \bigcup\limits_{i=1}^{\infty} B_i$, 则

$$\mu(A) \leqslant \sum_{n=1}^{\infty} \mu(B_n).$$

证明　令 $A_n = A \cap B_n$, $n \geqslant 1$, 则 $A_n \in \mathcal{D}$, $n \geqslant 1$, 且有

$$A_n \backslash \bigcup_{k=1}^{n-1} A_k = (A \cap B_n) \backslash \bigcup_{k=1}^{n-1} (A \cap B_k) \in \mathcal{D}_{\Sigma f}.$$

所以有两两不交的 $C_1^{(n)}, C_2^{(n)}, \cdots, C_{k_n}^{(n)} \in \mathcal{D}$, 使得

$$A_n \backslash \bigcup_{k=1}^{n-1} A_k = \bigcup_{j=1}^{k_n} C_j^{(n)}.$$

于是

$$A = A \cap \left(\bigcup_{n=1}^{\infty} B_n \right) = \bigcup_{n=1}^{\infty} (A \cap B_n)$$

$$= \bigcup_{n=1}^{\infty} \left(A_n \backslash \bigcup_{k=1}^{n-1} A_k \right) = \bigcup_{n=1}^{\infty} \left(\bigcup_{j=1}^{k_n} C_j^{(n)} \right).$$

其中 $\{C_j^{(n)},\, n \geq 1,\, j \geq 1\}$ 中任意两个都不相交, 于是由 μ 的 σ 可加性, 得

$$\mu(A) = \sum_{n=1}^{\infty} \sum_{j=1}^{k_n} \mu(C_j^{(n)}).$$

另一方面, 对每个 $n \geq 1$ 来说, 都有

$$\bigcup_{j=1}^{k_n} C_j^{(n)} \subset A \cap B_n \subset B_n.$$

从而

$$\sum_{j=1}^{k_n} \mu(C_j^{(n)}) \leq \mu(B_n).$$

因此

$$\mu(A) \leq \sum_{n=1}^{\infty} \mu(B_n).$$

证毕.

此命题说明半环 $\mathcal{D}$ 上的 σ 可加非负集函数 μ 具有半 σ 可加性.

命题 1.4.4 设 μ 是半环 $\mathcal{D}$ 上的非负集函数 (约定 $\mu(\varnothing)=0$), 则 μ 是 σ 可加的充分必要条件是 μ 具有有限可加性和半 σ 可加性.

证明 必要性由命题 1.4.1 和命题 1.4.3 可得.

充分性. 设 μ 具有有限可加性和半 σ 可加性, 并设有两两不交的 $\{A_n,\, n \geq 1\} \subset \mathcal{D}$, 且 $\bigcup_{n=1}^{\infty} A_n \in \mathcal{D}$. 下证

$$\mu\left(\bigcup_{n=1}^{\infty} A_n\right) = \sum_{n=1}^{\infty} \mu(A_n).$$

记 $A = \bigcup_{n=1}^{\infty} A_n$. 由于 $\mathcal{D}$ 是半环, 故对任意的 $k \geq 1$, 有 $A \backslash \bigcup_{n=1}^{k} A_n \in \mathcal{D}_{\Sigma f}$, 则由 μ 的有限可加性知

$$\mu(A) \geq \sum_{n=1}^{k} \mu(A_n).$$

令 $k \to \infty$, 得

$$\mu(A) \geqslant \sum_{n=1}^{\infty} \mu(A_n).$$

再由 $A \subset \bigcup\limits_{n=1}^{\infty} A_n$, 及 μ 的半 σ 可加性, 有 $\mu(A) \leqslant \sum\limits_{n=1}^{\infty} \mu(A_n)$. 从而

$$\mu\left(\bigcup_{n=1}^{\infty} A_n\right) = \sum_{n=1}^{\infty} \mu(A_n).$$

证毕.

定理 1.4.3 (Carathéodory 测度扩张定理)　设 $\mathcal{D}$ 是 Ω 上的一个半环, μ 是 $\mathcal{D}$ 上的一个 σ 可加非负集函数, 且 $\mu(\varnothing) = 0, \forall A \subset \Omega,$ 令

$$\mu^*(A) = \inf\left\{\sum_{n=1}^{\infty} \mu(B_n) | B_n \in \mathcal{D}, n \geqslant 1, \ \text{且} \bigcup_{n=1}^{\infty} B_n \supset A\right\}.$$

约定 $\inf \varnothing = +\infty,$ 则

(1) μ^* 是 Ω 上的外测度;

(2) $\mu^*|_{\mathcal{D}} = \mu$;

(3) $\sigma(\mathcal{D}) \subset \mathcal{U}$;

(4) 若 $\Omega \in \mathcal{D}$, 且 μ 在 $\mathcal{D}$ 上是 σ 有限的, 则 μ^* 是 σ 有限的, 且唯一.

这里 $\mathcal{U} = \{A | A \subset \Omega, \forall D \subset \Omega, \ \text{有} \ \mu^*(D) = \mu^*(D \cap A) + \mu^*(D \cap A^c)\}$.

证明　(1) 同定理 1.4.2 的证明.

(2) 设 $A \in \mathcal{D}$, 则 $\mu^*(A) \leqslant \mu(A)$. 另一方面, 若有 $B_n \in \mathcal{D}, n \geqslant 1$, 且使得 $A \subset \bigcup\limits_{n=1}^{\infty} B_n$, 则由命题 1.4.3, 有

$$\mu(A) \leqslant \sum_{n=1}^{\infty} \mu(B_n),$$

因此

$$\mu(A) \leqslant \inf\left\{\sum_{n=1}^{\infty} \mu(B_n)\right\}.$$

可见

$$\mu(A) \leqslant \mu^*(A).$$

所以 $\mu(A) = \mu^*(A)$, 从而 $\mu^*|_{\mathcal{D}} = \mu$.

(3) 已知 $\mathcal{U}$ 为 σ 代数, 而要证 $\sigma(\mathcal{D}) \subset \mathcal{U}$, 只需证明 $\mathcal{D} \subset \mathcal{U}$ 即可. 设 $F \in \mathcal{D}$, 下证 $F \in \mathcal{U}$.

$\forall D \subset \Omega$, 若 $\mu^*(D) = +\infty$, 则

$$\mu^*(D) \geqslant \mu^*(D \cap F) + \mu^*(D \cap F^c).$$

所以 $F \in \mathcal{U}$, 即有 $\mathcal{D} \subset \mathcal{U}$.

下设 $\mu^*(D) < +\infty$. 则 $\forall \varepsilon > 0$, 存在 $B_n \in \mathcal{D}$, $n \geqslant 1$, 使 $D \subset \bigcup_{n=1}^{\infty} B_n$, 且

$$\sum_{n=1}^{\infty} \mu(B_n) < \mu^*(D) + \varepsilon.$$

易见 $D \cap F \subset \bigcup_{n=1}^{\infty}(B_n \cap F)$, 其中 $B_n \cap F \in \mathcal{D}$, $n \geqslant 1$, 则

$$\mu^*(D \cap F) \leqslant \sum_{n=1}^{\infty} \mu(B_n \cap F). \tag{$*$}$$

另一方面, 有

$$D \cap F^c \subset \bigcup_{n=1}^{\infty}(B_n \cap F^c).$$

其中对每个 $n \geqslant 1$, 因 $B_n \cap F^c \in \mathcal{D}_{\Sigma f}$, 故有两两不交的 $C_j^{(n)} \in \mathcal{D}$, $j = 1, 2, \cdots, k_n$, 使得

$$B_n \cap F^c = \bigcup_{j=1}^{k_n} C_j^{(n)}.$$

于是

$$D \cap F^c \subset \bigcup_{n=1}^{\infty} \bigcup_{j=1}^{k_n} C_j^{(n)}.$$

由此可见

$$\mu^*(D \cap F^c) \leqslant \sum_{n=1}^{\infty} \sum_{j=1}^{k_n} \mu(C_j^{(n)}).$$

结合 $(*)$ 式, 有

$$\mu^*(D \cap F) + \mu^*(D \cap F^c) \leqslant \sum_{n=1}^{\infty} \left(\mu(B_n \cap F) + \sum_{j=1}^{k_n} \mu(C_j^{(n)}) \right).$$

其中 $B_n \cap F, C_1^{(n)}, C_2^{(n)}, \cdots, C_{k_n}^{(n)} \in \mathcal{D}$, 且两两不交, 而且

$$(B_n \cap F) \cup \left(\bigcup_{j=1}^{k_n} C_j^{(n)} \right) = B_n.$$

于是

$$\mu^*(D \cap F) + \mu^*(D \cap F^c) \leqslant \sum_{n=1}^{\infty} \mu(B_n) < \mu^*(D) + \varepsilon.$$

由 ε 的任意性, 得

$$\mu^*(D \cap F) + \mu^*(D \cap F^c) \leqslant \mu^*(D).$$

从而 $F \in \mathcal{U}$, 即就有 $\sigma(\mathcal{D}) \subset \mathcal{U}$.

以上三条, 说明了 μ^* 是 μ 在 $\sigma(\mathcal{D})$ 上的测度扩张.

(4) 设 μ_1^* 和 μ_2^* 是 $\sigma(\mathcal{D})$ 上的 μ 的测度扩张, 且 $\mu_1^*|_{\mathcal{D}} = \mu_2^*|_{\mathcal{D}} = \mu$, 下证 $\mu_1^* = \mu_2^*$.

因为 μ 在 $\mathcal{D}$ 上是 σ 有限的, 故有两两不交的 $B_n \in \mathcal{D}$, $n \geqslant 1$, 使得 $\mu(B_n) < +\infty$, $n \geqslant 1$, 且 $\Omega = \bigcup_{n=1}^{\infty} B_n$. 对每个 n, 令

$$\mathcal{F}_n = \{F \in \sigma(\mathcal{D}) | \; \mu_1^*(F \cap B_n) = \mu_2^*(F \cap B_n)\}.$$

下证 $\mathcal{F}_n = \mathcal{F}$. 易见 $\mathcal{D} \subset \mathcal{F}_n \subset \sigma(\mathcal{D})$, $n \geqslant 1$, 故只需证 $\mathcal{F}_n \supset \sigma(\mathcal{D})$, 已知 $\mathcal{D}$ 是半环, 下证 $\mathcal{F}_n$ 是 λ 类.

因为 $\Omega \in \mathcal{D}$, 故对 $n \geqslant 1$, $\Omega \cap B_n \in \mathcal{D}$, 因而

$$\mu_1^*(\Omega \cap B_n) = \mu_1^*(B_n) = \mu_2^*(B_n) = \mu_2^*(\Omega \cap B_n).$$

所以 $\Omega \in \mathcal{F}_n$.

设 $A, B \in \mathcal{F}_n$, 且 $A \subset B$, 下证 $B \backslash A \in \mathcal{F}_n$. 事实上

$$\begin{aligned}
\mu_1^*[(B \backslash A) \cap B_n] &= \mu_1^*[(B \cap B_n) \backslash (A \cap B_n)] \\
&= \mu_1^*(B \cap B_n) - \mu_1^*(A \cap B_n) \\
&= \mu_2^*(B \cap B_n) - \mu_2^*(A \cap B_n) \\
&= \mu_2^*[(B \backslash A) \cap B_n].
\end{aligned}$$

故 $B \backslash A \in \mathcal{F}_n$.

设 $\{A_k, k \geqslant 1\} \subset \mathcal{F}_n$, 且 $A_k \uparrow \bigcup_{n=1}^{\infty} A_n$, 则

$$\mu_1^* \left[\left(\bigcup_{k=1}^{\infty} A_k \right) \cap B_n \right] = \lim_{k \to \infty} \mu_1^*(A_k \cap B_n)$$

$$= \lim_{k \to \infty} \mu_2^*(A_k \cap B_n)$$

$$= \mu_2^* \left[\left(\bigcup_{k=1}^{\infty} A_k \right) \cap B_n \right].$$

可见 $\bigcup_{k=1}^{\infty} A_k \in \mathcal{F}_n$. 故 $\mathcal{F}_n$ 是 λ 类, 从而 $\mathcal{F}_n = \sigma(\mathcal{D})$, $n \geqslant 1$.

所以, $\forall F \in \sigma(\mathcal{D})$, 有

$$\mu_1^*(F) = \mu_1^* \left(F \cap \left(\bigcup_{n=1}^{\infty} B_n \right) \right)$$

$$= \sum_{n=1}^{\infty} \mu_1^*(F \cap B_n)$$

$$= \sum_{n=1}^{\infty} \mu_2^*(F \cap B_n)$$

$$= \mu_2^* \left(F \cap \left(\bigcup_{n=1}^{\infty} B_n \right) \right)$$

$$= \mu_2^*(F).$$

证毕.

注 在定理 1.4.3 (4) 中, 条件 "σ 有限" 是不能随便去掉的, 否则在 $\sigma(\mathcal{D})$ 上扩张的测度可能不唯一. 有下面的例子.

例 1.4.3 设 $\Omega = \mathbb{R}$, $\mathcal{D} = \{\Omega \cap (a,b] | -\infty < a \leqslant b < +\infty\}$, $\forall A \in \mathcal{D}$, 令

$$\mu(A) = \begin{cases} 0, & \text{若 } A = \varnothing, \\ +\infty, & \text{若 } A \neq \varnothing. \end{cases}$$

则显然 μ 是 $\mathcal{D}$ 上 σ 可加非负集函数.

$\forall A \in \sigma(\mathcal{D})$, 若令

$$\mu^*(A) = a \cdot \sharp(A).$$

这里 a 是任意的正数. 可见 μ^* 是 μ 在 $\sigma(\mathcal{D})$ 上的测度扩张, 显然这样的测度有无穷多个.

1.5　测度空间的完备化

定义 1.5.1　设 $(\Omega, \mathcal{F}, \mu)$ 是一个测度空间, $\forall A \in \mathcal{F}$, 若 $\mu(A) = 0$, 则称 A 为 μ 零测集. 如果任何 μ 零测集的子集皆属于 $\mathcal{F}$, 则称 $\mathcal{F}$ 关于 μ 是完备的, 同时称 $(\Omega, \mathcal{F}, \mu)$ 为完备的测度空间. μ 零测集的子集也称为 μ 零集.

注　设 $(\Omega, \mathcal{F}, \mu)$ 是一个测度空间, 则 μ 零测集一定是 $\mathcal{F}$ 可测的, 但 μ 零集 (μ 零测集的子集) 未必 $\mathcal{F}$ 可测.

例 1.5.1　设 μ 是半环 $\mathcal{D}$ 上的 σ 可加非负集函数, μ^* 是 μ 引出的外测度, 由定理 1.4.3 易知, $(\Omega, \mathcal{U}, \mu^*)$ 是一个完备的测度空间, 但 $(\Omega, \sigma(\mathcal{D}), \mu^*)$ 未必是完备的.

用 $\mathcal{N}$ 表示一切 μ 零集的全体, 即

$$\mathcal{N} = \{N \subset \Omega \mid \exists A \in \mathcal{F}, \mu(A) = 0, \text{且} N \subset A\}.$$

则 $\mathcal{N}$ 具有下列性质:

(1) 若 $A \in \mathcal{N}$, 且 $F \subset A \Rightarrow F \in \mathcal{N}$;

(2) $A_n \in \mathcal{N}, n \geqslant 1 \Rightarrow \bigcup\limits_{n=1}^{\infty} A_n \in \mathcal{N}, \bigcap\limits_{n=1}^{\infty} A_n \in \mathcal{N}$;

(3) $B \in \mathcal{N} \cap \mathcal{F} \Rightarrow \mu(B) = 0$.

定理 1.5.1　设 $(\Omega, \mathcal{F}, \mu)$ 是测度空间, 令

$$\overline{\mathcal{F}} = \{F \cup A \mid F \in \mathcal{F}, A \in \mathcal{N}, \mathcal{N} \text{是一切} \mu \text{零集的全体}\}.$$

定义 $\overline{\mu}: \overline{\mathcal{F}} \to \overline{\mathbb{R}}_+$ 为

$$\overline{\mu}(F \cup A) = \mu(F), \ \forall F \in \mathcal{F}, \forall A \in \mathcal{N}.$$

则 $(\Omega, \overline{\mathcal{F}}, \overline{\mu})$ 是一个完备的测度空间, 它是包含 $(\Omega, \mathcal{F}, \mu)$ 的最小的完备测度空间. 也把 $(\Omega, \overline{\mathcal{F}}, \overline{\mu})$ 称为 $(\Omega, \mathcal{F}, \mu)$ 的完备化.

证明　先证 $\overline{\mathcal{F}}$ 是一个 σ 代数.

由 $\Omega = \Omega \cup A$, $\Omega \in \mathcal{F}$, $A \in \mathcal{N}$, 得 $\Omega \in \overline{\mathcal{F}}$.

若 $S \in \overline{\mathcal{F}}$, 则存在 $F \in \mathcal{F}$, $A \in \mathcal{N}$, 使得

$$S = F \cup A.$$

又对 $A \in \mathcal{N}$, 存在 $B \in \mathcal{F}$, 使 $A \subset B$, 从而

$$S^c = (F \cup A)^c = F^c \cap A^c = (F^c \cap A^c \cap B^c) \cup (F^c \cap A^c \cap B) = (F^c \cap B^c) \cup (F^c \cap A^c \cap B),$$

这里

$$F^c \cap B^c \in \mathcal{F}, \ F^c \cap A^c \cap B \in \mathcal{N},$$

故 $S^c \in \overline{\mathcal{F}}$.

设 $S_n \in \overline{\mathcal{F}}$, $n \geqslant 1$, 则存在 $F_n \in \mathcal{F}$, $A_n \in \mathcal{N}$, $n \geqslant 1$, 使得

$$S_n = F_n \cup A_n, \ n \geqslant 1,$$

于是

$$\bigcap_{n=1}^{\infty} S_n = \bigcap_{n=1}^{\infty} (F_n \cup A_n) = \left(\bigcap_{n=1}^{\infty} F_n \right) \cup \left(\bigcap_{n=1}^{\infty} A_n \right) \in \overline{\mathcal{F}}.$$

故 $\overline{\mathcal{F}}$ 是 σ 代数.

下证 $\overline{\mu}$ 是 $\overline{\mathcal{F}}$ 上的测度.

先说明 $\overline{\mu}$ 是有意义的. 设 $G \in \overline{\mathcal{F}}$, 且有

$$G = F_1 \cup A_1 = F_2 \cup A_2.$$

其中 F_1, $F_2 \in \mathcal{F}$, A_1, $A_2 \in \mathcal{N}$. 则

$$F_1 = (F_1 \cap F_2) \cup (F_1 \setminus F_2).$$

对于 A_1, A_2, 有 B_1, $B_2 \in \mathcal{F}$, 使 $A_1 \subset B_1$, $A_2 \subset B_2$, 且 $\mu(B_1) = \mu(B_2) = 0$. 于是

$$(F_1 \cup A_1) \cup (B_1 \cup B_2) = (F_2 \cup A_2) \cup (B_1 \cup B_2),$$

即

$$F_1 \cup B_1 \cup B_2 = F_2 \cup B_1 \cup B_2.$$

则

$$F_1 \cup [(B_1 \cup B_2) \backslash F_1] = F_2 \cup [(B_1 \cup B_2) \backslash F_2].$$

故

$$\mu(F_1) = \overline{\mu}\big(F_1 \cup [(B_1 \cup B_2) \backslash F_1]\big) = \overline{\mu}\big(F_2 \cup [(B_1 \cup B_2) \backslash F_2]\big) = \mu(F_2).$$

可见

$$\overline{\mu}(G) = \mu(F_1) = \mu(F_2).$$

设 $S_n = F_n \cup A_n \in \overline{\mathcal{F}}$, $n \geqslant 1$, 且 S_n 两两不交, 其中 $F_n \in \mathcal{F}$, $A_n \in \mathcal{N}$, $n \geqslant 1$, 则

$$\overline{\mu} \left(\bigcup_{n=1}^{\infty} S_n \right) = \overline{\mu} \left[\bigcup_{n=1}^{\infty} (F_n \cup A_n) \right]$$

$$= \overline{\mu} \left[\left(\bigcup_{n=1}^{\infty} F_n \right) \cup \left(\bigcup_{n=1}^{\infty} A_n \right) \right]$$

$$= \mu \left(\bigcup_{n=1}^{\infty} F_n \right) = \sum_{n=1}^{\infty} \mu(F_n)$$

$$= \sum_{n=1}^{\infty} \overline{\mu}(F_n \cup A_n) = \sum_{n=1}^{\infty} \overline{\mu}(S_n).$$

最后验证 $(\Omega, \overline{\mathcal{F}}, \overline{\mu})$ 是一个完备的测度空间.

设 A 是 $\overline{\mu}$ 零集, 则存在 $S \in \overline{\mathcal{F}}$, 使 $A \subset S$, 且

$$\overline{\mu}(S) = 0.$$

对 $S \in \overline{\mathcal{F}}$, 存在 $F \in \mathcal{F}$, $B \in \mathcal{N}$, 使 $S = F \cup B$. 而

$$\overline{\mu}(S) = \overline{\mu}(F \cup B) = \mu(F),$$

故 $\mu(F) = 0$, 所以 $F \in \mathcal{N}$, 则有

$$A \subset S \in \mathcal{N}.$$

而 $\mathcal{N} \subset \overline{\mathcal{F}}$, 从而 $A \in \overline{\mathcal{F}}$. 可见 $\overline{\mathcal{F}}$ 包含一切 $\overline{\mu}$ 零集.

因此 $(\Omega, \overline{\mathcal{F}}, \overline{\mu})$ 是完备的. 证毕.

上述定理说明, 只要在 σ 代数 $\mathcal{F}$ 上添加一些 μ 零测集的子集, 就可以在测度空间 $(\Omega, \mathcal{F}, \mu)$ 的基础上得到一个完备的测度空间 $(\Omega, \overline{\mathcal{F}}, \overline{\mu})$.

1.6　Euclid 空间中的 Lebesgue-Stieltjes 测度

本节将利用 1.4 节中的测度扩张定理来建立 Euclid 空间 $\mathbb{R}^n$ 上的 Lebesgue-Stieltjes 测度. 先介绍 $n = 1$ 的情形.

在 $\mathbb{R}$ 上定义一个集类

$$\mathcal{D} = \left\{ \bigcup_{i=1}^{n} (a_i, b_i] \mid -\infty < a_i \leqslant b_i < +\infty, \text{ 且 } (a_i, b_i] \text{ 两两不交}, n \geqslant 1 \right\},$$

则 $\mathcal{D}$ 是 $\mathbb{R}$ 上的一个半环.

在 $\mathcal{D}$ 上定义集函数

$$\mu \left(\bigcup_{i=1}^{n} (a_i, b_i] \right) = \sum_{i=1}^{n} (b_i - a_i), \quad \bigcup_{i=1}^{n} (a_i, b_i] \in \mathcal{D}.$$

易证 μ 是 $\mathcal{D}$ 上一个具有 σ 可加性的非负集函数, 且 $\mu(\varnothing) = 0$, 由测度扩张定理, 就可以把 μ 扩张到 $\mathcal{B}(\mathbb{R}) = \sigma(\mathcal{D})$ 上, 成为 $\mathcal{B}(\mathbb{R})$ 上的测度, 这就是实变函数论中的 Lebesgue 测度 (简称 L 测度).

下面将 L 测度推广到更一般的情形.

定义 1.6.1　称定义在 $\mathbb{R} = (-\infty, +\infty)$ 上的实值 (有限值) 函数 $F(x)$ 为分布函数, 如果它满足

(1) 在 $\mathbb{R}$ 上不减;

(2) 在 $\mathbb{R}$ 上右连续.

若进而满足

(3) $F(-\infty) = \lim\limits_{x \to -\infty} F(x) = 0$; $F(+\infty) = \lim\limits_{x \to +\infty} F(x) < +\infty.$

则称 $F(x)$ 为定分布函数, 特别当 $F(+\infty) = 1$ 时, 称 $F(x)$ 为概率分布函数.

引理 1.6.1　设 $F(x)$ 为 $\mathbb{R}$ 上的分布函数, $\forall \bigcup\limits_{i=1}^{n} (a_i, b_i] \in \mathcal{D}$. 令

$$\mu_F \left(\bigcup_{i=1}^{n} (a_i, b_i] \right) = \sum_{i=1}^{n} (F(b_i) - F(a_i)),$$

则 μ_F 是 $\mathcal{D}$ 上具有 σ 可加性的非负集函数.

证明　易见 μ_F 非负且是有限可加的, 由命题 1.4.4, 只需证明 μ_F 有半 σ 可加性.
假设 $I \in \mathcal{D}, \{I_n, n \geqslant 1\} \subset \mathcal{D}$, 满足 $I \subset \bigcup\limits_{n=1}^{\infty} I_n$, 下证 $\mu_F(I) \leqslant \sum\limits_{n=1}^{\infty} \mu_F(I_n)$.

不失一般性, 只需要考虑 $I = (a, b], -\infty < a \leqslant b < +\infty$, $I_n = (a_n, b_n], -\infty < a_n \leqslant b_n < +\infty, n \geqslant 1$ 的情形.

$\forall \varepsilon > 0$, 由 $F(x)$ 的右连续性知, 存在 $\bar{a}, \bar{b}_n$, 满足 $a < \bar{a} < b, \bar{b}_n > b_n, n \geqslant 1$, 使得

$$\mu_F((a, b]) - \varepsilon \leqslant \mu_F((\bar{a}, b]),$$
$$\mu_F((a, \bar{b}_n]) \leqslant \mu_F((a_n, b_n]) + \frac{\varepsilon}{2^n}, \ n \geqslant 1.$$

显然有 $[\bar{a}, b] \subset \bigcup\limits_{n=1}^{\infty} (a_n, \bar{b}_n]$, 而 $[\bar{a}, b]$ 为紧集, 因此存在自然数 $N \geqslant 1$, 使得 $[\bar{a}, b] \subset \bigcup\limits_{n=1}^{N} (a_n, \bar{b}_n]$, 于是

$$\mu_F((a, b]) - \varepsilon \leqslant \mu_F((\bar{a}, b]) \leqslant \sum_{n=1}^{N} \mu_F((a_n, \bar{b}_n]) \leqslant \sum_{n=1}^{\infty} \mu_F((a_n, b_n]) + \varepsilon.$$

令 $\varepsilon \to 0$, 即得

$$\mu_F((a, b]) \leqslant \sum_{n=1}^{\infty} \mu_F((a_n, b_n]).$$

μ_F 的半 σ 可加性得证. 证毕.

注 由于 $\mathbb{R} = (-\infty, +\infty) = \bigcup_{n=1}^{\infty} (-n, n]$, 可知上述定义的 μ_F 在 $\mathcal{D}$ 上是 σ 有限的.

由于 $\sigma(\mathcal{D}) = \mathcal{B}(\mathbb{R})$, 于是由测度扩张定理就可得到下面的结论.

定理 1.6.1 设 $F(x)$ 为 $\mathbb{R}$ 上的分布函数, 则在 $\mathcal{B}(\mathbb{R})$ 上存在唯一的 σ 有限测度 μ_F 满足

$$\mu_F((a, b]) = \prod_{i=1}^{n} (b_i - a_i), \ \forall (a, b] \in \mathcal{D}.$$

设 μ 是 $\mathcal{B}(\mathbb{R})$ 上的一个 σ 有限测度, 如果对于任意的有界集合 $A \in \mathcal{B}(\mathbb{R})$ 有 $\mu(A) < +\infty$（等价于对任意 $a, b \in (-\infty, +\infty)$, 有 $\mu((a, b]) < +\infty$）, 则称 μ 为 Lebesgue-Stieltjes 测度（简称为 L-S 测度）. 特别地, 定理 1.6.1 中扩张的测度 μ_F 就是 L-S 测度, 有时, 也称 μ_F 为由分布函数 $F(x)$ 引出的 L-S 测度. 显然, 当 $F(x) = x$ 时, $\mu_F((a, b]) = b - a$, 此时的 L-S 测度即为 L 测度.

下面的定理说明了 $\mathbb{R}$ 上的 L-S 测度与 $\mathbb{R}$ 上的分布函数之间的某种对应关系.

定理 1.6.2 设 μ 为 $(\mathbb{R}, \mathcal{B}(\mathbb{R}))$ 上的 L-S 测度, 则存在一族分布函数 $\{F(x) + c, \ c \ \text{是常数}\}$, 使得

$$\mu((a, b]) = F(b) - F(a), \ -\infty < a \leqslant b < +\infty.$$

证明思路 对于任意固定的 $c \in \mathbb{R}$, 定义 $F : \mathbb{R} \to \mathbb{R}$ 如下:

$$F(0) = c,$$

$$F(x) = F(0) + \mu((0, x]), \ x > 0,$$

$$F(x) = F(0) - \mu((x, 0]), \ x < 0,$$

则 $F(x)$ 为分布函数, 且满足 $\mu((a, b]) = F(b) - F(a)$.

注 如果我们把相差同一个常数的分布函数视为"同一"的, 则定理 1.6.1 和定理 1.6.2 表明, $\mathbb{R}$ 上 L-S 测度与 $\mathbb{R}$ 上分布函数之间是一种"一对一"的对应关系.

接下来, 我们讨论 $n \geqslant 2$ 的情形. 为此, 先引进一些记号.

设 $\boldsymbol{a} = (a_1, a_2, \cdots, a_n)$, $\boldsymbol{b} = (b_1, b_2, \cdots, b_n) \in \mathbb{R}^n$, 当 $a_i \leqslant b_i$, $i = 1, 2, \cdots, n$ 时, 记 $\boldsymbol{a} \leqslant \boldsymbol{b}$. 当 $\boldsymbol{a} \leqslant \boldsymbol{b}$ 时, 如果对所有的 $i = 1, 2, \cdots, n$, 都有 $a_i < b_i$, 则称 $\boldsymbol{a} < \boldsymbol{b}$.

对于 $\boldsymbol{a}, \boldsymbol{b} \in \mathbb{R}^n$, 若 $\boldsymbol{a} \leqslant \boldsymbol{b}$, 记

$$(\boldsymbol{a}, \boldsymbol{b}] = \{\boldsymbol{x} \in \mathbb{R}^n | \boldsymbol{a} < \boldsymbol{x} \leqslant \boldsymbol{b}\},$$

同时令

$$\mathcal{D} = \{(\boldsymbol{a}, \boldsymbol{b}] | \boldsymbol{a}, \boldsymbol{b} \in \mathbb{R}^n, \boldsymbol{a} \leqslant \boldsymbol{b}\}.$$

容易证明, 集类 $\mathcal{D}$ 是 $\mathbb{R}^n$ 上的一个半环.

命题 1.6.1 在 $\mathcal{D}$ 上引入集函数 μ 如下:

$$\mu((\boldsymbol{a}, \boldsymbol{b}]) = \prod_{i=1}^{n} (b_i - a_i), \ \forall (\boldsymbol{a}, \boldsymbol{b}] \in \mathcal{D}.$$

其中 $\boldsymbol{a} = (a_1, a_2, \cdots, a_n)$, $\boldsymbol{b} = (b_1, b_2, \cdots, b_n) \in \mathbb{R}^n$. 约定 $0 \cdot \infty = 0$, $d > 0$ 时, $d \cdot \infty = \infty$. 则 μ 是 $\mathcal{D}$ 上 的 σ 可加非负集函数.

证明思路 易见 μ 非负且是有限可加的. 使用有限覆盖定理可证 μ 具有半 σ 可加性. 由命题 1.4.4 知, μ 是 σ 可加的.

令 $\mathcal{B}(\mathbb{R}^n)$ 为 $\mathbb{R}^n$ 上的 Borel σ 代数. 则 $\mathcal{B}(\mathbb{R}^n) = \sigma(\mathcal{D})$. 于是由测度扩张定理就可得到下面的结论.

定理 1.6.3 在 $\mathcal{B}(\mathbb{R}^n)$ 上存在唯一的 σ 有限测度 μ 满足

$$\mu((\boldsymbol{a}, \boldsymbol{b}]) = \prod_{i=1}^{n} (b_i - a_i), \ \forall (\boldsymbol{a}, \boldsymbol{b}] \in \mathcal{D}.$$

称 μ 为 n 维 Lebesgue 测度（简称 L 测度）.

若记 $(\mathbb{R}^n, \overline{\mathcal{B}(\mathbb{R}^n)}, \overline{\mu})$ 为测度空间 $(\mathbb{R}^n, \mathcal{B}(\mathbb{R}^n), \mu)$ 的完备化, 则称 $\overline{\mathcal{B}(\mathbb{R}^n)}$ 中元素为 Lebesgue 可测集, 而 $\mathcal{B}(\mathbb{R}^n)$ 中的元素称为 Borel 可测集.

定义 1.6.2 设 F 是 $\mathbb{R}^n$ 上的一个右连续实值函数, 对于 $\boldsymbol{a}, \boldsymbol{b} \in \mathbb{R}^n$, $\boldsymbol{a} \leqslant \boldsymbol{b}$, 令

$$\Delta_{\boldsymbol{b}, \boldsymbol{a}} F = \Delta_{b_n, a_n}^{(n)} \Delta_{b_{n-1}, a_{n-1}}^{(n-1)} \cdots \Delta_{b_1, a_1}^{(1)} F(\boldsymbol{x}).$$

其中

$$\Delta_{b_i, a_i}^{(i)} G(\boldsymbol{x}) = G(x_1, x_2, \cdots, x_{i-1}, b_i, x_{i+1}, \cdots, x_n) - G(x_1, x_2, \cdots, x_{i-1}, a_i, x_{i+1}, \cdots, x_n).$$

则称 $\Delta_{\boldsymbol{b}, \boldsymbol{a}} F$ 为函数 F 的差分.

进一步, 若 $\forall \boldsymbol{a}, \boldsymbol{b} \in \mathbb{R}^n$, 当 $\boldsymbol{a} \leqslant \boldsymbol{b}$, 总是有 $\Delta_{\boldsymbol{b}, \boldsymbol{a}} F \geqslant 0$, 则称 F 是增函数.

例 1.6.1 设 $\boldsymbol{a}, \boldsymbol{b} \in \mathbb{R}^2$, 且 $\boldsymbol{a} \leqslant \boldsymbol{b}$. 这里 $\boldsymbol{a} = (a_1, a_2)$, $\boldsymbol{b} = (b_1, b_2)$. 则

$$(\boldsymbol{a}, \boldsymbol{b}] = \{(x, y) | a_1 < x \leqslant b_1, \ a_2 < y \leqslant b_2\}.$$

所以

$$\Delta_{\boldsymbol{b}, \boldsymbol{a}} F = \Delta_{b_2, b_1}^{(2)} \Delta_{a_2, a_1}^{(1)} F(\boldsymbol{x})$$
$$= F(a_2, b_2) - F(a_2, b_1) - F(a_1, b_2) + F(a_1, b_1).$$

特别地, 若 (X, Y) 是某概率测度空间上的二维随机变量（向量）, $F(x, y)$ 是该随

机变量 (X,Y) 的（联合）概率分布函数. 此时, $F(x,y)$ 就是 $\mathbb{R}^2$ 上的一个右连续实值有界增函数. 若记区域 $G=(\boldsymbol{a},\boldsymbol{b}]$, 则

$$P[(X,Y)\in G]=F(a_2,b_2)-F(a_2,b_1)-F(a_1,b_2)+F(a_1,b_1)=\Delta_{\boldsymbol{b},\boldsymbol{a}}F.$$

上式结果表明, 在概率测度空间中, 一个二维随机向量落到某矩形区域上的概率测度, 恰好等于该二维随机变量的概率分布函数在该区域上的差分. 此结论对一般的多维随机变量（向量）也是成立的.

引理 1.6.2　设 F 是 $\mathbb{R}^n$ 上的一个右连续实值增函数, 在 $\mathcal{D}$ 上引入集函数 μ_F 如下:

$$\mu_F((\boldsymbol{a},\boldsymbol{b}])=\Delta_{\boldsymbol{b},\boldsymbol{a}}F,\ \forall(\boldsymbol{a},\boldsymbol{b}]\in\mathcal{D},$$

则 μ_F 是 $\mathcal{D}$ 上的 σ 可加非负集函数.

证明　略.

利用测度扩张定理, 又可得到下面的结论.

定理 1.6.4　设 F 是 $\mathbb{R}^n$ 上的一个右连续实值增函数, 则存在 $\mathcal{B}(\mathbb{R}^n)$ 上唯一的 σ 有限测度 μ 满足

$$\mu((\boldsymbol{a},\boldsymbol{b}])=\Delta_{\boldsymbol{b},\boldsymbol{a}}F,\ \forall(\boldsymbol{a},\boldsymbol{b}]\in\mathcal{D}.$$

也称测度 μ 为 F 确定的 Lebesgue-Stieltjes 测度（简称为 L-S 测度）.

注　设 μ 是 $\mathcal{B}(\mathbb{R}^n)$ 上的 L-S 测度, 则一定存在 $\mathbb{R}^n$ 上的右连续增函数 F, 使得 μ 为半环 $\mathcal{D}$ 上的 σ 可加非负集函数 μ_F 在 $\mathcal{B}(\mathbb{R}^n)$ 上唯一的测度扩张.

事实上, 若 μ 是 $\mathcal{B}(\mathbb{R}^n)$ 上的 L-S 测度, 则 $\forall\boldsymbol{x}\in\mathbb{R}^n$, 令

$$F(\boldsymbol{x})=\mu((-\infty,\boldsymbol{x}]).$$

则 F 是 $\mathbb{R}^n$ 上的右连续增函数.

若取 $F(x_1,x_2,\cdots,x_n)=x_1x_2\cdots x_n$, 则

$$\Delta_{\boldsymbol{b},\boldsymbol{a}}F=\prod_{i=1}^{n}(b_i-a_i),\ \forall(\boldsymbol{a},\boldsymbol{b}]\in\mathcal{D}.$$

此时, 由 F 引出的 L-S 测度就是 L 测度.

习　题　1

1. 证明:

(1) $(A\triangle B)\triangle C=A\triangle(B\triangle C)$;

(2) $(A\triangle B)\cap C = (A\cap C)\triangle(B\cap C)$;

(3) $(A_1\cup A_2)\triangle(B_1\cup B_2) \subset (A_1\triangle B_1)\cup(A_2\triangle B_2)$.

2. 证明

$$(\liminf_{n\to\infty} A_n) \cap (\limsup_{n\to\infty} B_n) \subset \limsup_{n\to\infty}(A_n\cap B_n).$$

3. 证明: 如果一个代数对可列不交并封闭, 则它是一个 σ 代数.

4. λ 类定义中的条件 (1) 和 (2) 等价于如下两个条件:

$(1)'$ $A\in\mathcal{F} \Rightarrow A^c\in\mathcal{F}$;

$(2)'$ $A,B\in\mathcal{F}, A\cap B = \varnothing \Rightarrow A\cup B\in\mathcal{F}$.

5. 设 A,B 为两个非空集合, 且 $A\neq B$. 对 $n\geqslant 1$, 令

$$A_n = \begin{cases} A, & n \text{ 为奇数}, \\ B, & n \text{ 为偶数}. \end{cases}$$

试求 $\limsup\limits_{n\to\infty} A_n$ 和 $\liminf\limits_{n\to\infty} A_n$.

6. 设 $\{A_n, n\geqslant 1\}$ 两两不交, 证明 $\lim\limits_{n\to\infty} A_n = \varnothing$.

7. 证明: 如果 $\mathcal{C}$ 是一个半环, 且 $A,B\in\mathcal{C}$, 则 $A\backslash B$ 可表示成 $\mathcal{C}$ 中有限个不交集合的并.

8. 如果 $\mathcal{D}$ 是一个环, 且 $\Omega\in\mathcal{D}$, 则 $\mathcal{D}$ 是一个代数.

9. 设 $\mathcal{D} = \{\varnothing, A_n, n=1,2,\cdots\}$, 其中 A_n ($n=1,2,\cdots$) 是 Ω 的两两不交的子集合, 证明 $\mathcal{D}$ 是一个半环, 并求 $\sigma(\mathcal{D})$.

10. 设 $\mathcal{A}$ 是 Ω 上的一个集类, 证明 $m(\mathcal{A})\subset\lambda(\mathcal{A})\subset\sigma(\mathcal{A})$.

11. 设 $\mathcal{C}$ 为 Ω 上的一个集类, $A\subset\Omega$. 令

$$A\cap\mathcal{C} = \{A\cap B | B\in\mathcal{C}\},$$

并用 $\sigma_A(A\cap\mathcal{C})$ 表示 $A\cap\mathcal{C}$ 生成的 σ 代数. 证明

$$\sigma_A(A\cap\mathcal{C}) = A\cap\sigma(\mathcal{C}).$$

12. 设 $\mathcal{C}$ 为一个集类, 则对任何 $A\in\sigma(\mathcal{C})$, 存在 $\mathcal{C}$ 的可数子类 $\mathcal{D}$, 使 $A\in\sigma(\mathcal{D})$.

13. 设 $\mathcal{C}$ 为一个集类, 则下列两个条件等价:

(1) $\lambda(\mathcal{C}) = m(\mathcal{C})$;

(2) $A\in\mathcal{C} \Rightarrow A^c\in m(\mathcal{C})$; $A,B\in\mathcal{C}, A\cap B = \varnothing \Rightarrow A\cup B = m(\mathcal{C})$.

14. 证明测度具有单调性, 即 $\forall A,B\in\mathcal{F}$, 当 $A\subset B$ 时, 有 $\mu(A)\leqslant\mu(B)$.

15. 记 $\mathbb{N}_+ = \{1, 2, \cdots\}$, $\mathcal{F}$ 表示 $\mathbb{N}_+$ 的所有子集构成的 σ 代数. 对于给定的数列 $\{a_n, n = 1, 2, \cdots\}$, 令

$$\mu(A) = \sum_{n \in A} a_n, \ \forall A \in \mathcal{F}.$$

试问当 $\{a_n, n = 1, 2, \cdots\}$ 满足什么条件时:

(1) μ 是一个测度;

(2) μ 是一个 σ 有限测度;

(3) μ 是一个有限测度;

(4) μ 是一个概率测度.

16. 设 μ 是半环 $\mathcal{D}$ 上的非负有限可加集函数, 证明: 如果 $\{A_k \in \mathcal{D}, \ k = 1, 2, \cdots\}$ 两两不交, $A \in \mathcal{D}$, 且 $\bigcup\limits_{k=1}^{\infty} A_k \subset \mathcal{D}$, 则 $\sum\limits_{k=1}^{\infty} \mu(A_k) \leqslant \mu(A)$.

17. 设 μ 是 σ 代数 $\mathcal{F}$ 上的测度, 对每个 $n = 1, 2, \cdots$, 有 $A_n \in \mathcal{F}$, 证明:

$$\mu(\liminf_{n \to \infty} A_n) \leqslant \liminf_{n \to \infty} \mu(A_n);$$

如果 $\mu(\bigcup\limits_{n=1}^{\infty} A_n) < +\infty$, 则还有

$$\mu(\limsup_{n \to \infty} A_n) \geqslant \limsup_{n \to \infty} \mu(A_n).$$

18. 设 $\mathcal{D}$ 是 Ω 上的一个代数, μ 是 $\mathcal{D}$ 上的具有 σ 可加性的非负集函数, 且 $\mu(\varnothing) = 0$. 定义

$$\mu^*(A) = \inf \left\{ \sum_{n=1}^{\infty} \mu(E_n) \middle| A \subset \bigcup_{n=1}^{\infty} E_n, \ E_n \in \mathcal{D} \right\}, \ \forall A \subset \Omega.$$

证明: μ^* 是 Ω 上的一个外测度, 且 $\mu^*|_{\mathcal{D}} = \mu$.

19. 设 μ 是 Ω 上的外测度, 对任意给定的 $A \subset \Omega$, 令

$$\mu_A(B) = \mu(B \cap A), \ \forall B \subset \Omega.$$

证明: μ_A 是 Ω 上的外测度.

20. 设 $(\Omega, \mathcal{F}, \mu)$ 是一个测度空间, 定义

$$\mu^*(B) = \inf \{\mu(A) | B \subset A \in \mathcal{F}\}, \ \forall B \subset \Omega.$$

证明: μ^* 是由 μ 生成的外测度.

21. 设 $\mathcal{D}$ 是一个代数, μ 和 υ 是 $\sigma(\mathcal{D})$ 上的测度, 且在 $\mathcal{D}$ 上都是 σ 有限的, 若

$\forall A \in \mathcal{D}$, 都有

$$\mu(A) = \upsilon(A),$$

证明: $\forall A \in \sigma(\mathcal{D})$, 有 $\mu(A) = \upsilon(A)$.

22. 设 $(\Omega, \mathcal{F}, \mu)$ 为一测度空间, $\{A_n, n \geqslant 1\}$ 为 $\mathcal{F}$ 中的极限存在的序列, 若 $\mu(A_1) < +\infty$, 则

$$\lim_{n \to \infty} \mu(A_n) = \mu(\lim_{n \to \infty} A_n).$$

第 2 章　可测映射与可测函数

2.1　可测映射与可测函数的定义

设 Ω 和 E 是任意的两个非空集合, 如果 $\forall \omega \in \Omega$, 都存在 E 中唯一的一个 $f(\omega)$ 和它对应, 则称这种对应关系 f 为 Ω 到 E 的映射. 映射 f 也常常记为 $f(\cdot)$ 或 $f(\omega)$.

定义 2.1.1　设 f 是从 Ω 到 E 的映射, 对 $B \subset E$, 令

$$f^{-1}(B) \stackrel{\text{def}}{=} \{x | f(x) \in B\}.$$

则称 $f^{-1}(B)$ 为集合 B 在映射 f 之下的原像.

对任何 E 上的集类 $\mathcal{B}$, 也称

$$f^{-1}(\mathcal{B}) \stackrel{\text{def}}{=} \{f^{-1}(B) | B \in \mathcal{B}\}$$

为集类 $\mathcal{B}$ 在映射 f 之下的原像.

一般地, $f^{-1}(B)$ 又可记为 $\{f \in B\}$.

注　设 f 是从 Ω 到 E 的映射, 对 $B \subset E$, $f[f^{-1}(B)] = B$ 未必成立.

例 2.1.1　设 $\Omega = \{\omega_1, \omega_2, \omega_3\}$, $E = \{e_1, e_2, e_3\}$. f 是从 Ω 到 E 的映射, 其中

$$\omega_1 \mapsto e_1, \ \omega_2 \mapsto e_1, \ \omega_3 \mapsto e_3.$$

若取 $B = \{e_1, e_2\}$, 则有 $f^{-1}(B) = \{\omega_1, \omega_2\}$. 但

$$f[f^{-1}(B)] = f(\{\omega_1, \omega_2\}) = \{e_1\} \neq B.$$

关于映射的原像（运算）有下列结论.

命题 2.1.1　设 f 是从 Ω 到 E 的映射, 则

$$f^{-1}(\varnothing) = \varnothing;$$

$$f^{-1}(E) = \Omega;$$

$$B_1 \subset B_2 \Rightarrow f^{-1}(B_1) \subset f^{-1}(B_2);$$

$$(f^{-1}(B))^c = f^{-1}(B^c).$$

这里 $B_1, B_2, B \subset E$.

进一步, 若 $\{B_n, n \geqslant 1\}$ 是 E 的子集合序列, 则

$$f^{-1}\left(\bigcup_{n=1}^{\infty} B_n\right) = \bigcup_{n=1}^{\infty} f^{-1}(B_n);$$

$$f^{-1}\left(\bigcap_{n=1}^{\infty} B_n\right) = \bigcap_{n=1}^{\infty} f^{-1}(B_n).$$

证明 前四个结果是显然的. 下面只证 $f^{-1}\left(\bigcup_{n=1}^{\infty} B_n\right) = \bigcup_{n=1}^{\infty} f^{-1}(B_n)$.

若 $\omega \in f^{-1}\left(\bigcup_{n=1}^{\infty} B_n\right)$, 则 $f(\omega) \in \bigcup_{n=1}^{\infty} B_n$, 所以存在 $n_0 \in \mathbb{N}$, 使得 $f(\omega) \in B_{n_0}$, 即存在 n_0, 使得 $\omega \in f^{-1}(B_{n_0})$, 因此 $\omega \in \bigcup_{n=1}^{\infty} f^{-1}(B_n)$.

反之, 结论也成立. 所以

$$f^{-1}\left(\bigcup_{n=1}^{\infty} B_n\right) = \bigcup_{n=1}^{\infty} f^{-1}(B_n).$$

证毕.

命题 2.1.1 表明: 具有某种特殊结构的集类, 经过 "原像运算" 后依然保持这种结构. 显然, 一个 σ 代数经过 "原像运算" 后依然是一个 σ 代数.

命题 2.1.2 设 f 是从 Ω 到 E 上的映射, $\mathcal{D}$ 是 E 上的任意集类, 则

$$f^{-1}(\sigma(\mathcal{D})) = \sigma(f^{-1}(\mathcal{D})).$$

证明 由命题 2.1.1, 易证 $f^{-1}(\sigma(\mathcal{D}))$ 是 Ω 上的 σ 代数. 由于 $\sigma(\mathcal{D}) \supset \mathcal{D}$, 可知 $f^{-1}(\sigma(\mathcal{D})) \supset f^{-1}(\mathcal{D})$, 从而 $f^{-1}(\sigma(\mathcal{D})) \supset \sigma(f^{-1}(\mathcal{D}))$, 下证 $f^{-1}(\sigma(\mathcal{D})) \subset \sigma(f^{-1}(\mathcal{D}))$, 令

$$\mathcal{F} = \{A \in \sigma(\mathcal{D}) | f^{-1}(A) \in \sigma(f^{-1}(\mathcal{D}))\},$$

下证 $\sigma(\mathcal{D}) = \mathcal{F}$. 易见 $\mathcal{D} \subset \mathcal{F} \subset \sigma(\mathcal{D})$, 故只需证 $\sigma(\mathcal{D}) \subset \mathcal{F}$, 为此, 只证 $\mathcal{F}$ 是 σ 代数.

由于 $E \subset \sigma(\mathcal{D})$, 且 $f^{-1}(E) = \Omega \in \sigma(f^{-1}(\mathcal{D}))$, 故 $E \in \mathcal{F}$.

若 $A \in \mathcal{F}$, 则 $f^{-1}(A) \in \sigma(f^{-1}(\mathcal{D}))$, 于是

$$f^{-1}(A^c) = [f^{-1}(A)]^c \in \sigma[f^{-1}(\mathcal{D})],$$

可见 $A^c \in \mathcal{F}$.

设 $A_n \in \mathcal{F}$, $n \geqslant 1$, 则 $f^{-1}(A_n) \in \sigma(f^{-1}(\mathcal{D}))$, 所以

$$f^{-1}\left(\bigcup_{n=1}^{\infty} A_n\right) = \bigcup_{n=1}^{\infty} f^{-1}(A_n) \in \sigma(f^{-1}(\mathcal{D})),$$

可见 $\bigcup\limits_{n=1}^{\infty} A_n \in \mathcal{F}$, 所以 $\mathcal{F}$ 是一个 σ 代数, 从而 $\mathcal{F} \supset \sigma(\mathcal{D})$, 最终有 $\sigma(\mathcal{D}) = \mathcal{F}$. 此式说明了 $\sigma(\mathcal{D})$ 中的元素具有 $\mathcal{F}$ 中元素的特性, 即 $\forall A \in \mathcal{F}$, 有 $f^{-1}(A) \in \sigma(f^{-1}(\mathcal{D}))$, 这就意味着 $f^{-1}(\mathcal{F}) \subset \sigma(f^{-1}(\mathcal{D}))$. 于是

$$f^{-1}(\sigma(\mathcal{D})) \subset \sigma(f^{-1}(\mathcal{D})),$$

所以

$$f^{-1}(\sigma(\mathcal{D})) = \sigma(f^{-1}(\mathcal{D})).$$

证毕.

定义 2.1.2　设 $(\Omega, \mathcal{F})$ 和 (E, ε) 为两个可测空间, f 为 Ω 到 E 上的映射. 若 $\forall A \in \varepsilon$, 都有 $f^{-1}(A) \in \mathcal{F}$, 则称映射 f 关于 $\mathcal{F}/\varepsilon$ 可测.

定义 2.1.2 表明, 映射 $f : \Omega \to E$ 关于 $\mathcal{F}/\varepsilon$ 可测 $\Leftrightarrow f^{-1}(\varepsilon) \subset \mathcal{F}$.

例 2.1.2　设 $(\Omega, \mathcal{F})$ 和 (E, ε) 为两个可测空间, 这里 $\Omega = \{\omega_1, \omega_2, \omega_3\}$, $E = \{e_1, e_2, e_3\}$, $\mathcal{F} = \{\varnothing, \{\omega_1\}, \{\omega_2, \omega_3\}, \Omega\}$, $\varepsilon = \{\varnothing, \{e_1\}, \{e_2, e_3\}, E\}$. f 是从 Ω 到 E 的映射, 其中

$$\omega_1 \mapsto e_1, \ \omega_2 \mapsto e_2, \ \omega_3 \mapsto e_3.$$

显然映射 f 关于 $\mathcal{F}/\varepsilon$ 可测.

例 2.1.3　设 $\Omega, E, \mathcal{F}, \varepsilon$ 同例 2.1.2. f 是从 Ω 到 E 的映射, 其中

$$\omega_1 \mapsto e_1, \ \omega_2 \mapsto e_1, \ \omega_3 \mapsto e_3.$$

此时, 由于 $f^{-1}(\{e_1\}) = \{\omega_1, \omega_2\} \notin \mathcal{F}$, 从而映射 f 不是关于 $\mathcal{F}/\varepsilon$ 可测的.

例 2.1.4　设 Ω, E, ε 同例 2.1.2, 并设 $\mathcal{F} = 2^{\Omega}$, 若 f 是 $\Omega \to E$ 上的任意映射, 则 f 一定是关于 $\mathcal{F}/\varepsilon$ 可测的.

事实上, 若 f 是 $\Omega \to E$ 上的任意一个映射, 则 $\forall B \in \varepsilon$, 都有 $f^{-1}(B) \subset \Omega$. 由于 $\mathcal{F}$ 包含了 Ω 所有的子集, 因而 $f^{-1}(B) \in \mathcal{F}$.

上面的例子表明, 一个映射可测与否, 除了与自身的映射关系有关外, 还与 Ω 和 E 上的 σ 代数有关.

下面的定理给出了可测映射的一个判别法.

定理 2.1.1　设 $(\Omega, \mathcal{F})$ 和 (E, ε) 是两个可测空间, f 是从 Ω 到 E 上的映射, $\mathcal{D}$ 是 E 上的一个集类, 且 $\sigma(\mathcal{D}) = \varepsilon$, 则映射 f 关于 $\mathcal{F}/\varepsilon$ 可测 $\Leftrightarrow f^{-1}(\mathcal{D}) \subset \mathcal{F}$.

证明 充分性. 由命题 2.1.2 知

$$f^{-1}(\varepsilon) = f^{-1}(\sigma(\mathcal{D})) = \sigma(f^{-1}(\mathcal{D})),$$

而 $f^{-1}(\mathcal{D}) \subset \mathcal{F}$, 故 $f^{-1}(\varepsilon) \subset \mathcal{F}$, 从而 f 关于 $\mathcal{F}/\varepsilon$ 可测.

必要性. 由 f 关于 $\mathcal{F}/\varepsilon$ 可测, 知 $f^{-1}(\varepsilon) \subset \mathcal{F}$, 所以 $f^{-1}(\mathcal{D}) \subset \mathcal{F}$. 证毕.

下面的结论说明了可测映射的复合依然是可测的.

定理 2.1.2 设 $(\Omega_1, \mathcal{F}_1), (\Omega_2, \mathcal{F}_2)$ 和 $(\Omega_3, \mathcal{F}_3)$ 是三个可测空间, g 是 Ω_1 到 Ω_2 上的 $\mathcal{F}_1/\mathcal{F}_2$ 可测映射, f 是 Ω_2 到 Ω_3 上的 $\mathcal{F}_2/\mathcal{F}_3$ 可测映射. 令 $f \circ g(\cdot) = f(g(\cdot))$, 则 $f \circ g(\cdot)$ 是 Ω_1 到 Ω_3 上的 $\mathcal{F}_1/\mathcal{F}_3$ 可测映射.

证明 $\forall C \in \mathcal{F}_3$, 有

$$
\begin{aligned}
(f \circ g)^{-1}(C) &= \{\omega | \omega \in \Omega_1, f(g(\omega)) \in C\} \\
&= \{\omega | \omega \in \Omega_1, g(\omega) \in f^{-1}(C)\} \\
&= \{\omega | \omega \in g^{-1}(f^{-1}(C))\} \\
&= g^{-1}(f^{-1}(C)).
\end{aligned}
$$

由 f 可测知 $f^{-1}(C) \in \mathcal{F}_2$, 再由 g 可测知 $g^{-1}(f^{-1}(C)) \in \mathcal{F}_1$, 故

$$(f \circ g)^{-1}(C) \in \mathcal{F}_1.$$

证毕.

下面转向测度论中的另一个重要概念——可测函数, 为此, 引进广义实数集 $\overline{\mathbb{R}}$,

$$\overline{\mathbb{R}} \overset{\text{def}}{=} \mathbb{R} \cup \{-\infty\} \cup \{+\infty\}.$$

$\overline{\mathbb{R}}$ 中元素的大小顺序, 除实数按原有的顺序外, 规定

$$-\infty < a < +\infty, \ \forall a \in \mathbb{R}.$$

根据这种顺序, 又可以定义出 $\overline{\mathbb{R}}$ 中的区间. 对任何 $a, b \in \overline{\mathbb{R}}$, 令

$$
\begin{aligned}
(a, b) &= \{x \in \overline{\mathbb{R}} | a < x < b\}, \\
[a, b) &= \{x \in \overline{\mathbb{R}} | a \leqslant x < b\}, \\
(a, b] &= \{x \in \overline{\mathbb{R}} | a < x \leqslant b\}, \\
[a, b] &= \{x \in \overline{\mathbb{R}} | a \leqslant x \leqslant b\}.
\end{aligned}
$$

关于 $\overline{\mathbb{R}}$ 中元素的运算, 规定

$$(\pm\infty) + a = a + (\pm\infty) = a - (\mp\infty) = \pm\infty, \ \forall a \in \mathbb{R}.$$

$$(\pm\infty) + (\pm\infty) = (\pm\infty) - (\mp\infty) = \pm\infty, \quad \frac{a}{\pm\infty} = 0.$$

$$a \times (\pm\infty) = (\pm\infty) \times a = \begin{cases} \pm\infty, & 0 < a \leqslant +\infty, \\ 0, & a = 0, \\ \mp\infty, & -\infty \leqslant a < 0. \end{cases}$$

注　诸如 $(\pm\infty) - (\pm\infty), (\pm\infty) + (\mp\infty), \dfrac{\pm\infty}{\pm\infty}, \dfrac{\pm\infty}{\mp\infty}, \dfrac{x}{0}$ 等都是没有意义的.

设 $\overline{\mathbb{R}}$ 是广义实数集, 用 $\mathcal{B}(\overline{\mathbb{R}})$ 表示 $\overline{\mathbb{R}}$ 上的 Borel σ 代数, 即

$$\mathcal{B}(\overline{\mathbb{R}}) \overset{\text{def}}{=} \sigma\{\mathcal{B}(\mathbb{R}), \{-\infty\}, \{+\infty\}\}.$$

所以, 对 $\mathcal{B}(\overline{\mathbb{R}})$ 有

$$\begin{aligned} \mathcal{B}(\overline{\mathbb{R}}) &= \sigma\{[-\infty, a) | a \in \mathbb{R}\} \\ &= \sigma\{[-\infty, a] | a \in \mathbb{R}\} \\ &= \sigma\{(a, +\infty] | a \in \mathbb{R}\} \\ &= \sigma\{[a, +\infty] | a \in \mathbb{R}\}. \end{aligned}$$

事实上

$$\mathcal{B}(\overline{\mathbb{R}}) = \mathcal{B}(\mathbb{R}) \cup \{B \cup \{+\infty\} | B \in \mathcal{B}(\mathbb{R})\} \cup \{B \cup \{-\infty\} | B \in \mathcal{B}(\mathbb{R})\} \cup$$

$$\{B \cup \{-\infty, +\infty\} | B \in \mathcal{B}(\mathbb{R})\}.$$

定义 2.1.3　设 $(\Omega, \mathcal{F})$ 是一个可测空间, 若函数 $f : \Omega \to \overline{\mathbb{R}}$ 关于 $\mathcal{F}/\mathcal{B}(\overline{\mathbb{R}})$ 可测, 则称 f 为 $(\Omega, \mathcal{F})$ 上的 $\mathcal{F}$ 可测 (数值) 函数, 简称可测函数. 特别地, 从 $(\Omega, \mathcal{F})$ 到 $(\mathbb{R}, \mathcal{B}(\mathbb{R}))$ 上的可测函数也称为 $(\Omega, \mathcal{F})$ 上的有限值 (实值) 可测函数.

设 $(\Omega, \mathcal{F}, P)$ 为一概率测度空间, 其上的实值可测函数称为随机变量, 数值可测函数称为广义随机变量.

复值可测函数是定义在测度空间 $(\Omega, \mathcal{F}, \mu)$ 上, 取值为复数的函数, 且其实部和虚部都是实值可测函数.

若 f 是 $\mathbb{R}$ 到 $\mathbb{R}$ 上的可测函数, 则称 f 为 $\mathbb{R}$ 上的 Borel 可测函数. 特别地, 如果 $f : \mathbb{R}^n \to \mathbb{R}$ 关于 $\mathcal{B}(\mathbb{R}^n)/\mathcal{B}(\mathbb{R})$ 可测, 则称 f 是 $\mathbb{R}^n$ 上的 Borel 可测函数.

例 2.1.5　设 f 是 $\mathbb{R}^n$ 到 $\mathbb{R}$ 上的连续函数, 则 f 是 Borel 可测的.

事实上, 若 f 是 $\mathbb{R}^n$ 到 $\mathbb{R}$ 上的连续函数, 则意味着对 $\mathbb{R}$ 中的任意开集 A, 总有 $f^{-1}(A)$ 为 $\mathbb{R}^n$ 中的开集, 故 $f^{-1}(A) \in \mathcal{B}(\mathbb{R})$, 所以 f 是 Borel 可测函数.

下面的例子可看作是例 2.1.4 的特例.

例 2.1.6　设 $\mathcal{F}$ 是 Ω 的一切子集构成的 σ 代数, 则 $(\Omega, \mathcal{F})$ 上的任何函数都是 $\mathcal{F}$ 可测的.

例 2.1.7　设 $a \in \overline{\mathbb{R}}, \forall \omega \in \Omega$, 都有 $f(\omega) = a$, 即 f 是 $(\Omega, \mathcal{F})$ 上的常值函数, 则 f 是 $\mathcal{F}$ 可测函数.

事实上, $\forall B \in \mathcal{B}(\overline{\mathbb{R}})$, 有

$$f^{-1}(B) = \begin{cases} \varnothing, & 若\ a \notin B, \\ \Omega, & 若\ a \in B, \end{cases}$$

故 $f^{-1}(B) \in \mathcal{F}$. 所以常值函数一定是可测函数.

例 2.1.8 设 $a, b \in \overline{\mathbb{R}}, A, B \in \mathcal{F}$, 且 $A \cap B = \varnothing$, 则 $aI_A + bI_B$ 是可测函数.

若令 $f = aI_A + bI_B$, 则 $\forall C \in \mathcal{B}(\overline{\mathbb{R}})$, 有

$$f^{-1}(C) = \begin{cases} \varnothing, & 若\ a, b \notin C, \\ A, & 若\ a \in C, b \notin C, \\ B, & 若\ a \notin C, b \in C, \\ \Omega, & 若\ a, b \in C. \end{cases}$$

所以总有 $f^{-1}(C) \in \mathcal{F}$. 因而 $aI_A + bI_B$ 是可测函数.

由于 $\mathcal{B}(\overline{\mathbb{R}})$ 和 $\mathcal{B}(\mathbb{R})$ 的结构相当复杂, 所以用定义来验证一个函数是可测函数是相当困难的, 利用定理 2.1.1 则可以给出如下简单的判别方法.

定理 2.1.3 设 f 是可测空间 $(\Omega, \mathcal{F})$ 上的数值函数 (或实值函数), 则下列条件等价:

(1) f 为数值可测函数 (相应地, 实值可测函数);

(2) $\forall a \in \mathbb{R}, \ [f < a] \in \mathcal{F}$;

(3) $\forall a \in \mathbb{R}, \ [f \leqslant a] \in \mathcal{F}$;

(4) $\forall a \in \mathbb{R}, \ [f > a] \in \mathcal{F}$;

(5) $\forall a \in \mathbb{R}, \ [f \geqslant a] \in \mathcal{F}$.

这里 $[f < a] = \{\omega | \omega \in \Omega, f(\omega) < a\} = f^{-1}([-\infty, a))$.

证明 只对数值函数进行证明, 实值函数可类似证明.

若令 $\mathcal{D} = \{[f < a] | a \in \mathbb{R}\}$, 则 $\sigma(\mathcal{D}) = \mathcal{B}(\overline{\mathbb{R}})$, 即 $\mathcal{D}$ 为 $\mathcal{B}(\overline{\mathbb{R}})$ 的生成集. 再由定理 2.1.1 可证 (1) $\Leftrightarrow$ (2). 其他结果类似可证. 证毕

2.2 可测函数的运算与构造

可测函数是一种特殊的映射, 其像空间 $\overline{\mathbb{R}}$ 中的元素是可以进行运算的. 一个十分自然而又重要的问题是: 定义在可测空间 $(\Omega, \mathcal{F})$ 上的可测函数, 在经过 $\overline{\mathbb{R}}$ 中的元素运算以后, 其可测性是否仍然可以保持?

下面就来回答这个问题.

命题 2.2.1 设 $m(\Omega, \mathcal{F})$ 表示可测空间 $(\Omega, \mathcal{F})$ 上全体实值（复值）可测函数, 则 $m(\Omega, \mathcal{F})$ 是实数域 $\mathbb{R}$（负数域 $\mathbb{C}$）上的一个向量空间.

证明 只证实值可测函数的情形. 下证 $m(\Omega, \mathcal{F})$ 对加法运算和数乘运算封闭.

设 $f \in m(\Omega, \mathcal{F}), a \in \mathbb{R}$, 则 $\forall b \in \mathbb{R}$, 若 $a > 0$, 则

$$[af \leqslant b] = \left[f \leqslant \frac{b}{a}\right] \in \mathcal{F}.$$

若 $a < 0$, 则

$$[af \leqslant b] = \left[f \geqslant \frac{b}{a}\right] \in \mathcal{F}.$$

若 $a = 0$, $b \geqslant 0$, 则

$$[af \leqslant b] = \Omega \in \mathcal{F}.$$

若 $a = 0$, $b < 0$, 则

$$[af \leqslant b] = \varnothing \in \mathcal{F}.$$

所以 $af \in m(\Omega, \mathcal{F})$.

下设 $f, g \in m(\Omega, \mathcal{F})$, 则 $\forall a \in \mathbb{R}$, 有

$$[f + g < a] = [f < a - g] = \bigcup_{r \in \mathbb{Q}} [f < r] \cap [r < a - g] = \bigcup_{r \in \mathbb{Q}} [f < r] \cap [g < a - r] \in \mathcal{F}.$$

其中 $\mathbb{Q}$ 表示有理数集. 从而 $f + g \in m(\Omega, \mathcal{F})$.

所以 $m(\Omega, \mathcal{F})$ 是实数域 $\mathbb{R}$ 上的一个向量空间. 证毕.

定理 2.2.1 设 f, g 及 $\{f_n, n \geqslant 1\}$ 都是可测空间 $(\Omega, \mathcal{F})$ 上的可测函数, 则

(1) $\forall a \in \overline{\mathbb{R}}$, af 是可测函数;

(2) fg 是可测函数;

(3) 若 $f + g$ 处处有意义, 则 $f + g$ 是可测函数;

(4) 若 f/g 处处有意义, 则 f/g 可测;

(5) $\inf\limits_{n} f_n$, $\sup\limits_{n} f_n$, $\liminf\limits_{n \to \infty} f_n$, $\limsup\limits_{n \to \infty} f_n$ 都可测;

(6) $[f = g]$ 及 $[f \leqslant g]$ 为可测集.

证明 (1) 若 $a = 0$, 则 $af = 0$ 是常值函数, 所以是可测函数.

若 $a = +\infty$, 则

$$af = (+\infty) \cdot I[f > 0] + (-\infty) \cdot I[f < 0].$$

则由例 2.1.8 可知 af 是可测函数.

若 $a = -\infty$, 同理可得

$$af = (-\infty) \cdot I[f > 0] + (+\infty) \cdot I[f < 0].$$

因而 af 是可测函数.

其他情形下, 仿照命题 2.2.1 的证明过程易得.

(2) $\forall a \in \mathbb{R}$, 我们有

$$[fg < a] = A_1 \cup A_2.$$

这里

$$A_1 = [fg < a] \cap [g = 0] = \begin{cases} \varnothing, & a \leqslant 0, \\ \{g = 0\}, & a > 0 \end{cases} \in \mathcal{F}.$$

$$A_2 = [fg < a] \cap [g \neq 0] = [fg < a] \cap ([g > 0] \cup [g < 0])$$

$$= ([fg < a] \cap [g > 0]) \cup ([fg < a] \cap [g < 0])$$

$$= ([f < ag^{-1}] \cap [g > 0]) \cup ([f > ag^{-1}] \cap [g < 0])$$

$$= \left([g > 0] \cap \bigcup_{r \in \mathbb{Q}} [f < r, rg < a]\right) \cup \left([g < 0] \cap \bigcup_{r \in \mathbb{Q}} [f > r, rg < a]\right)$$

$$= [g > 0] \cap \left(\bigcup_{r \in \mathbb{Q}} [f < r] \cap [rg < a]\right) \cup \left([g < 0] \cap \left(\bigcup_{r \in \mathbb{Q}} [f > r] \cap [rg < a]\right)\right) \in \mathcal{F}.$$

故 fg 可测.

(3) $\forall a \in \mathbb{R}$, 有

$$[f+g < a] = ([f+g < a] \cap [g = -\infty]) \cup ([f+g < a] \cap [g = +\infty]) \cup ([f+g < a] \cap [|g| < +\infty])$$

$$= [g = -\infty] \cup \varnothing \cup \left(\bigcup_{r \in \mathbb{Q}} [f < r] \cap [g < a - r])\right) \in \mathcal{F}.$$

(4) 如果对每个 $\omega \in \Omega$, 都有 $g(\omega) \neq 0$, 则 $\forall a \in \mathbb{R}$, 有

$$[g^{-1} < a] = [g^{-1} < a] \cap ([g > 0] \cup [g < 0])$$

$$= ([ag > 1] \cap [g > 0]) \cup ([ag < 1] \cap [g < 0]) \in \mathcal{F}.$$

则 g^{-1} 是可测函数, 由 (2) 知 f/g 为可测函数.

(5) $\forall a \in \mathbb{R}$, 有

$$[\inf_n f_n \geqslant a] = \bigcap_{n=1}^{\infty} [f_n \geqslant a],$$

$$[\sup_n f_n \leqslant a] = \bigcap_{n=1}^{\infty} [f_n \leqslant a],$$

$$[\liminf_{n\to\infty} f_n > a] = \bigcup_{k=1}^{\infty} \bigcup_{n=1}^{\infty} \bigcap_{m=n}^{\infty} \left\{ f_m > a + \frac{1}{k} \right\},$$

$$[\limsup_{n\to\infty} f_n < a] = \bigcup_{k=1}^{\infty} \bigcup_{n=1}^{\infty} \bigcap_{m=n}^{\infty} \left\{ f_m < a - \frac{1}{k} \right\}.$$

所以 $\inf_n f_n, \sup_n f_n, \liminf_{n\to\infty} f_n, \limsup_{n\to\infty} f_n$ 都是可测函数.

(6) 令

$$f_n = (f \wedge n) \vee (-n), \quad g_n = (g \wedge n) \vee (-n),$$

则

$$[f = g] = \bigcap_{n=1}^{\infty} [f_n = g_n], \quad [f \leqslant g] = \bigcap_{n=1}^{\infty} [f_n \leqslant g_n].$$

由于

$$[f_n = g_n] = [f_n - g_n = 0], \quad [f_n \leqslant g_n] = [f_n - g_n \leqslant 0],$$

从而 $[f = g]$ 和 $[f \leqslant g]$ 都为可测集. 证毕.

注 由定理 2.2.1 (5) 可知, 如果可测函数序列有极限, 则其极限也是可测函数, 可见, 可测性在极限运算下也保持不变. 但分析学中函数的连续性就不具备这种性质: 即若 $\{f_n, \ n \geqslant 1\}$ 是 $\mathbb{R}$ 上的连续函数序列, 且 $\lim_{n\to\infty} f_n(x) = f(x)$, 但 $f(x)$ 在 $\mathbb{R}$ 上未必是连续函数.

定义 2.2.1 设 f 是 Ω 到 $\overline{\mathbb{R}}$ 上的函数, 令

$$f^+ = f \vee 0 = \max\{f, 0\}, \quad f^- = (-f) \vee 0 = \max\{-f, 0\}.$$

则分别称 f^+ 和 f^- 为函数 f 的正部 (函数) 和负部 (函数).

显然有 $f^+ \geqslant 0, \ f^- \geqslant 0$, 且有

$$f = f^+ - f^-, \ |f| = f^+ + f^-.$$

由此, f 可测 $\Leftrightarrow$ f^+ 和 f^- 都可测.

设 $\Phi \geqslant 0$, $\Psi \geqslant 0$, 令 $f = \Phi - \Psi$. 一个很自然的问题是: 在什么条件下有 $f^+ = \Phi$, $f^- = \Psi$. 下面的命题回答了这个问题.

命题 2.2.2 设 Φ, Ψ 是 Ω 上的两个非负函数, 令 $f = \Phi - \Psi$, 则 $f^+ = \Phi$, $f^- = \Psi$ 的充分必要条件是 $[\Phi > 0] \cap [\Psi > 0] = \varnothing$.

证明 若 $f^+ = \Phi$, $f^- = \Psi$, 则由定义 2.2.1 知 $[\Phi > 0] \cap [\Psi > 0] = \varnothing$.

反之, 若 $[\Phi > 0] \cap [\Psi > 0] = \varnothing$, 则 $\forall \omega \in \Omega$, 若 $\Phi(\omega) > 0$, 则 $\Psi(\omega) = 0$, 此时

$$f(\omega) = \Phi(\omega) > 0.$$

所以

$$f^+(\omega) = \max\{f(\omega), 0\} = \Phi(\omega), \quad f^-(\omega) = \max\{-f(\omega), 0\} = 0 = \Psi(\omega).$$

若 $\Psi(\omega) > 0$, 则 $\Phi(\omega) = 0$, 此时

$$f(\omega) = -\Psi(\omega) < 0.$$

所以

$$f^+(\omega) = \max\{f(\omega), 0\} = 0 = \Phi(\omega),$$

$$f^-(\omega) = \max\{-f(\omega), 0\} = \Psi(\omega).$$

若 $\Psi(\omega) = 0$, 且 $\Phi(\omega) = 0$, 则必有 $f(\omega) = 0$. 此时

$$f^+(\omega) = \max\{f(\omega), 0\} = 0 = \Phi(\omega),$$

$$f^-(\omega) = \max\{-f(\omega), 0\} = 0 = \Psi(\omega).$$

综上, 总有

$$f^+ = \Phi, \quad f^- = \Psi.$$

证毕.

下面的命题说明了两个函数乘积的正部函数与负部函数与各自的正负部函数之间的关系.

命题 2.2.3 设 f, g 是 Ω 上的两个函数, 则

$$(fg)^+ = f^+ g^+ + f^- g^-, \quad (fg)^- = f^+ g^- + f^- g^+.$$

证明 由于

$$fg = (f^+ - f^-)(g^+ - g^-) = (f^+ g^+ + f^- g^-) - (f^+ g^- + f^- g^+),$$

由命题 2.2.2, 只需证

$$[f^+ g^+ + f^- g^- > 0] \cap [f^+ g^- + f^- g^+ > 0] = \varnothing.$$

若

$$f^+ g^+ + f^- g^- > 0,$$

则 $f^+ > 0,\ g^+ > 0$ 或 $f^- > 0,\ g^- > 0$, 从而 $f^- = 0,\ g^- = 0$, 或 $f^+ = 0,\ g^+ = 0$.

　　两种情况下总有

$$f^+ g^- + f^- g^+ = 0.$$

　　反之, 若

$$f^+ g^- + f^- g^+ > 0,$$

同理可得

$$f^+ g^+ + f^- g^- = 0.$$

所以

$$[f^+ g^+ + f^- g^- > 0] \cap [f^+ g^- + f^- g^+ > 0] = \varnothing,$$

从而

$$(fg)^+ = f^+ g^+ + f^- g^-, \ (fg)^- = f^+ g^- + f^- g^+.$$

证毕.

　　定义 2.2.2　设 $A \subset \Omega$, 令

$$I_A(\omega) = \begin{cases} 1, & \omega \in A, \\ 0, & \omega \notin A. \end{cases}$$

称 $I_A(\omega)$ 为集合 A 的示性函数, 简记为 I_A.

　　特别地, 对于可测空间 $(\Omega, \mathcal{F})$, 设 $A \subset \Omega$, 则 I_A 是可测函数 $\Leftrightarrow A \in \mathcal{F}$.

　　设 $\{A_i, i = 1, 2, \cdots, n\}$ 是 Ω 的 n 个两两不交的子集合, 若满足 $\bigcup\limits_{i=1}^{n} A_i = \Omega$, 则称 $\{A_i, i = 1, 2, \cdots, n\}$ 是 Ω 的一个有限划分 (分割). 特别地, 对于可测空间 $(\Omega, \mathcal{F})$, 若每个 $A_i \in \mathcal{F}, i = 1, 2, \cdots, n$, 则称有限划分 $\{A_i, i = 1, 2, \cdots, n\}$ 是 Ω 的有限可测划分 (分割).

　　定义 2.2.3　设 f 为 Ω 上的一个实值函数, 若存在 Ω 的一个有限划分 $\{A_i, i = 1, 2, \cdots, n\}$ 和实数 $\{a_i, i = 1, 2, \cdots, n\}$, 使得

$$f(\omega) = \sum_{i=1}^{n} a_i I_{A_i}(\omega), \ \omega \in \Omega,$$

则称 f 是 Ω 上的简单函数.

进一步, 设 $(\Omega, \mathcal{F})$ 是可测空间, 如果 $\{A_i, i = 1, 2, \cdots, n\}$ 是 Ω 的一个有限可测划分, 且使得

$$f(\omega) = \sum_{i=1}^{n} a_i I_{A_i}(\omega), \ \omega \in \Omega,$$

那么称函数 f 为 $(\Omega, \mathcal{F})$ 上的简单可测函数.

从上述定义可以看出, 简单函数可以看成是若干集合示性函数的线性组合, 简单可测函数的线性组合依然是简单可测函数. 一个易证的结论是: 简单可测函数的全体构成一个线性空间 (即对线性运算和乘法运算封闭).

事实上, 若设 $\Phi = \sum_{i=1}^{n} c_i I_{F_i}, \Psi = \sum_{j=1}^{m} d_j I_{G_j}$, 则

$$\alpha \Phi + \beta \Psi = \alpha \sum_{i=1}^{n} c_i I_{F_i} + \beta \sum_{j=1}^{m} d_j I_{G_j}$$

$$= \alpha \sum_{i=1}^{n} \sum_{j=1}^{m} c_i I_{F_i \cap G_j} + \beta \sum_{i=1}^{n} \sum_{j=1}^{m} d_j I_{F_i \cap G_j}$$

$$= \sum_{i=1}^{n} \sum_{j=1}^{m} (\alpha c_i + \beta d_j) I_{F_i \cap G_j},$$

$$\Phi \cdot \Psi = \sum_{i=1}^{n} \sum_{j=1}^{m} c_i d_j I_{F_i \cap G_j}.$$

定理 2.2.2 设 f 是可测空间 $(\Omega, \mathcal{F})$ 上的一个非负可测函数, 则存在一列非负简单可测函数 $\{\Phi_n, n \geqslant 1\}$ 满足:

(1) $\Phi_n \leqslant \Phi_{n+1}, \ n \geqslant 1$;

(2) $0 \leqslant \Phi_n \leqslant f, \ n \geqslant 1$;

(3) $\lim\limits_{n \to \infty} \Phi_n = f$ (即 $\forall \omega \in \Omega$, 有 $\Phi_n(\omega) \to f(\omega), n \to \infty$).

证明 对每个 $n \geqslant 1$, 令

$$\Phi_n = \sum_{k=1}^{n2^n} \frac{k-1}{2^n} I_{\left[\frac{k-1}{2^n} \leqslant f < \frac{k}{2^n}\right]} + n I_{[f \geqslant n]},$$

则 Φ_n 为简单可测函数, 且

$$0 \leqslant \Phi_n \leqslant \Phi_{n+1}, \Phi_n \leqslant f, \ n \geqslant 1.$$

此时, $\forall \omega \in \Omega$, 若 $f(\omega) < +\infty$, 则存在 $N \geqslant 1$, 使 $f(\omega) < N$. 于是 $\forall n > N$, 必有 $1 \leqslant k \leqslant n2^n$, 使

$$\frac{k-1}{2^n} \leqslant f(\omega) < \frac{k}{2^n},$$

从而

$$|\varPhi_n(\omega) - f(\omega)| \leqslant \frac{1}{2^n},$$

所以有 $\lim\limits_{n \to \infty} \varPhi_n(\omega) = f(\omega)$.

若 $f(\omega) = +\infty$, 则 $\forall n \geqslant 1$, 必有 $\varPhi_n(\omega) = n$, 此时 $\lim\limits_{n \to \infty} \varPhi_n(\omega) = f(\omega)$.

综上, 总是有

$$\lim_{n \to \infty} \varPhi_n = f.$$

证毕.

定理 2.2.3　设 f 是可测空间 $(\Omega, \mathscr{F})$ 上的一个可测函数, 则存在一列简单可测函数 $\{\varPhi_n, n \geqslant 1\}$ 满足:

(1) $|\varPhi_n| \leqslant |f|, \ n \geqslant 1$.

(2) $\lim\limits_{n \to \infty} \varPhi_n = f$.

证明　由于 $f = f^+ - f^-$, 则由定理 2.2.2 知, 存在两列非负简单可测函数 $\{\varPhi_n^{(1)}, n \geqslant 1\}$ 和 $\{\varPhi_n^{(2)}, n \geqslant 1\}$, 使得

$$0 \leqslant \varPhi_n^{(1)} \uparrow f^+, \ 0 \leqslant \varPhi_n^{(2)} \uparrow f^-.$$

令

$$\varPhi_n = \varPhi_n^{(1)} - \varPhi_n^{(2)}, \ n \geqslant 1,$$

则 $\{\varPhi_n, n \geqslant 1\}$ 是一列简单可测函数. 由于

$$[\varPhi_n^{(1)} > 0] \cap [\varPhi_n^{(2)} > 0] \subset [f^+ > 0] \cap [f^- > 0] = \varnothing,$$

所以

$$\varPhi_n^+ = \varPhi_n^{(1)}, \ \varPhi_n^- = \varPhi_n^{(2)}.$$

故

$$|\varPhi_n| = \varPhi_n^+ + \varPhi_n^- = \varPhi_n^{(1)} + \varPhi_n^{(2)} \leqslant f^+ + f^- = |f|.$$

且有

$$|\varPhi_n - f| = |(\varPhi_n^+ - f^+) - (\varPhi_n^- - f^-)| \leqslant |\varPhi_n^+ - f^+| + |\varPhi_n^- - f^-|.$$

所以

$$\lim_{n\to\infty} \Phi_n = f.$$

证毕.

定理 2.2.4 设 $(\Omega, \mathcal{F})$ 是可测空间, $\mathcal{D}$ 是一个代数, 且 $\sigma(\mathcal{D}) = \mathcal{F}$. $\mathcal{H}$ 是 Ω 上一族非负实值函数, 若满足:

(1) $f, g \in \mathcal{H}$, $\alpha, \beta \geqslant 0 \Rightarrow \alpha f + \beta g \in \mathcal{H}$.

(2) 若 $f_n \in \mathcal{H}$, $n \geqslant 1$, $f_n \uparrow f$（或 $f_n \downarrow f$）, 且 f 有限（相应地, 有界）, 则 $f \in \mathcal{H}$.

(3) $\forall F \in \mathcal{D}$, 有 $I_F \in \mathcal{H}$.

则 $\mathcal{H}$ 包含 Ω 上的一切非负实值（相应地, 有界）$\mathcal{F}$ 可测函数.

证明 令

$$\mathcal{F}' = \{F \in \mathcal{F} | I_F \in \mathcal{H}\}.$$

下证 $\mathcal{F}' = \mathcal{F}$. 由于

$$\mathcal{D} \subset \mathcal{F}' \subset \mathcal{F},$$

故只需证 $\mathcal{F}' \supset \mathcal{F}$.

因为 $\mathcal{D}$ 是一个代数, 由单调类定理, 只需证 $\mathcal{F}'$ 是单调类.

设 $F_n \in \mathcal{F}'$, $n \geqslant 1$, 且 $F_n \uparrow \bigcup_{n=1}^{\infty} F_n$, 则有 $I_{F_n} \in \mathcal{H}$, $n \geqslant 1$, 且 $I_{F_n} \uparrow I_{\bigcup_{n=1}^{\infty} F_n}$, 从而由 (2) 知 $I_{\bigcup_{n=1}^{\infty} F_n} \in \mathcal{H}$, 因此 $\bigcup_{n=1}^{\infty} F_n \in \mathcal{F}'$.

同理可证 $\mathcal{F}'$ 对单调递减序列极限运算封闭, 可见 $\mathcal{F}'$ 是单调类, 从而

$$\mathcal{F}' \supset m(\mathcal{D}) = \sigma(\mathcal{D}) = \mathcal{F},$$

所以 $\mathcal{F}' = \mathcal{F}$. 这就说明了 $\mathcal{F}$ 具有 $\mathcal{F}'$ 的性质, 也就是说 $\forall F \in \mathcal{F}$, 有 $I_F \in \mathcal{H}$. 即一切可测集的示性函数都属于 $\mathcal{H}$. 再由条件 (1) 可得, $\mathcal{H}$ 包含一切非负简单可测函数.

又若 f 是 $(\Omega, \mathcal{F})$ 上的非负实值可测函数, 则由定理 2.2.2 知, 存在一列非负简单可测函数 $\{\Phi_n, n \geqslant 1\}$ 使得 $\Phi_n \uparrow f$, 从而由条件 (2) 知 $f \in \mathcal{H}$. 即 $\mathcal{H}$ 包含一切非负实值可测函数. 证毕.

定义 2.2.4 设 (E, ε) 为一可测空间, $\mathcal{H}$ 为 Ω 到 E 上的一组映射. 令

$$\mathcal{F} = \sigma\left\{\bigcup_{f \in \mathcal{H}} f^{-1}(\varepsilon)\right\},$$

则 $\mathcal{F}$ 为使 $\mathcal{H}$ 中的所有映射都可测的最小 σ 代数, 我们称 $\mathcal{F}$ 为函数族 $\mathcal{H}$ 在 Ω 上生成的 σ 代数. 特别地, 当 $(E, \varepsilon) = (\overline{\mathbb{R}}, \mathcal{B}(\overline{\mathbb{R}}))$ 时, 用 $\sigma\{f, f \in \mathcal{H}\}$ 表示这一 σ 代数 $\mathcal{F}$.

　　下一定理给出了关于 $\sigma(\phi)$ 可测函数的一个刻画.

　　定理 2.2.5　设 ϕ 是 Ω 到 E 上的映射, ε 是 E 上的一个 σ 代数, f 是 Ω 到 $\overline{\mathbb{R}}$ 上的函数, 则 f 关于 $\sigma(\phi)$ 可测的充要条件是存在 (E, ε) 上的可测函数 h, 使 $f = h \circ \phi$. 其中 f 是实值 (有界) 可测函数时, h 也可取作实值 (有界) 可测函数. 这里 $\sigma(\phi) = \phi^{-1}(\varepsilon)$.

　　证明　充分性可由定理 2.1.2 得到.

　　必要性. 若 $A \in \sigma(\phi)$, 则存在 $B \in \varepsilon$, 使 $\phi^{-1}(B) = A$, 所以有

$$I_A(\omega) = I_{\phi^{-1}(B)}(\omega) = I_B(\phi(\omega)) = I_B \circ \phi(\omega), \forall \omega \in \Omega.$$

设 f 是 $(\Omega, \sigma(\phi))$ 上的简单可测函数, 即存在 Ω 上的可测分割 $A_i \in \sigma(\phi), i = 1, 2, \cdots, n$, 使

$$f = \sum_{i=1}^{n} a_i I_{A_i}.$$

对每个 $A_i \in \sigma(\phi)$, 存在 $C_i \in \varepsilon$ $(i = 1, 2, \cdots, n)$, 使

$$A_i = \phi^{-1}(C_i), \quad i = 1, 2, \cdots, n.$$

令 $B_1 = C_1$, $B_k = C_k \setminus \bigcup_{i=1}^{k-1} C_i$ $(k = 2, \cdots, n)$, 则有

$$\phi^{-1}(B_i) = \phi^{-1}\left(C_i \setminus \bigcup_{j=1}^{i-1} C_j\right) = \phi^{-1}\left(C_i \cap \left(\bigcap_{j=1}^{i-1} C_j^c\right)\right)$$

$$= \phi^{-1}(C_i) \cap \left(\bigcap_{j=1}^{i-1} \phi^{-1}(C_j^c)\right) = A_i \cap \left(\bigcap_{j=1}^{i-1} A_j^c\right) = A_i.$$

若令 $h = \sum_{i=1}^{n} a_i I_{B_i}$, 则 h 是 (E, ε) 上的简单可测函数, 且

$$f(\omega) = \sum_{i=1}^{n} a_i I_{A_i}(\omega)$$

$$= \sum_{i=1}^{n} a_i I_{\Phi^{-1}(B_i)}(\omega)$$

$$= \sum_{i=1}^{n} a_i I_{B_i}(\Phi(\omega))$$

$$= (h \circ \Phi)(\omega), \forall \omega \in \Omega.$$

若 f 是 $(\Omega, \sigma(\phi))$ 上的可测函数, 则存在 $(\Omega, \sigma(\phi))$ 上的一列简单可测函数 $\{f_n, n \geqslant 1\}$, 使得

$$f = \lim_{n \to \infty} f_n.$$

对每个 $f_n, n \geqslant 1$, 存在 (E, ε) 上的简单可测函数 h_n, 使得

$$f_n = h_n \circ \phi.$$

若 $\lim_{n \to \infty} h_n$ 存在, 则令 $h = \lim_{n \to \infty} h_n$, 否则, 令 $h = 0$, 则 h 是 (E, ε) 上的可测函数, 且

$$f(\omega) = \lim_{n \to \infty} f_n(\omega) = \lim_{n \to \infty} h_n \circ \phi(\omega) = (h \circ \phi)(\omega), \ \forall \omega \in \Omega.$$

当 f 是实值函数时, 取 $h' = h I_{[|h| < +\infty]}$, 则 h' 是 (E, ε) 上的实值可测函数, 且 $f = h' \circ \phi$. 当 f 是有界函数时, 即存在常数 $M > 0$, 使得 $|f| \leqslant M$, 则可令 $h' = h^+ \wedge M - h^- \wedge M$, 则 $f = h' \circ \phi$. 证毕.

2.3 函数形式的单调类定理

2.2 节定理 2.2.5 的证明过程提供了一种具有典型意义的方法. 在测度论中, 为了证明一个关于可测函数的命题, 常常分解为以下几个比较容易的步骤来进行:

(1) 证明该命题对简单的可测函数——示性函数成立;

(2) 证明该命题对非负简单可测函数——示性函数的线性组合成立;

(3) 证明该命题对非负可测函数——单调递增的非负简单可测函数列的极限成立;

(4) 证明该命题对一般可测函数——两个非负可测函数（即它的正部和负部）之差成立.

按上述步骤证明命题的方法称为测度论中的典型方法.

设 $(\Omega, \mathcal{F})$ 为一可测空间, 有时我们只知道有一类 $\mathcal{F}$ 可测函数满足某一性质, 而希望证明所有 $\mathcal{F}$ 可测函数满足该性质, 这时我们就要用到函数形式的单调类定理.

定理 2.3.1 设 $\mathcal{D}$ 是 Ω 上的一个 π 类, $\mathcal{H}$ 是 Ω 上的一些实值函数构成的线性空间. 如果

(1) $1 \in \mathcal{H}$,

(2) $f_n \in \mathcal{H}, n \geqslant 1, 0 \leqslant f_n \uparrow f$, 且 f 为实值 (有界) 函数, 有 $f \in \mathcal{H}$,

(3) $\forall A \in \mathcal{D}, I_A \in \mathcal{H}$,

则 $\mathcal{H}$ 包含 Ω 上的所有 $\sigma(\mathcal{D})$ 可测的实值 (有界) 函数.

证明　令

$$\mathcal{F} = \{A \in \Omega \mid I_A \in \mathcal{H}\},$$

易证 $\mathcal{F}$ 是 λ 类, 且 $\mathcal{D} \subset \mathcal{F}$, 从而 $\mathcal{F} \supset \lambda(\mathcal{D}) = \sigma(\mathcal{D})$. 这说明 $\sigma(\mathcal{D})$ 中的每个可测集的示性函数都在 $\mathcal{H}$ 中.

设 f 是 Ω 上的实值 $\sigma(\mathcal{D})$ 可测函数, 则对每个 $n \geqslant 1$, 构造函数

$$g_n = \sum_{k=1}^{n2^n} \frac{k-1}{2^n} I_{\left[\frac{k-1}{2^n} \leqslant f^+ < \frac{k}{2^n}\right]} + n I_{[f^+ \geqslant n]}.$$

因 f 是 $\sigma(\mathcal{D})$ 可测函数, 故 f^+ 也是 $\sigma(\mathcal{D})$ 可测的, 所以

$$\left[\frac{k-1}{2^n} \leqslant f^+ < \frac{k}{2^n}\right] \in \sigma(\mathcal{D}), \ [f^+ \geqslant n] \in \sigma(\mathcal{D}),$$

从而

$$I_{\left[\frac{k-1}{2^n} \leqslant f^+ < \frac{k}{2^n}\right]} \in \mathcal{H}, \ I_{[f^+ \geqslant n]} \in \mathcal{H}.$$

由此可见 $g_n \in \mathcal{H}$, $n \geqslant 1$, 但 $0 \leqslant g_n \uparrow f^+$, 且 f^+ 是实值的, 从而 $f^+ \in \mathcal{H}$.

同理可证 $f^- \in \mathcal{H}$. 于是 $f = f^+ - f^- \in \mathcal{H}$.

当定理中的实值要求改换为有界要求时, 则存在 $M > 0$, 使 $0 \leqslant f^+ < M$. 令

$$g_n = \sum_{k=1}^{n2^n} \frac{k-1}{2^n} I_{\left[\frac{k-1}{2^n} \leqslant f^+ < \frac{k}{2^n}\right]} + n I_{[f^+ \geqslant n]},$$

则 $g_n \in \mathcal{H}$, $n \geqslant 1$, 且 $0 \leqslant g_n \uparrow f^+$. 证毕.

定义 2.3.1　设 $\mathcal{H}$ 是由 Ω 上一族非负函数构成的集合, 若下列条件满足:

(1) $f, g \in \mathcal{H}$, $a, b \in \mathbb{R}_+$, 有 $af + bg \in \mathcal{H}$,

(2) $f_n \in \mathcal{H}, n \geqslant 1$, 若 $f_n \uparrow f$, 则 $f \in \mathcal{H}$,

则称 $\mathcal{H}$ 为一个单调族.

定理 2.3.2　设 $\mathcal{C}$ 为 Ω 上的一个代数, $\mathcal{H}$ 为单调族. 若 $\forall A \in \mathcal{C}$, 均有 $I_A \in \mathcal{H}$, 则 $\mathcal{H}$ 包含 Ω 上的所有 $\sigma(\mathcal{C})$ 可测非负函数.

证明　令

$$\mathcal{A} = \{A \mid I_A \in \mathcal{H}\}.$$

下证 $\mathcal{A}$ 是 Ω 上的一个单调类. 设 $\{A_n, n \geqslant 1\} \subset \mathcal{A}$, 且 $A_n \uparrow \bigcup_{n=1}^{\infty} A_n$. 则对每个 $n \geqslant 1$, $I_{A_n} \in \mathcal{H}$, 且 $I_{A_n} \uparrow I_{\bigcup_{n=1}^{\infty} A_n}$. 由于 $\mathcal{H}$ 是一个单调族, 故由定义 2.3.1 得 $I_{\bigcup_{n=1}^{\infty} A_n} \in \mathcal{H}$, 则

$\bigcup\limits_{n=1}^{\infty} A_n \in \mathcal{A}$. 所以 $\mathcal{A}$ 是 Ω 上的单调类.

再由定理的条件知 $\mathcal{C} \subset \mathcal{A}$, 所以由单调类定理可知

$$\sigma(\mathcal{C}) = m(\mathcal{C}) \subset \mathcal{A},$$

即对每个 $A \in \sigma(\mathcal{C})$, 总有 $I_A \in \mathcal{H}$. 因此由定义 2.3.1 (1) 知, $\mathcal{H}$ 包含 Ω 上的一切非负简单可测函数.

又每个 $(\Omega, \sigma(\mathcal{C}))$ 上的非负可测函数又可表示为一列非负简单可测函数的极限 (定理 2.2.2), 再由定义 2.3.1 (2) 可知, $(\Omega, \sigma(\mathcal{C}))$ 上的一切非负可测函数都属于 $\mathcal{H}$. 证毕.

定义 2.3.2 设 $\mathcal{H}$ 是 Ω 上一族非负有界函数构成的集合. 若下列条件成立:

(1) $1 \in \mathcal{H}$,

(2) $f \in \mathcal{H}$, $a \in \mathbb{R}_+$, 则 $af \in \mathcal{H}$,

(3) $f, g \in \mathcal{H}, f \geqslant g$, 则 $f - g \in \mathcal{H}$,

(4) $f_n \in \mathcal{H}, n \geqslant 1$, $f_n \uparrow f$, 且 f 有界, 则 $f \in \mathcal{H}$,

则称 $\mathcal{H}$ 为一个 λ 族.

设 $\mathcal{C}$ 是 Ω 上的一个非负有界函数族, 则有包含 $\mathcal{C}$ 的最小的 λ 族, 记作 $\lambda(\mathcal{C})$, 称为由 $\mathcal{C}$ 生成的 λ 族.

注 若 $\mathcal{H}$ 为 λ 族, 则 $\mathcal{H}$ 有如下性质:

$$f, g \in \mathcal{H} \Rightarrow f + g \in \mathcal{H}.$$

事实上, 设 C 为常数, 使得 $f + g \leqslant C$, 则由定义 2.3.2 (3) 知

$$f + g = C - [(C - f) - g] \in \mathcal{H}.$$

定理 2.3.3 设 $\mathcal{C}$ 是 Ω 上的一个 π 类, $\mathcal{H}$ 是 Ω 上非负有界函数构成的 λ 类. 若 $\forall A \in \mathcal{C}$, 都有 $I_A \in \mathcal{H}$, 则 $\mathcal{H}$ 包含 Ω 上的所有 $\sigma(\mathcal{C})$ 可测非负有界函数.

证明 令

$$\mathcal{A} = \{A | I_A \in \mathcal{H}\}.$$

下证 $\mathcal{A}$ 是 Ω 上的一个 λ 类. 首先 $1 = I_\Omega \in \mathcal{A}$. 其次, $\forall A, B \in \mathcal{A}$, $A \subset B$, 则 $I_{B \backslash A} = I_B - I_{AB} \in \mathcal{H}$. 最后, 设 $\{A_n, n \geqslant 1\} \subset \mathcal{A}$, 且 $A_n \uparrow \bigcup\limits_{n=1}^{\infty} A_n$, 则对每个 $n \geqslant 1$, $I_{A_n} \in \mathcal{H}$, 且 $I_{A_n} \uparrow I_{\bigcup\limits_{n=1}^{\infty} A_n}$. 由于 $\mathcal{H}$ 是一个 λ 族, 故由定义 2.3.2 得 $I_{\bigcup\limits_{n=1}^{\infty} A_n} \in \mathcal{H}$, 则 $\bigcup\limits_{n=1}^{\infty} A_n \in \mathcal{A}$. 所以 $\mathcal{A}$ 是 Ω 上的 λ 类.

再由定理的条件知 $\mathcal{C} \subset \mathcal{A}$, 所以由单调类定理可知

$$\sigma(\mathcal{C}) = \lambda(\mathcal{C}) \subset \mathcal{A},$$

即对每个 $A \in \sigma(\mathcal{C})$, 总有 $I_A \in \mathcal{H}$. 因此由定义 2.3.2 中 (1)、(2)、(3) 知, $\mathcal{H}$ 包含 Ω 上的一切非负有界简单可测函数.

而每个 $(\Omega, \sigma(\mathcal{C}))$ 上的非负有界可测函数又可表示为一列非负有界简单可测函数的极限 (定理 2.2.2), 再由定义 2.3.2 (4) 可知, $(\Omega, \sigma(\mathcal{C}))$ 上的一切非负有界可测函数都属于 $\mathcal{H}$. 证毕.

2.4   可测函数序列的收敛性

前面我们讨论了可测空间 $(\Omega, \mathcal{F})$ 上的可测函数 f, 如果这个可测空间上有测度, 则 f 就成了测度空间 $(\Omega, \mathcal{F}, \mu)$ 上的可测函数.

下面介绍测度空间 $(\Omega, \mathcal{F}, \mu)$ 上实值可测函数序列的几种收敛以及它们之间的关系.

为了后面学习的方便, 我们先给出一些特殊文字和符号的说明.

设 f 是测度空间 $(\Omega, \mathcal{F}, \mu)$ 上的可测函数. 如果 $\mu([|f| = +\infty]) = 0$, 则称 f 关于测度 μ 是几乎处处有限的; 如果存在 $C > 0$, 使 $\mu([|f| > C]) = 0$, 则称 f 关于测度 μ 是几乎处处有界的; 如果 $\mu([f \neq 0]) = 0$, 则称 f 关于测度 μ 几乎处处为 0; 等等.

把这种说法一般化, 对于测度空间 $(\Omega, \mathcal{F}, \mu)$ 上的一个关于 Ω 的命题, 如果存在 $\mathcal{F}$ 上的零测度集 N, 使该命题对任意 $\omega \in N^c$ 都成立, 则称该命题关于测度 μ 几乎处处成立, 简写为 $\mu - \text{a.e.}$ (在不引起混淆的情况下, 可直接简记为 a.e. (almost everywhere)). 例如, f 关于测度 μ 几乎处处有限, f 关于测度 μ 几乎处处有界以及 f 关于测度 μ 几乎处处为 0 可分别写成 $|f| < +\infty$ a.e., $|f| \leqslant C$ a.e. 和 $f = 0$ a.e..

定义 2.4.1   设 f 是 $(\Omega, \mathcal{F}, \mu)$ 上的函数, 如果存在 $N \in \mathcal{F}$, 且 $\mu(N) = 0$, 使得

$$[f \neq g] \subset N,$$

则称函数 g 和函数 f 关于测度 μ 几乎处处相等, 记为 $f = g$ a.e..

如果 f 是 $(\Omega, \mathcal{F}, \mu)$ 上的可测函数, 使得 $f = g$ a.e., 则称函数 g 关于测度 μ 是几乎处处可测的. 常记为 g a.e. 可测.

在定义 2.4.1 中, 由于测度空间 $(\Omega, \mathcal{F}, \mu)$ 不一定是完备的, 且 g 也不一定是 $(\Omega, \mathcal{F}, \mu)$ 上的可测函数, 因此 $[f \neq g]$ 未必属于 $\mathcal{F}$. 这就说明了当 g a.e. 可测时, g 不一定是可测函数.

例 2.4.1   设 $(\Omega, \mathcal{F}, \mu_1)$ 和 $(\Omega, \mathcal{F}, \mu_2)$ 是两个测度空间, 这里

$$\Omega = \mathbb{R}, \quad \mathcal{F} = \{\varnothing, (-\infty, 0), [0, +\infty), \mathbb{R}\}.$$

$$\mu_1([0,+\infty)) = \mu_1(\mathbb{R}) = 1,$$

$$\mu_1(\varnothing) = \mu_1((-\infty,0)) = 0,$$

$$\mu_2(\varnothing) = 0, \ \mu_2(\mathbb{R}) = 2,$$

$$\mu_2((-\infty,0)) = \mu_2([0,+\infty)) = 1,$$

同时, 令

$$f(\omega) = \begin{cases} +\infty, & \omega \in (-\infty,0), \\ 1, & \omega \in [0,+\infty); \end{cases}$$

$$g(\omega) = \begin{cases} -\infty, & \omega \in (-\infty,-1], \\ 1, & \omega \in (-1,+\infty). \end{cases}$$

显然, 由于 $(-\infty,-1]$ 不属于 $\mathcal{F}$, 可知 g 不是 $(\Omega,\mathcal{F})$ 上的可测函数, 但 f 是 $(\Omega,\mathcal{F})$ 上的可测函数. 并且

$$\mu_1([f \neq g]) = \mu_1((-\infty,0)) = 0,$$

$$\mu_2([f \neq g]) = \mu_2((-\infty,0)) = 1.$$

所以 f 和 g 关于测度 μ_1 几乎处处相等, 但 f 和 g 关于测度 μ_2 几乎处处相等不成立. 所以 g 是 $(\Omega,\mathcal{F},\mu_1)$ 上的几乎处处可测函数, 但 g 却不是 $(\Omega,\mathcal{F},\mu_2)$ 上的几乎处处可测函数.

定义 2.4.2 设 $\{f_n, n \geqslant 1\}$ 和 f 是 $(\Omega,\mathcal{F},\mu)$ 上的实值可测函数, 若存在零测集 $N \in \mathcal{F}$, 使 $\forall \omega \in N^c$, 都有

$$\lim_{n \to \infty} f_n(\omega) = f(\omega),$$

则称 $\{f_n, n \geqslant 1\}$ 几乎处处收敛于 f, 或 a.e. 收敛于 f. 记作 $\lim\limits_{n \to \infty} f_n = f$ a.e., 或 $f_n \xrightarrow{\text{a.e.}} f$.

定义 2.4.2 表明, 若 $\{f_n, n \geqslant 1\}$ 几乎处处收敛于 f, 则意味着除去测度为零的集合, 在剩下的集合上 $\{f_n, n \geqslant 1\}$ 是逐点收敛到 f.

为了探讨几乎处处收敛的一些等价性的判定条件, 先给出下面的引理.

引理 2.4.1 设 $\{f_n, n \geqslant 1\}$ 和 f 是 $(\Omega,\mathcal{F},\mu)$ 上的实值可测函数, 则

$$(1) \ [f_n \to f] = \bigcap_{\varepsilon > 0} \bigcup_{n=1}^{\infty} \bigcap_{k=n}^{\infty} [|f_k - f| < \varepsilon] = \bigcap_{i=1}^{\infty} \bigcup_{n=1}^{\infty} \bigcap_{k=n}^{\infty} \left[|f_k - f| < \frac{1}{i} \right],$$

(2) $[f_n \to f]^c = \bigcup_{\varepsilon > 0} \bigcap_{n=1}^{\infty} \bigcup_{k=n}^{\infty} [|f_k - f| \geqslant \varepsilon] = \bigcup_{i=1}^{\infty} \bigcap_{n=1}^{\infty} \bigcup_{k=n}^{\infty} \left[|f_k - f| \geqslant \dfrac{1}{i} \right]$.

这里 $[f_n \to f] = \{\omega \in \Omega | f_n(\omega) \to f(\omega)\}$.

事实上, $\omega \in [f_n \to f] \Leftrightarrow \forall \varepsilon > 0$, $\exists n \geqslant 1$, 使得对一切 $k \geqslant n$, 有 $|f_k(\omega) - f(\omega)| < \varepsilon \Leftrightarrow$ 对 $\forall \varepsilon > 0$, $\exists n \geqslant 1$, 使对一切 $k \geqslant n$, 有 $\omega \in [|f_k - f| < \varepsilon] \Leftrightarrow \forall \varepsilon > 0$, $\exists n \geqslant 1$, 有 $\omega \in \bigcap_{k=n}^{\infty} [|f_k - f| < \varepsilon] \Leftrightarrow \forall \varepsilon > 0$, 有 $\omega \in \bigcup_{n=1}^{\infty} \bigcap_{k=n}^{\infty} [|f_k - f| < \varepsilon] \Leftrightarrow \forall \varepsilon > 0$, 有 $\omega \in \bigcap_{\varepsilon > 0} \bigcup_{n=1}^{\infty} \bigcap_{k=n}^{\infty} [|f_k - f| < \varepsilon]$.

故此引理的结论是显然的.

命题 2.4.1 设 $\{f_n, n \geqslant 1\}$ 和 f 是 $(\Omega, \mathcal{F}, \mu)$ 上的可测实值函数, 则 $f_n \xrightarrow{\text{a.e.}} f$ 当且仅当 $\mu([f_n \to f]^c) = 0$.

证明 充分性显然, 下证必要性.

若 $f_n \xrightarrow{\text{a.e.}} f$, 则存在零测集 N, 使得 $\forall \omega \in N^c$, 有 $f_n(\omega) \to f(\omega)$, 于是 $N^c \subset [f_n \to f]$, 从而 $[f_n \to f]^c \subset N$. 再由 $\mu(N) = 0$, 知 $\mu([f_n \to f]^c) = 0$. 证毕.

下面给出几乎处处收敛的一个重要的判定条件.

定理 2.4.1 设 $\{f_n, n \geqslant 1\}$ 和 f 是 $(\Omega, \mathcal{F}, \mu)$ 上的实值可测函数, 则 $f_n \xrightarrow{\text{a.e.}} f$ 当且仅当 $\forall \varepsilon > 0$, 有

$$\mu \left(\bigcap_{n=1}^{\infty} \bigcup_{k=n}^{\infty} [|f_k - f| \geqslant \varepsilon] \right) = 0.$$

证明 必要性.

因 $f_n \xrightarrow{\text{a.e.}} f$, 故 $\mu([f_n \to f]^c) = 0$, 又

$$[f_n \to f]^c = \bigcup_{\varepsilon > 0} \bigcap_{n=1}^{\infty} \bigcup_{k=n}^{\infty} [|f_k - f| \geqslant \varepsilon],$$

从而 $\forall \varepsilon > 0$, 有

$$\bigcap_{n=1}^{\infty} \bigcup_{k=n}^{\infty} [|f_k - f| \geqslant \varepsilon] \subset [f_n \to f]^c.$$

可见, $\forall \varepsilon > 0$, 有

$$\mu \left(\bigcap_{n=1}^{\infty} \bigcup_{k=n}^{\infty} [|f_k - f| \geqslant \varepsilon] \right) = 0.$$

充分性. 由引理 2.4.1 知

$$[f_n \to f]^c = \bigcup_{i=1}^{\infty} \bigcap_{n=1}^{\infty} \bigcup_{k=n}^{\infty} \left[|f_k - f| \geqslant \frac{1}{i} \right].$$

而由条件

$$\mu \left(\bigcap_{n=1}^{\infty} \bigcup_{k=n}^{\infty} [|f_k - f| \geqslant \varepsilon] \right) = 0$$

知, 若分别取 $\varepsilon = \dfrac{1}{i}\ (i = 1, 2, \cdots)$, 则有

$$\mu([f_n \to f]^c) \leqslant \sum_{i=1}^{\infty} \mu \left(\bigcap_{n=1}^{\infty} \bigcup_{k=n}^{\infty} \left[|f_k - f| \geqslant \frac{1}{i} \right] \right) = 0.$$

即

$$\mu([f_n \to f]^c) = 0.$$

从而 $f_n \xrightarrow{\text{a.e.}} f$. 证毕.

注   由于 $\displaystyle\bigcup_{k=n}^{\infty}[|f_k - f| \geqslant \varepsilon] \uparrow \bigcap_{n=1}^{\infty} \bigcup_{k=n}^{\infty}[|f_k - f| \geqslant \varepsilon]$, 即

$$\lim_{n \to \infty} \bigcup_{k=n}^{\infty}[|f_k - f| \geqslant \varepsilon] = \bigcap_{n=1}^{\infty} \bigcup_{k=n}^{\infty}[|f_k - f| \geqslant \varepsilon],$$

所以

$$f_n \xrightarrow{\text{a.e.}} f \Leftrightarrow \mu \left(\lim_{n \to \infty} \bigcup_{k=n}^{\infty}[|f_k - f| \geqslant \varepsilon] \right) = 0.$$

定义 2.4.3   设 $\{f_n, n \geqslant 1\}$ 和 f 是 $(\Omega, \mathcal{F}, \mu)$ 上的实值可测函数, 若 $\forall \varepsilon > 0$, 存在可测集 $A \in \mathcal{F}$, 使 $\mu(A) < \varepsilon$, 且

$$\limsup_{n \to \infty, \omega \in A^c} |f_n(\omega) - f(\omega)| = 0,$$

则称 $\{f_n, n \geqslant 1\}$ 在 Ω 上几乎一致收敛到 f, 记作 $\displaystyle\lim_{n \to \infty} f_n = f$ a.u., 或 $f_n \xrightarrow{\text{a.u.}} f$.

下面讨论几乎一致收敛的等价条件, 先不加证明地给出几个引理.

引理 2.4.2   设 $\{f_n, n \geqslant 1\}$ 和 f 是集合 Ω 上的实值函数, $D \subset \Omega$, 则 $\{f_n, n \geqslant 1\}$ 在 D 上一致收敛于 f 当且仅当存在正整数值函数 $m : (0, +\infty) \to \mathbb{N}$, 使得

$$D \subset \bigcap_{\varepsilon > 0} \bigcap_{k=m(\varepsilon)}^{\infty}[|f_k - f| < \varepsilon].$$

特别地, 对每个正整数值函数 $m : (0, +\infty) \to \mathbb{N}$, 函数列 $\{f_n, n \geqslant 1\}$ 在 $\bigcap\limits_{\varepsilon > 0} \bigcap\limits_{k=m(\varepsilon)} [|f_k - f| < \varepsilon]$ 上一致收敛于 f.

引理 2.4.3　设 $\{f_n, n \geqslant 1\}$ 和 f 以及 D 同引理 2.4.2, 则 $\{f_n, n \geqslant 1\}$ 在 D 上一致收敛于 f 的充要条件是存在正整数值的数列 $\{n_i, i \geqslant 1\}$, 使得

$$D \subset \bigcap_{i=1}^{\infty} \bigcap_{k=n_i}^{\infty} \left[|f_k - f| < \frac{1}{i} \right].$$

特别地, 对于每个正整数值数列 $\{n_i, i \geqslant 1\}$, 函数列 $\{f_n, n \geqslant 1\}$ 在 $\bigcap\limits_{i=1}^{\infty} \bigcap\limits_{k=n_i}^{\infty} \left[|f_k - f| < \frac{1}{i} \right]$ 上一致收敛于 f.

下面给出几乎一致收敛的一个等价刻画.

定理 2.4.2　设 $\{f_n, n \geqslant 1\}$ 和 f 是 $(\Omega, \mathcal{F}, \mu)$ 上的实值可测函数, 则 $f_n \xrightarrow{\text{a.u.}} f$ 当且仅当 $\forall \varepsilon > 0$, 有

$$\lim_{m \to \infty} \mu \left(\bigcup_{n=m}^{\infty} [|f_n - f| \geqslant \varepsilon] \right) = 0.$$

证明　必要性. 由 $f_n \xrightarrow{\text{a.u.}} f$, 则 $\forall \delta > 0$, 存在 $A \in \mathcal{F}$, 使得 $\mu(A) < \delta$, 且 $\forall \varepsilon > 0$, 存在正整数 m, 使当 $n \geqslant m$ 时, 对一切 $\omega \in A^c$, 都有

$$|f_n(\omega) - f(\omega)| < \varepsilon,$$

即有

$$A^c \subset \bigcap_{n=m}^{\infty} [|f_n - f| < \varepsilon],$$

或

$$\bigcup_{n=m}^{\infty} [|f_n - f| \geqslant \varepsilon] \subset A.$$

于是有

$$\mu \left(\bigcup_{n=m}^{\infty} [|f_n - f| \geqslant \varepsilon] \right) \leqslant \mu(A) < \delta.$$

可见 $\lim\limits_{m \to \infty} \mu \left(\bigcup\limits_{n=m}^{\infty} [|f_n - f| \geqslant \varepsilon] \right) = 0.$

充分性. $\forall \sigma > 0$, 下证存在 $A \in \mathcal{F}$, 使 $\mu(A) < \sigma$, 且 f_n 在 A^c 上一致收敛于 f.

由于 $\forall \varepsilon > 0$, 有

$$\lim_{m\to\infty}\mu\left(\bigcup_{n=m}^{\infty}[|f_n-f|\geqslant\varepsilon]\right)=0,$$

故对每个 $k=1,2,\cdots$, 都存在正整数 m_k 使得

$$\mu\left(\bigcup_{n=m_k}^{\infty}\left[|f_n-f|\geqslant\frac{1}{k}\right]\right)<\frac{\sigma}{2^k}.$$

令 $A=\bigcup_{k=1}^{\infty}\bigcup_{n=m_k}^{\infty}\left[|f_n-f|\geqslant\frac{1}{k}\right]$, 则

$$\mu(A)=\mu\left(\bigcup_{k=1}^{\infty}\bigcup_{n=m_k}^{\infty}\left[|f_n-f|\geqslant\frac{1}{k}\right]\right)$$

$$\leqslant\sum_{k=1}^{\infty}\mu\left(\bigcup_{n=m_k}^{\infty}\left[|f_n-f|\geqslant\frac{1}{k}\right]\right)<\sigma.$$

而且对每个 $k=1,2,\cdots$, 当 $n>m_k$ 时, 有

$$\sup_{x\in A^c}|f_n(x)-f(x)|<\frac{1}{k},$$

说明 $f_n\xrightarrow{\text{a.u.}}f$. 证毕.

若在定理 2.4.2 的证明过程中取 $\varepsilon=\frac{1}{k}$, 则有下面的推论.

推论 2.4.1 设 $\{f_n,n\geqslant1\}$ 和 f 为 $(\Omega,\mathcal{F},\mu)$ 上的可测函数, 则 $f_n\xrightarrow{\text{a.u.}}f\Leftrightarrow$ $\forall k\geqslant1$, 有

$$\lim_{n\to\infty}\mu\left(\bigcup_{m=n}^{\infty}\left[|f_m-f|\geqslant\frac{1}{k}\right]\right)=0.$$

下面的定理说明了几乎处处收敛和几乎一致收敛的关系.

定理 2.4.3 设 $\{f_n,n\geqslant1\}$ 和 f 为 $(\Omega,\mathcal{F},\mu)$ 上的实值可测函数, 则:

(1) $f_n\xrightarrow{\text{a.u.}}f\Rightarrow f_n\xrightarrow{\text{a.e.}}f$;

(2) 当 μ 是有限测度时, $f_n\xrightarrow{\text{a.u.}}f\Leftrightarrow f_n\xrightarrow{\text{a.e.}}f$.

证明 (1) 设 $f_n\xrightarrow{\text{a.u.}}f$, $\forall\varepsilon>0$, 由定理 2.4.2, 有

$$\lim_{n\to\infty}\mu\left(\bigcup_{k=n}^{\infty}[|f_k-f|\geqslant\varepsilon]\right)=0.$$

因此

$$\mu\left(\bigcap_{n=1}^{\infty}\bigcup_{k=n}^{\infty}[|f_k - f| \geqslant \varepsilon]\right) \leqslant \mu\left(\bigcup_{k=n}^{\infty}[|f_k - f| \geqslant \varepsilon]\right).$$

从而

$$\mu\left(\bigcap_{n=1}^{\infty}\bigcup_{k=n}^{\infty}[|f_k - f| \geqslant \varepsilon]\right) = 0.$$

所以 $f_n \xrightarrow{\text{a.e.}} f$.

(2) 当 μ 是有限测度时, $\forall \varepsilon > 0$, 有

$$\mu\left(\bigcap_{n=1}^{\infty}\bigcup_{k=n}^{\infty}[|f_k - f| \geqslant \varepsilon]\right) = \mu\left(\lim_{n\to\infty}\bigcup_{k=n}^{\infty}[|f_k - f| \geqslant \varepsilon]\right)$$

$$= \lim_{n\to\infty}\mu\left(\bigcup_{k=n}^{\infty}[|f_k - f| \geqslant \varepsilon]\right).$$

由此

$$f_n \xrightarrow{\text{a.u.}} f \Leftrightarrow f_n \xrightarrow{\text{a.e.}} f.$$

证毕.

下面的例子说明, 几乎一致收敛的确是比几乎处处收敛要强.

例 2.4.2   在测度空间 $(\mathbb{R}, \mathcal{B}(\mathbb{R}), \mu)$ 上定义可测函数列:

$$f_n(x) = \begin{cases} 0, & |x| \leqslant n, \\ 1, & |x| > n, \end{cases} \quad n = 1, 2, \cdots.$$

容易看出

$$\lim_{n\to\infty} f_n(x) = 0, \ \forall x \in \mathbb{R}.$$

因而有 $f_n \xrightarrow{\text{a.e.}} 0$, 但 $f_n \xrightarrow{\text{a.u.}} 0$ 不成立. 事实上, 当 $\varepsilon = 1$ 时, 有

$$\mu([|f_n - f| \geqslant \varepsilon]) = \mu(|x| > n) = +\infty, \ n \to \infty.$$

故 $f_n \xrightarrow{\text{a.u.}} 0$ 不成立.

下面的推论是显然的.

推论 2.4.2 (Egoroff 定理)   设 $\{f_n, n \geqslant 1\}$ 和 f 是有限测度空间 $(\Omega, \mathcal{F}, \mu)$ 上的实值可测函数, 并且 $f_n \xrightarrow{\text{a.e.}} f$, 则 $\forall \varepsilon > 0$, 存在 $A \in \mathcal{F}$, 使 $\mu(A) < \varepsilon$. 并且在 A^c 上 f_n 一致收敛到 f.

定义 2.4.4   设 $\{f_n, n \geqslant 1\}$ 和 f 为 $(\Omega, \mathcal{F}, \mu)$ 上的实值可测函数. 若 $\forall \varepsilon > 0$, 都有

$$\lim_{n \to \infty} \mu[|f_n - f| \geqslant \varepsilon] = 0,$$

则称 $\{f_n, n \geqslant 1\}$ 在 Ω 上依测度 μ 收敛于 f, 记作 $f_n \xrightarrow{\mu} f$.

下面给出依测度收敛的等价刻画.

定理 2.4.4 设 $\{f_n, n \geqslant 1\}$ 和 f 为 $(\Omega, \mathcal{F}, \mu)$ 上的实值可测函数, 则 $f_n \xrightarrow{\mu} f \Leftrightarrow$ 对 $\{f_n, n \geqslant 1\}$ 的任一子列 $\{f_{n_k}, k \geqslant 1\}$, 存在该列的子列 $\{f_{n_{k_i}}, i \geqslant 1\}$, 使 $f_{n_{k_i}} \xrightarrow{\text{a.u.}} f$.

证明 先证必要性.

设 $f_n \xrightarrow{\mu} f$, $\{f_{n_k}, k \geqslant 1\}$ 是 $\{f_n, n \geqslant 1\}$ 的任意一个子列, 下证 $\{f_{n_k}, k \geqslant 1\}$ 有子列 $\{f_{n_{k_i}}, i \geqslant 1\}$ 几乎一致收敛于 f.

由于 $\{f_{n_k}, k \geqslant 1\}$ 也依测度收敛于 f, 故对数列 $\{n_k, k \geqslant 1\}$, 存在子列 $\{n_{k_i}, i \geqslant 1\}$, 使得 $\lim_{i \to \infty} n_{k_i} = \infty$, 且

$$\mu\left(\left[|f_{n_{k_i}} - f| \geqslant \frac{1}{i}\right]\right) < \frac{1}{2^i}.$$

则对每个 $m \geqslant 1$, 均有

$$\mu\left(\bigcup_{i=m}^{\infty}\left[|f_{n_{k_i}} - f| \geqslant \frac{1}{i}\right]\right) \leqslant \sum_{i=m}^{\infty} \frac{1}{2^i} = \frac{1}{2^{m-1}}.$$

由此可见, $\forall \varepsilon > 0$, 有

$$\lim_{m \to \infty} \mu\left(\bigcup_{i=m}^{\infty}[|f_{n_{k_i}} - f| \geqslant \varepsilon]\right) = 0.$$

所以 $f_{n_{k_i}} \xrightarrow{\text{a.u.}} f$.

充分性证明用反证法.

假设 $f_n \xrightarrow{\mu} f$ 不成立, 即存在 $\varepsilon_0 > 0$ 和 $\delta_0 > 0$, 使得

$$\limsup_{n \to \infty} \mu(|f_n - f| \geqslant \varepsilon_0) \geqslant \sigma_0.$$

于是存在 $\{f_n, n \geqslant 1\}$ 的子列 $\{f_{n_k}, k \geqslant 1\}$, 使得对一切 n_k, 有

$$\mu(|f_{n_k} - f| \geqslant \varepsilon_0) \geqslant \sigma_0.$$

由此对 $\{f_{n_k}, k \geqslant 1\}$ 的任何一个子列 $\{f_{n_{k_i}}, i \geqslant 1\}$, 总是有

$$\limsup_{i \to \infty} \mu([|f_{n_{k_i}} - f| \geqslant \varepsilon_0]) \geqslant \sigma_0.$$

于是我们就找到了这样的一个子列 $\{f_{n_k}, k \geqslant 1\}$, 它的任一子列 $\{f_{n_{k_i}}, i \geqslant 1\}$ 都不满足 $f_{n_{k_i}} \xrightarrow{\text{a.u.}} f$, 从而导致矛盾. 证毕.

下面的定理进一步说明了几乎一致收敛、几乎处处收敛与依测度收敛的关系.

定理 2.4.5 设 $\{f_n, n \geqslant 1\}$ 和 f 为 $(\Omega, \mathcal{F}, \mu)$ 上的实值可测函数, 则:

(1) $f_n \xrightarrow{\text{a.u.}} f \Rightarrow f_n \xrightarrow{\mu} f$;

(2) 当 μ 是有限测度, 即 $\mu(\Omega) < +\infty$ 时,

$$f_n \xrightarrow{\text{a.e.}} f \Rightarrow f_n \xrightarrow{\mu} f;$$

(3) $f_n \xrightarrow{\mu} f \Rightarrow$ 存在 $\{f_n, \, n \geqslant 1\}$ 的子列 $\{f_{n_k}, k \geqslant 1\}$, 使 $f_{n_k} \xrightarrow{\text{a.e.}} f$.

证明　(1) 因为 $f_n \xrightarrow{\text{a.u.}} f$, 则 $\forall \varepsilon > 0$, 都有 $\lim\limits_{n \to \infty} \mu \left(\bigcup\limits_{k=n}^{\infty} [|f_k - f| \geqslant \varepsilon] \right) = 0$. 而

$$\mu([|f_k - f| \geqslant \varepsilon]) \leqslant \mu \left(\bigcup_{k=n}^{\infty} [|f_k - f| \geqslant \varepsilon] \right),$$

因此

$$\lim_{k \to \infty} \mu([|f_k - f| \geqslant \varepsilon]) \leqslant \lim_{n \to \infty} \mu \left(\bigcup_{k=n}^{\infty} [|f_k - f| \geqslant \varepsilon] \right) = 0,$$

所以 $f_n \xrightarrow{\mu} f$.

(2) 由定理 2.4.3 知, 当 μ 是有限测度时,

$$f_n \xrightarrow{\text{a.u.}} f \Leftrightarrow f_n \xrightarrow{\text{a.e.}} f,$$

再由 (1) 得

$$f_n \xrightarrow{\text{a.e.}} f \Rightarrow f_n \xrightarrow{\mu} f.$$

(3) 由于 $\{f_n, \, n \geqslant 1\}$ 依测度收敛于 f, 故对每个正整数 k, 存在正整数 n_k, 使得 $\lim\limits_{k \to \infty} n_k = \infty$, 且

$$\mu \left(\left[|f_{n_k} - f| \geqslant \frac{1}{k} \right] \right) \leqslant \frac{1}{2^k}.$$

于是, $\forall \varepsilon > 0$, 取 $n_0 = \left[\dfrac{1}{\varepsilon} \right] + 1$, 则当 $N \geqslant n_0$ 时, 就有

$$\sum_{k=N}^{\infty} \mu([|f_{n_k} - f| \geqslant \varepsilon]) \leqslant \sum_{k=N}^{\infty} \frac{1}{2^k} = \frac{1}{2^{N-1}}.$$

所以

$$\mu \left(\bigcap_{n=1}^{\infty} \bigcup_{k=n}^{\infty} [|f_k - f| \geqslant \varepsilon] \right) = \lim_{n \to \infty} \mu \left(\bigcup_{k=n}^{\infty} [|f_k - f| \geqslant \varepsilon] \right)$$

$$\leqslant \lim_{n \to \infty} \sum_{k=n}^{\infty} \mu([|f_k - f| \geqslant \varepsilon])$$

$$\leqslant \lim_{n \to \infty} \sum_{k=n}^{\infty} \frac{1}{2^k} = 0.$$

2

. 4   可测函数序列的收敛性   . 71 .

所以 $f_{n_k} \xrightarrow{\text{a.e.}} f$. 证毕.

下面的例子是针对定理 2.4.5 中的 (2) 提出来的.

例 2.4.3 取测度空间为 $((0,1], \mathcal{B}(\mathbb{R}) \cap (0,1], \lambda)$ (它也是概率空间). 易见对每个正整数 n, 存在唯一的正整数 k 和 $i = 1, 2, \cdots, k$, 使 $n = \dfrac{(k-1)k}{2} + i$. 令

$$f_n(x) = \begin{cases} 1, & x \in \left(\dfrac{i-1}{k}, \dfrac{i}{k} \right], \\ 0, & x \notin \left(\dfrac{i-1}{k}, \dfrac{i}{k} \right]. \end{cases} \quad n = 1, 2, \cdots.$$

不难验证, 对任何 $\varepsilon > 0$, 有

$$\lambda([|f_n - 0| \geqslant \varepsilon]) = \lambda[|f_n - 0| \geqslant 1] = \frac{1}{k} \to 0, \quad n \to \infty.$$

因而 $f_n \xrightarrow{\lambda} 0$. 但是对任何 $x \in (0,1]$, 总有无穷多个 n 使 $f_n(x) = 0$, 同时又有无穷多个 n 使 $f_n(x) = 1$. 这表明, 对任何 $x \in (0,1]$, $f_n(x) \to 0$ 都不成立, 从而 $f_n \xrightarrow{\text{a.e.}} 0$ 也不成立.

注 (1) 在上述定义中, 如果 μ 为概率测度, 则几乎一致收敛和几乎处处收敛是等价的. 几乎处处收敛称为几乎必然收敛 (或依概率 1 收敛), 记为 $\lim\limits_{n \to \infty} f_n = f$ a.s., 或 $f_n \xrightarrow{\text{a.s.}} f$ $\left(\text{或 } \mu\left(\left\{ \omega \,\middle|\, \lim\limits_{n \to \infty} f_n(\omega) = f(\omega) \right\} \right) = 1 \right)$; 依测度收敛称为依概率收敛.

(2) 上述三种收敛的极限在几乎处处意义下是唯一的.

推论 2.4.3 设 $(\Omega, \mathcal{F}, \mu)$ 是有限测度空间, $\{f_n, n \geqslant 1\}$ 和 f 是 $(\Omega, \mathcal{F}, \mu)$ 上的实值可测函数, 则 $f_n \xrightarrow{\mu} f \Leftrightarrow$ 对 $\{f_n, n \geqslant 1\}$ 的任一子列 $\{f_{n_k}, k \geqslant 1\}$, 都存在子列 $\{f_{n_{k_i}}, i \geqslant 1\}$, 使 $f_{n_{k_i}} \xrightarrow{\text{a.e.}} f$.

证明 由于 μ 是有限测度, 故由定理 2.4.5 易得. 证毕

定理 2.4.6 设 $(\Omega, \mathcal{F}, \mu)$ 是一个测度空间, $f : D \subset \mathbb{R}^m \to \mathbb{R}$ 是 Borel 可测函数, $\{f_n^{(1)}, f_n^{(2)}, \cdots, f_n^{(m)}, n \geqslant 1\}$ 和 $\{f^{(1)}, f^{(2)}, \cdots, f^{(m)}\}$ 是 $(\Omega, \mathcal{F}, \mu)$ 上的 D 值可测函数, 且 $f_n^{(i)} \xrightarrow{\mu} f^{(i)}, 1 \leqslant i \leqslant m$, 则

(1) 当 f 在 D 上一致连续时, 有 $f(f_n^{(1)}, f_n^{(2)}, \cdots, f_n^{(m)}) \xrightarrow{\mu} f(f^{(1)}, f^{(2)}, \cdots, f^{(m)})$;

(2) 当 μ 是有限测度, 且 f 在 D 上连续时, 有

$$f(f_n^{(1)}, f_n^{(2)}, \cdots, f_n^{(m)}) \xrightarrow{\mu} f(f^{(1)}, f^{(2)}, \cdots, f^{(m)}).$$

证明 略.

习　题　2

1. 设 $(\Omega, \mathcal{F}, \mu)$ 是测度空间, $\mathcal{F}$ 是由 Ω 的一切子集构成的 σ 代数, 证明 $(\Omega, \mathcal{F}, \mu)$ 上的任何函数都是可测函数.

2. 证明 $(\Omega, \mathcal{F}, \mu)$ 上的常值函数一定是可测函数.

3. 证明: 对任何 $a, b \in \mathbb{R}$, 和任何不相交的 $A, B \in \mathcal{F}$, 若 $a + b$ 有意义, 则 $aI_A + bI_B$ 是可测函数.

4. 如果 $f_n \xrightarrow{\text{a.e.}} f$, $f_n \xrightarrow{\text{a.e.}} g$, 证明 $f = g \ a.e.$.

5. 设 $\{f_n, n \geqslant 1\}$ 和 f 都是有限测度空间 $(\Omega, \mathcal{F}, \mu)$ 上的实值可测函数, 证明:

$$f_n \xrightarrow{\text{a.e.}} f \Leftrightarrow \sup_{m \geqslant n} |f_m - f| \xrightarrow{\mu} 0.$$

6. 请举例: 若 $\mu(\Omega) = +\infty$, 则 $f_n \xrightarrow{\text{a.e.}} f \nRightarrow f_n \xrightarrow{\mu} f$.

7. 设 $f_n \xrightarrow{\mu} f$, 证明: $\liminf\limits_{n \to \infty} f_n \leqslant f \leqslant \limsup\limits_{n \to \infty} f_n \ a.e.$.

8. 设 $(\Omega, \mathcal{F}, \mu)$ 是一个测度空间, $\{A_n, n \geqslant 1\} \subset \mathcal{F}$. 则有:

(1) $\mu(\liminf\limits_{n \to \infty} A_n) \leqslant \liminf\limits_{n \to \infty} \mu(A_n)$;

(2) 当 μ 是有限测度时, 有

$$\mu(\limsup\limits_{n \to \infty} A_n) \leqslant \limsup\limits_{n \to \infty} \mu(A_n).$$

9. 设 $\{f_n, n \geqslant 1\}$ 和 f 都是测度空间 $(\Omega, \mathcal{F}, \mu)$ 上的实值可测函数, 令

$$\overline{f}_n = \frac{1}{n} \sum_{i=1}^{n} f_i.$$

(1) 证明: 若 $f_n \xrightarrow{\text{a.e.}} f$, 则 $\overline{f}_n \xrightarrow{\text{a.e.}} f$;

(2) 如果 $f_n \xrightarrow{\mu} f$, 是否有 $\overline{f}_n \xrightarrow{\mu} f$?

第 3 章　可测函数的积分

3.1　积分的定义与性质

积分是测度论中的重要概念之一. 一般测度空间上可测函数的积分可通过以下三个步骤实现.

(1) 建立非负简单可测函数的积分;

(2) 建立非负可测函数的积分;

(3) 建立一般可测函数的积分.

在本章中, 总假定 $(\Omega, \mathcal{F}, \mu)$ 是一个给定的测度空间.

定义 3.1.1　设 ϕ 是 $(\Omega, \mathcal{F}, \mu)$ 上的一个非负简单可测函数, 而 $\phi = \sum\limits_{i=1}^{n} c_i I_{A_i}$ 是其一个表达式, 若令

$$\int_{\Omega} \phi \mathrm{d}\mu \stackrel{\text{def}}{=} \sum_{i=1}^{n} c_i \mu(A_i),$$

则称上式为 ϕ 在 Ω 上关于 μ 的积分, 其中约定 $0 \cdot \infty = 0$.

下面说明这种定义是有意义的: 即对同一非负简单可测函数的不同表达式, 积分的结果是一样的.

若设 $\phi = \sum\limits_{i=1}^{n} c_i I_{A_i}, \phi = \sum\limits_{j=1}^{m} d_j I_{B_j}$, 则有

$$\sum_{i=1}^{n} \sum_{j=1}^{m} c_i I_{A_i \cap B_j} = \sum_{i=1}^{n} \sum_{j=1}^{m} d_j I_{A_i \cap B_j}.$$

所以, 对 $A_i \cap B_j$, 若 $A_i \cap B_j \neq \varnothing$, 则 $c_i = d_j$, 从而

$$c_i \mu(A_i \cap B_j) = d_j \mu(A_i \cap B_j).$$

若 $A_i \cap B_j = \varnothing$, 则 $\mu(A_i \cap B_j) = 0$, 从而

$$c_i \mu(A_i \cap B_j) = d_j \mu(A_i \cap B_j).$$

总之, 有

$$\sum_{i=1}^{n} c_i \mu(A_i) = \sum_{i=1}^{n} \sum_{j=1}^{m} c_i \mu(A_i \cap B_j) = \sum_{i=1}^{n} \sum_{j=1}^{m} d_j \mu(A_i \cap B_j) = \sum_{j=1}^{m} d_j \mu(B_j).$$

可见, $\int_{\Omega} \phi \mathrm{d}\mu$ 是有意义的.

下面给出非负简单可测函数积分的性质.

命题 3.1.1　设 f 和 g 是测度空间 $(\Omega, \mathcal{F}, \mu)$ 上的非负简单可测函数, 则

(1) $\displaystyle\int_{\Omega} I_A \mathrm{d}\mu = \mu(A), \ \forall A \in \mathcal{F};$

(2) $\displaystyle\int_{\Omega} f \mathrm{d}\mu \geqslant 0;$

(3) $\displaystyle\int_{\Omega} (\alpha f) \mathrm{d}\mu = \alpha \int_{\Omega} f \mathrm{d}\mu, \ \forall \alpha \in \mathbb{R}_{+};$

(4) $\displaystyle\int_{\Omega} (f + g) \mathrm{d}\mu = \int_{\Omega} f \mathrm{d}\mu + \int_{\Omega} g \mathrm{d}\mu;$

(5) 若 $f \leqslant g$, 则 $\displaystyle\int_{\Omega} f \mathrm{d}\mu \leqslant \int_{\Omega} g \mathrm{d}\mu.$

证明　(1)、(2)、(3) 可直接由定义得到, 下证 (4) 和 (5).

(4) 设 $f = \displaystyle\sum_{i=1}^{n} a_i I_{A_i}, g = \sum_{j=1}^{m} b_j I_{B_j}$, 则

$$f + g = \sum_{i=1}^{n} \sum_{j=1}^{m} (a_i + b_j) I_{(A_i \cap B_j)}.$$

从而

$$\int_{\Omega} (f + g) \mathrm{d}\mu = \int_{\Omega} \sum_{i=1}^{n} \sum_{j=1}^{m} (a_i + b_j) I_{(A_i \cap B_j)} \mathrm{d}\mu$$

$$= \sum_{i=1}^{n} \sum_{j=1}^{m} (a_i + b_j) \mu(A_i \cap B_j)$$

$$= \sum_{i=1}^{n} a_i \left(\sum_{j=1}^{m} \mu(A_i \cap B_j) \right) + \sum_{j=1}^{m} b_j \left(\sum_{i=1}^{n} \mu(A_i \cap B_j) \right)$$

$$= \sum_{i=1}^{n} a_i \mu \left(\bigcup_{j=1}^{m} (A_i \cap B_j) \right) + \sum_{j=1}^{m} b_j \mu \left(\bigcup_{i=1}^{n} (A_i \cap B_j) \right)$$

$$= \sum_{i=1}^{n} a_i \mu(A_i) + \sum_{j=1}^{m} b_j \mu(B_j)$$

$$= \int_{\Omega} f \mathrm{d}\mu + \int_{\Omega} g \mathrm{d}\mu.$$

(5) 若 $f \leqslant g$, 则 $g - f \geqslant 0$, 且 $g - f$ 依然是非负简单可测函数. 所以由 (2) 和 (4) 得

$$\int_{\Omega} g \mathrm{d}\mu = \int_{\Omega} f \mathrm{d}\mu + \int_{\Omega} (g - f) \mathrm{d}\mu \geqslant \int_{\Omega} f \mathrm{d}\mu.$$

证毕.

命题 3.1.1 中的 (2)、(3)、(4)、(5) 分别称为非负简单可测函数积分的非负性、正齐次性、可加性和单调性.

设 ϕ 是非负简单可测函数, $A \in \mathcal{F}$, 令

$$\int_A \phi \mathrm{d}\mu = \int_\Omega \phi I_A \mathrm{d}\mu.$$

则称集函数 $A \mapsto \displaystyle\int_A \phi \mathrm{d}\mu$ 为 ϕ 的不定积分.

命题 3.1.2 设 ϕ 是测度空间 $(\Omega, \mathcal{F}, \mu)$ 上的非负简单可测函数. 令

$$\nu(A) = \int_A \phi \mathrm{d}\mu, \quad \forall A \in \mathcal{F}.$$

则 ν 是 $(\Omega, \mathcal{F})$ 上的测度.

证明 显然有 $\nu(\varnothing) = 0$, 且 $\forall A \in \mathcal{F}, \nu(A) \geqslant 0$.

下证 ν 是 σ 可加的. 不妨设 $\phi = \displaystyle\sum_{i=1}^{m} c_i I_{B_i}$.

设 $\{A_n, \ n \geqslant 1\} \subset \mathcal{F}$, 且两两不交, 则有

$$\nu\left(\bigcup_{n=1}^{\infty} A_n \right) = \int_{\bigcup\limits_{n=1}^{\infty} A_n} \phi \mathrm{d}\mu = \int_\Omega I_{\bigcup\limits_{n=1}^{\infty} A_n} \cdot \phi \mathrm{d}\mu$$

$$= \int_\Omega I_{\bigcup\limits_{n=1}^{\infty} A_n} \cdot \sum_{i=1}^{m} c_i I_{B_i} \mathrm{d}\mu = \int_\Omega \sum_{i=1}^{m} c_i I_{\bigcup\limits_{n=1}^{\infty} (A_n \cap B_i)} \mathrm{d}\mu$$

$$= \sum_{i=1}^{m} \int_\Omega c_i I_{\bigcup\limits_{n=1}^{\infty} (A_n \cap B_i)} \mathrm{d}\mu = \sum_{i=1}^{m} c_i \mu\left(\bigcup_{n=1}^{\infty} (A_n \cap B_i) \right)$$

$$= \sum_{i=1}^{m} \sum_{n=1}^{\infty} c_i \mu(A_n \cap B_i) = \sum_{n=1}^{\infty} \left(\sum_{i=1}^{m} c_i \mu(A_n \cap B_i) \right)$$

$$= \sum_{n=1}^{\infty} \left(\int_{\Omega} \sum_{i=1}^{m} c_i I_{B_i} I_{A_n} \mathrm{d}\mu \right) = \sum_{n=1}^{\infty} \int_{\Omega} I_{A_n} \phi \mathrm{d}\mu$$

$$= \sum_{n=1}^{\infty} \int_{A_n} \phi \mathrm{d}\mu = \sum_{n=1}^{\infty} \nu(A_n).$$

证毕.

下面定义非负可测函数关于测度的积分.

定义 3.1.2　设 f 是 $(\Omega, \mathcal{F}, \mu)$ 上的一个非负可测函数, 令

$$\int_{\Omega} f \mathrm{d}\mu \overset{\text{def}}{=} \sup\left\{ \int_{\Omega} \phi \mathrm{d}\mu \mid \phi \text{是非负简单可测函数, 且 } \phi \leqslant f \right\}.$$

则称上式为非负可测函数 f 关于测度 μ 在 Ω 上的积分.

非负可测函数的积分同样具有非负性、可加性、正齐次性和单调性.

下面的命题给出了非负可测函数积分的另外一种定义.

命题 3.1.3　设 f 是测度空间 $(\Omega, \mathcal{F}, \mu)$ 上的非负可测函数, $\{\phi_n, n \geqslant 1\}$ 是 $(\Omega, \mathcal{F}, \mu)$ 上的一列非负简单可测函数, 若 $\phi_n \uparrow f$, 则

$$\int_{\Omega} f \mathrm{d}\mu = \lim_{n \to \infty} \int_{\Omega} \phi_n \mathrm{d}\mu.$$

证明　由于 $\phi_n \leqslant \phi_{n+1}$, 故

$$\int_{\Omega} \phi_n \mathrm{d}\mu \leqslant \int_{\Omega} \phi_{n+1} \mathrm{d}\mu, n \geqslant 1,$$

所以 $\lim\limits_{n \to \infty} \int_{\Omega} \phi_n \mathrm{d}\mu$ 有意义, 且有

$$\lim_{n \to \infty} \int_{\Omega} \phi_n \mathrm{d}\mu \leqslant \int_{\Omega} f \mathrm{d}\mu.$$

下证 $\int_{\Omega} f \mathrm{d}\mu \leqslant \lim\limits_{n \to \infty} \int_{\Omega} \phi_n \mathrm{d}\mu.$

设 g 是任一非负简单可测函数, 且满足 $g \leqslant f$. 下面只需说明 $\int_{\Omega} g \mathrm{d}\mu \leqslant \lim\limits_{n \to \infty} \int_{\Omega} \phi_n \mathrm{d}\mu.$

任取 α, $0 < \alpha < 1$. 记 $\Omega_n = [\alpha g \leqslant \phi_n]$, $n \geqslant 1$, 则显然有 $\Omega_n \subset \Omega_{n+1}, n \geqslant 1$, 且 $\Omega = \bigcup\limits_{n=1}^{\infty} \Omega_n.$

事实上, 对 $\omega \in \Omega$, 若 $g(\omega) = 0$, 则 $\forall n \geqslant 1$, 都有 $\omega \in \Omega_n$, 所以 $\omega \in \bigcup\limits_{n=1}^{\infty} \Omega_n.$

若 $g(\omega) > 0$, 则 $\alpha g(\omega) < g(\omega) \leqslant f(\omega)$. 而 $\phi_n \uparrow f$, 故存在 $n \geqslant 1$, 使 $\alpha g(\omega) < \phi_n(\omega)$,

从而 $\omega \in \Omega_n$, 则 $\omega \in \bigcup_{n=1}^{\infty} \Omega_n$. 所以总有

$$\Omega_n \uparrow \bigcup_{n=1}^{\infty} \Omega_n = \Omega.$$

于是

$$\alpha \int_{\Omega} g I_{\Omega_n} \mathrm{d}\mu = \int_{\Omega} \alpha g I_{\Omega_n} \mathrm{d}\mu \leqslant \int_{\Omega} \phi_n I_{\Omega_n} \mathrm{d}\mu \leqslant \int_{\Omega} \phi_n \mathrm{d}\mu, n \geqslant 1.$$

令 $n \to \infty$, 则

$$\alpha \int_{\Omega} g \mathrm{d}\mu \leqslant \lim_{n \to \infty} \int_{\Omega} \phi_n \mathrm{d}\mu.$$

令 $\alpha \to 1$, 得

$$\int_{\Omega} g \mathrm{d}\mu \leqslant \lim_{n \to \infty} \int_{\Omega} \phi_n \mathrm{d}\mu.$$

从而

$$\int_{\Omega} f \mathrm{d}\mu = \sup \left\{ \int_{\Omega} g \mathrm{d}\mu \mid g \leqslant f, g \text{ 是非负简单可测函数} \right\} \leqslant \lim_{n \to \infty} \int_{\Omega} \phi_n \mathrm{d}\mu.$$

因此

$$\int_{\Omega} f \mathrm{d}\mu = \lim_{n \to \infty} \int_{\Omega} \phi_n \mathrm{d}\mu.$$

证毕.

定理 3.1.1 设 $\{f_n, n \geqslant 1\}$ 是 $(\Omega, \mathcal{F}, \mu)$ 上的一列非负可测函数, 若

(1) $f_n \leqslant f_{n+1}, n \geqslant 1$;

(2) $f_n \to f, n \to \infty$.

则

$$\lim_{n \to \infty} \int_{\Omega} f_n \mathrm{d}\mu = \int_{\Omega} f \mathrm{d}\mu.$$

证明 易见

$$\int_{\Omega} f_n \mathrm{d}\mu \leqslant \int_{\Omega} f_{n+1} \mathrm{d}\mu, n \geqslant 1.$$

于是 $\lim_{n \to \infty} \int_{\Omega} f_n \mathrm{d}\mu$ 有意义. 显然

$$\lim_{n\to\infty}\int_\Omega f_n\mathrm{d}\mu \leqslant \int_\Omega f\mathrm{d}\mu.$$

下证

$$\lim_{n\to\infty}\int_\Omega f_n\mathrm{d}\mu \geqslant \int_\Omega f\mathrm{d}\mu.$$

若 $\lim\limits_{n\to\infty}\int_\Omega f_n\mathrm{d}\mu = +\infty$ 或 $\int_\Omega f\mathrm{d}\mu = 0$, 则必有 $\lim\limits_{n\to\infty}\int_\Omega f_n\mathrm{d}\mu \geqslant \int_\Omega f\mathrm{d}\mu.$

下设 $\lim\limits_{n\to\infty}\int_\Omega f_n\mathrm{d}\mu < +\infty$, 且 $\int_\Omega f\mathrm{d}\mu > 0.$ 设 g 是任意一个非负简单可测函数, 且 $g \leqslant f, \alpha$ 是任意正数, 且 $0 < \alpha < 1.$ 令

$$\Omega_n = [\alpha g \leqslant f_n], n \geqslant 1.$$

则由命题 3.1.3 的证明过程知

$$\Omega_n \subset \Omega_{n+1}, n \geqslant 1, \ \Omega = \bigcup_{n=1}^\infty \Omega_n.$$

于是对任意 $n \geqslant 1$, 有

$$\int_\Omega f_n\mathrm{d}\mu \geqslant \int_{\Omega_n} f_n\mathrm{d}\mu \geqslant \int_\Omega I_{\Omega_n}\alpha g\mathrm{d}\mu = \alpha\int_{\Omega_n} g\mathrm{d}\mu.$$

令 $n \to \infty$, 则

$$\lim_{n\to\infty}\int_\Omega f_n\mathrm{d}\mu \geqslant \alpha\int_\Omega g\mathrm{d}\mu.$$

再令 $\alpha \to 1$, 则得

$$\lim_{n\to\infty}\int_\Omega f_n\mathrm{d}\mu \geqslant \int_\Omega g\mathrm{d}\mu.$$

由 g 的任意性, 得

$$\lim_{n\to\infty}\int_\Omega f_n\mathrm{d}\mu \geqslant \int_\Omega f\mathrm{d}\mu.$$

从而

$$\lim_{n\to\infty}\int_\Omega f_n\mathrm{d}\mu = \int_\Omega f\mathrm{d}\mu.$$

证毕.

推论 3.1.1 设 $\{f_n, n \geqslant 1\}$ 是测度空间 $(\Omega, \mathcal{F}, \mu)$ 上的一列非负可测函数, 则有

$$\int_{\Omega}\Big(\sum_{n=1}^{\infty}f_n\Big)\mathrm{d}\mu = \sum_{n=1}^{\infty}\int_{\Omega}f_n\mathrm{d}\mu.$$

证明 令 $F_n = \sum_{k=1}^{n} f_k, n \geqslant 1$, 则 $0 \leqslant F_n \leqslant F_{n+1}, n \geqslant 1$, 且 $F_n \uparrow \sum_{k=1}^{\infty} f_k$.

从而由定理 3.1.1 可得

$$\int_{\Omega}\Big(\sum_{n=1}^{\infty}f_n\Big)\mathrm{d}\mu = \lim_{n\to\infty}\int_{\Omega}F_n\mathrm{d}\mu$$

$$= \lim_{n\to\infty}\sum_{k=1}^{n}\int_{\Omega}f_k\mathrm{d}\mu$$

$$= \sum_{n=1}^{\infty}\int_{\Omega}f_n\mathrm{d}\mu.$$

证毕.

定理 3.1.2 设 f 是测度空间 $(\Omega, \mathcal{F}, \mu)$ 上的非负可测函数, 令

$$\nu(A) = \int_A f\mathrm{d}\mu, \ \forall A \in \mathcal{F},$$

则 ν 是 $(\Omega, \mathcal{F})$ 上的测度, 称之为 f 的不定积分.

证明 显然有 $\nu(\varnothing) = 0$, 且 $\forall A \in \mathcal{F}$, $\nu(A) \geqslant 0$. 下证 ν 具有 σ 可加性.

设 $\{A_n,\ n \geqslant 1\} \subset \mathcal{F}$, 且两两不交, 下证 $\nu\Big(\bigcup_{n=1}^{\infty} A_n\Big) = \sum_{n=1}^{\infty} \nu(A_n)$.

记 $A = \bigcup_{n=1}^{\infty} A_n$. 令 $f_n = \sum_{k=1}^{n} fI_{A_k},\ n \geqslant 1$, 则 $\{f_n,\ n \geqslant 1\}$ 是一列非负可测函数, 且满足:

(1) $f_n \leqslant f_{n+1}$;

(2) $f_n \to I_A f = I_{\bigcup\limits_{n=1}^{\infty} A_n} f$.

于是由定理 3.1.1 得

$$\int_{\Omega} I_A f\mathrm{d}\mu = \lim_{n\to\infty}\int_{\Omega}f_n\mathrm{d}\mu = \lim_{n\to\infty}\int_{\Omega} I_{\bigcup\limits_{k=1}^{n} A_k} f\mathrm{d}\mu$$

$$= \lim_{n\to\infty}\int_{\Omega}\sum_{k=1}^{n}I_{A_k}f\mathrm{d}\mu = \lim_{n\to\infty}\sum_{k=1}^{n}\int_{\Omega}I_{A_k}f\mathrm{d}\mu$$

$$= \sum_{k=1}^{\infty}\int_{\Omega}I_{A_k}f\mathrm{d}\mu = \sum_{k=1}^{\infty}\int_{A_k}f\mathrm{d}\mu.$$

即

$$\nu(A) = \sum_{n=1}^{\infty} \nu(A_n).$$

证毕.

设 f 是 $(\Omega, \mathcal{F}, \mu)$ 上的一个可测函数, f^+, f^- 分别是 f 的正部和负部函数, 则由定义 2.2.1 知

$$f = f^+ - f^-, \ |f| = f^+ + f^-.$$

等价地

$$f^+ = f I_{[f \geqslant 0]}, \ f^- = (-f) I_{[f < 0]}.$$

当 f 是 $(\Omega, \mathcal{F}, \mu)$ 上的可测函数时, f^+ 和 f^- 就是 $(\Omega, \mathcal{F}, \mu)$ 上的两个非负可测函数. 由于它们关于测度的积分已经被定义, 这就为定义一般可测函数的关于测度的积分奠定了基础. 下面给出一般可测函数关于测度的积分的定义.

定义 3.1.3　设 f 是 $(\Omega, \mathcal{F}, \mu)$ 上的一个可测函数, 若 $\int_{\Omega} f^+ \mathrm{d}\mu$ 与 $\int_{\Omega} f^- \mathrm{d}\mu$ 中至少有一个有限, 则称 f 在 Ω 上关于 μ 的积分存在, 且称

$$\int_{\Omega} f \mathrm{d}\mu \overset{\text{def}}{=\!=} \int_{\Omega} f^+ \mathrm{d}\mu - \int_{\Omega} f^- \mathrm{d}\mu$$

为 f 在 Ω 上关于 μ 的积分.

若 $\int_{\Omega} f^+ \mathrm{d}\mu$ 与 $\int_{\Omega} f^- \mathrm{d}\mu$ 都有限, 则称 f 在 Ω 上关于 μ 可积.

由上述定义可知:

$$f \text{ 积分存在} \Leftrightarrow \min\left\{ \int_{\Omega} f^+ \mathrm{d}\mu, \int_{\Omega} f^- \mathrm{d}\mu \right\} < +\infty.$$

$$f \text{ 可积} \Leftrightarrow \max\left\{ \int_{\Omega} f^+ \mathrm{d}\mu, \int_{\Omega} f^- \mathrm{d}\mu \right\} < +\infty.$$

下面说明定义 3.1.3 和定义 3.1.2 是相容的.

事实上, 若 f 是 $(\Omega, \mathcal{F}, \mu)$ 上的非负可测函数, 则 $f^+ = f, f^- \equiv 0$. 于是, 按照定义 3.1.3 有

$$\int_{\Omega} f \mathrm{d}\mu = \int_{\Omega} f^+ \mathrm{d}\mu - \int_{\Omega} f^- \mathrm{d}\mu = \int_{\Omega} f^+ \mathrm{d}\mu = \int_{\Omega} f \mathrm{d}\mu.$$

等式的右边是定义 3.1.2 所描述的积分.

因此, 由定义 3.1.3 可知 , 非负可测函数的积分总是存在的. 对于一般的可测函数, 其积分有可能是存在的, 也可能是不存在的（没有意义的）, 所以对一般可测函数, 只有在它的积分存在时, 才能定义和描述它的积分. 此时, 它的积分可以是 $+\infty$ 或 $-\infty$.

特别地

$$\int_{\Omega} |f|\mathrm{d}\mu = \int_{\Omega} f^+\mathrm{d}\mu + \int_{\Omega} f^-\mathrm{d}\mu,$$

于是, f 在 Ω 上关于 μ 可积 $\Leftrightarrow \displaystyle\int_{\Omega} |f|\mathrm{d}\mu < +\infty.$

注 设 f 是 $(\Omega, \mathcal{F}, \mu)$ 上的可测函数, 若 f 在 Ω 上关于 μ 的积分存在, 则 $\forall A \in \mathcal{F}$, fI_A（或 $I_A f$）在 Ω 上关于 μ 的积分也存在.

事实上, 由于

$$(I_A f)^+ = I_A f^+, \ (I_A f)^- = I_A f^-,$$

因此

$$\int_{\Omega} (I_A f)^+\mathrm{d}\mu = \int_{\Omega} I_A f^+\mathrm{d}\mu \leqslant \int_{\Omega} f^+\mathrm{d}\mu,$$

$$\int_{\Omega} (I_A f)^-\mathrm{d}\mu = \int_{\Omega} I_A f^-\mathrm{d}\mu \leqslant \int_{\Omega} f^-\mathrm{d}\mu.$$

于是, 当 f 在 Ω 上关于 μ 的积分存在时, 下式是有意义的:

$$\int_{\Omega} I_A f\mathrm{d}\mu = \int_{\Omega} I_A f^+\mathrm{d}\mu - \int_{\Omega} I_A f^-\mathrm{d}\mu.$$

对于积分存在的可测函数 f, 令

$$\int_{A} f\mathrm{d}\mu = \int_{\Omega} I_A f\mathrm{d}\mu, \ \forall A \in \mathcal{F}.$$

把上式称为 f 在集合 A 上的不定积分.

对于复值可测函数 $f = f_1 + \mathrm{i}f_2$, 若 $\displaystyle\int_{\Omega} f_1\mathrm{d}\mu$ 与 $\displaystyle\int_{\Omega} f_2\mathrm{d}\mu$ 都存在, 则称 f 的积分存在, 并约定

$$\int_{\Omega} f\mathrm{d}\mu = \int_{\Omega} f_1\mathrm{d}\mu + \mathrm{i}\int_{\Omega} f_2\mathrm{d}\mu.$$

下面以定理的形式给出可测函数积分的一些基本性质.

定理 3.1.3 设 f, g 关于 μ 的积分存在.

(1) $\forall \alpha \in \mathbb{R}$, αf 的积分也存在, 且 $\int_{\Omega} \alpha f \mathrm{d}\mu = \alpha \int_{\Omega} f \mathrm{d}\mu$;

(2) 若 $f + g$ 处处有意义, 且 $\int_{\Omega} f \mathrm{d}\mu + \int_{\Omega} g \mathrm{d}\mu$ 有意义, 则 $f + g$ 积分存在, 且有

$$\int_{\Omega} (f + g) \mathrm{d}\mu = \int_{\Omega} f \mathrm{d}\mu + \int_{\Omega} g \mathrm{d}\mu;$$

(3) $|\int_{\Omega} f \mathrm{d}\mu| \leqslant \int_{\Omega} |f| \mathrm{d}\mu$;

(4) 若 $N \in \mathcal{F}$, 且 $\mu(N) = 0$, 则 $\int_{N} f \mathrm{d}\mu = 0$;

(5) 若 $f \leqslant g$ a.e., 则 $\int_{\Omega} f \mathrm{d}\mu \leqslant \int_{\Omega} g \mathrm{d}\mu$;

(6) 若 f 为非负可测函数, 则 $f = 0$ a.e. $\Leftrightarrow \int_{\Omega} f \mathrm{d}\mu = 0$;

(7) 若 f 为非负可测函数, 且 $\int_{\Omega} f \mathrm{d}\mu < +\infty$, 则 $f < +\infty$ a.e., 且 $[f > 0]$ 关于 μ 为 σ 有限的.

证明　(1) 由于 f 积分存在, 故 $\min \left\{ \int_{\Omega} f^+ \mathrm{d}\mu, \int_{\Omega} f^- \mathrm{d}\mu \right\} < +\infty$. 对任意 $a \in \mathbb{R}$, 有

$$\min \left\{ a \int_{\Omega} f^+ \mathrm{d}\mu, a \int_{\Omega} f^- \mathrm{d}\mu \right\} < +\infty.$$

当 $a \geqslant 0$ 时, 利用非负可测函数的正齐次性, 有

$$\int_{\Omega} (af) \mathrm{d}\mu = \int_{\Omega} (af)^+ \mathrm{d}\mu - \int_{\Omega} (af)^- \mathrm{d}\mu$$

$$= a \int_{\Omega} f^+ \mathrm{d}\mu - a \int_{\Omega} f^- \mathrm{d}\mu$$

$$= a \int_{\Omega} f \mathrm{d}\mu.$$

当 $a < 0$ 时, 同理有

$$\int_{\Omega} (af) \mathrm{d}\mu = \int_{\Omega} (af)^+ \mathrm{d}\mu - \int_{\Omega} (af)^- \mathrm{d}\mu$$

$$= \int_{\Omega} (-a) f^- \mathrm{d}\mu - \int_{\Omega} (-a) f^+ \mathrm{d}\mu$$

$$= a \int_{\Omega} f^+ \mathrm{d}\mu - a \int_{\Omega} f^- \mathrm{d}\mu = a \int_{\Omega} f \mathrm{d}\mu.$$

(2) 首先证明当 $\int_\Omega f\mathrm{d}\mu + \int_\Omega g\mathrm{d}\mu$ 有意义时, 有

$$\min\left\{\int_\Omega (f^+ + g^+)\mathrm{d}\mu, \int_\Omega (f^- + g^-)\mathrm{d}\mu\right\} < +\infty.$$

若 $\int_\Omega (f^+ + g^+)\mathrm{d}\mu = +\infty$, 则由非负可测函数积分的可加性知

$$\int_\Omega f^+\mathrm{d}\mu = +\infty, \text{ 或 } \int_\Omega g^+\mathrm{d}\mu = +\infty.$$

当 $\int_\Omega f^+\mathrm{d}\mu = +\infty$ 时, 由于 f 积分存在, 故一定有 $\int_\Omega f^-\mathrm{d}\mu < +\infty$, 从而 $\int_\Omega g^-\mathrm{d}\mu < +\infty$. 否则, 由于

$$\int_\Omega f\mathrm{d}\mu + \int_\Omega g\mathrm{d}\mu = \left(\int_\Omega f^+\mathrm{d}\mu + \int_\Omega g^+\mathrm{d}\mu\right) - \left(\int_\Omega f^-\mathrm{d}\mu + \int_\Omega g^-\mathrm{d}\mu\right)$$

无意义, 与题设矛盾. 这就说明了当 $\int_\Omega f^+\mathrm{d}\mu = +\infty$ 时, 有

$$\int_\Omega (f^- + g^-)\mathrm{d}\mu < +\infty.$$

同理, 当 $\int_\Omega g^+\mathrm{d}\mu = +\infty$ 时, 有

$$\int_\Omega (f^- + g^-)\mathrm{d}\mu < +\infty.$$

所以

$$\min\left\{\int_\Omega (f^+ + g^+)\mathrm{d}\mu, \int_\Omega (f^- + g^-)\mathrm{d}\mu\right\} < +\infty.$$

其次, 由于

$$(f+g)^+ \leqslant f^+ + g^+ \text{ a.e.,}$$
$$(f+g)^- \leqslant f^- + g^- \text{ a.e..}$$

而

$$\int_\Omega (f+g)\mathrm{d}\mu = \int_\Omega (f+g)^+\mathrm{d}\mu - \int_\Omega (f+g)^-\mathrm{d}\mu.$$

从而

$$\min\left\{\int_\Omega (f+g)^+\mathrm{d}\mu, \int_\Omega (f+g)^-\mathrm{d}\mu\right\} < +\infty.$$

所以 $f+g$ 积分存在, 且

$$
\begin{aligned}
\int_\Omega (f+g)\mathrm{d}\mu &= \int_\Omega (f^+ - f^- + g^+ - g^-)\mathrm{d}\mu \\
&= \int_\Omega (f^+ + g^+)\mathrm{d}\mu - \int_\Omega (f^- + g^-)\mathrm{d}\mu \\
&= \left(\int_\Omega f^+\mathrm{d}\mu + \int_\Omega g^+\mathrm{d}\mu\right) - \left(\int_\Omega f^-\mathrm{d}\mu + \int_\Omega g^-\mathrm{d}\mu\right) \\
&= \int_\Omega (f^+ - f^-)\mathrm{d}\mu + \int_\Omega (g^+ - g^-)\mathrm{d}\mu \\
&= \int_\Omega f\mathrm{d}\mu + \int_\Omega g\mathrm{d}\mu.
\end{aligned}
$$

(3) 由于 f 积分存在, 从而 $|f|$ 积分存在. 又

$$
f^+ \leqslant |f|, \ f^- \leqslant |f|,
$$

从而

$$
\max\left\{\int_\Omega f^+\mathrm{d}\mu, \ \int_\Omega f^-\mathrm{d}\mu\right\} \leqslant \int_\Omega |f|\mathrm{d}\mu.
$$

因此

$$
\left|\int_\Omega f\mathrm{d}\mu\right| = \left|\int_\Omega f^+\mathrm{d}\mu - \int_\Omega f^-\mathrm{d}\mu\right| \leqslant \int_\Omega |f|\mathrm{d}\mu.
$$

(4) 如果 f 是非负简单可测函数, 令 $f = \sum_{i=1}^{n} a_i I_{A_i}$, 其中 $a_i \geqslant 0$, $A_i \in \mathcal{F}$, $i = 1, 2, \cdots, n$. 从而

$$
\begin{aligned}
\int_N f\mathrm{d}\mu = \int_\Omega f I_N \mathrm{d}\mu &= \int_\Omega \left(\sum_{i=1}^{n} a_i I_{A_i} I_N\right)\mathrm{d}\mu \\
&= \int_\Omega \left(\sum_{i=1}^{n} a_i I_{A_i \cap N}\right)\mathrm{d}\mu \\
&= \sum_{i=1}^{n} a_i \mu(A_i \cap N) \\
&\leqslant \sum_{i=1}^{n} a_i \mu(N) = 0.
\end{aligned}
$$

如果 f 是非负可测函数, 则由命题 3.1.1 知结论成立.

如果 f 是一般可测函数, 且积分存在, 则由

$$\int_\Omega f I_N \mathrm{d}\mu = \int_\Omega (f I_N)^+ \mathrm{d}\mu - \int_\Omega (f I_N)^- \mathrm{d}\mu$$

$$= \int_\Omega f^+ I_N \mathrm{d}\mu - \int_\Omega f^- I_N \mathrm{d}\mu.$$

知 $\int_N f \mathrm{d}\mu = 0$.

(5) 若 f 和 g 都是非负可测函数. 令 $N = [f > g]$, 则有 $\mu(N) = 0$. 从而

$$\int_\Omega f \mathrm{d}\mu = \int_\Omega (f I_N + f I_{N^c}) \mathrm{d}\mu = \int_\Omega (f I_N) \mathrm{d}\mu + \int_\Omega (f I_{N^c}) \mathrm{d}\mu = \int_\Omega (f I_{N^c}) \mathrm{d}\mu,$$

$$\int_\Omega g \mathrm{d}\mu = \int_\Omega (g I_N + g I_{N^c}) \mathrm{d}\mu = \int_\Omega (g I_N) \mathrm{d}\mu + \int_\Omega (g I_{N^c}) \mathrm{d}\mu = \int_\Omega (g I_{N^c}) \mathrm{d}\mu.$$

由于 $N^c = [f \leqslant g]$, 从而 $\int_\Omega f \mathrm{d}\mu \leqslant \int_\Omega g \mathrm{d}\mu$.

一般地, 由 $f \leqslant g$ a.e., 可知 $f^+ \leqslant g^+$ a.e., $f^- \geqslant g^-$ a.e.. 所以有

$$\int_\Omega f^+ \mathrm{d}\mu \leqslant \int_\Omega g^+ \mathrm{d}\mu, \quad \int_\Omega f^- \mathrm{d}\mu \geqslant \int_\Omega g^- \mathrm{d}\mu.$$

因此 $\int_\Omega f \mathrm{d}\mu \leqslant \int_\Omega g \mathrm{d}\mu$.

(6) 若 $f = 0$ a.e., 则显然有 $\int_\Omega f \mathrm{d}\mu = 0$. 反之, 设 $\int_\Omega f \mathrm{d}\mu = 0$, 为证 $f = 0$ a.e., 用反证法.

假设 $\mu([f > 0]) > 0$, 由于

$$[f > 0] = \bigcup_{n=1}^\infty \left[f \geqslant \frac{1}{n} \right],$$

故存在正整数 n_0, 使 $\mu\left(\left[f \geqslant \frac{1}{n_0} \right]\right) > 0$, 因此

$$f \geqslant \frac{1}{n_0} I_{\left[f \geqslant \frac{1}{n_0} \right]} > 0,$$

所以

$$\int_\Omega f \mathrm{d}\mu \geqslant \int_\Omega \frac{1}{n_0} I_{\left[f \geqslant \frac{1}{n_0} \right]} \mathrm{d}\mu = \frac{1}{n_0} \mu\left(\left[f \geqslant \frac{1}{n_0} \right]\right) > 0.$$

矛盾. 从而有 $f = 0$ a.e..

(7) 用反证法. 假定 $\mu([f=+\infty]) > 0$, 则

$$f = fI_{[f=+\infty]} + fI_{[f<+\infty]} \geqslant \infty \cdot I_{[f=+\infty]}.$$

从而

$$\int_\Omega f\mathrm{d}\mu \geqslant \int_\Omega \infty \cdot I_{[f=+\infty]}\mathrm{d}\mu = \infty \cdot \mu([f=+\infty]) = +\infty.$$

矛盾. 从而 $f < +\infty$ a.e.. 此外, 由于 $[f>0] = \bigcup_{n=1}^\infty \left[f \geqslant \dfrac{1}{n}\right]$, 而

$$f \geqslant \frac{1}{n}I_{\left[f\geqslant\frac{1}{n}\right]}.$$

从而

$$\mu\left(\left[f \geqslant \frac{1}{n}\right]\right) \leqslant n\int_\Omega f\mathrm{d}\mu < +\infty.$$

故 $[f>0]$ 关于 μ 为 σ 有限. 证毕.

定理 3.1.3 的 (4) 和 (5) 表明, 对于可测函数而言, 随意修改它在一个零测度集上的值, 是不会影响它的 "积分存在" 性、"可积" 性以及在积分存在时的积分值. 利用这一点, 我们就可以把积分的对象加以扩充, 使得几乎处处意义下的可测函数也可以定义积分. 事实上, 设 g 是 $(\Omega, \mathscr{F}, \mu)$ 上一个几乎处处可测函数, 则存在 $(\Omega, \mathscr{F}, \mu)$ 上的可测函数 f, 使得 $\mu([f \neq g]) = 0$, 则当 f 积分存在时, 就说 g 的积分存在, 并且把

$$\int_\Omega g\mathrm{d}\mu = \int_\Omega f\mathrm{d}\mu$$

称为 g 的积分. 不难看出, 这样的定义是有意义的. 在今后的讨论中, 凡是提到可测函数关于测度的积分, 都可以把它理解为几乎处处意义下的可测函数关于测度的积分.

命题 3.1.4 设 f, g 积分存在, 且对一切 $A \in \mathscr{F}$, 有

$$\int_A f\mathrm{d}\mu \leqslant \int_A g\mathrm{d}\mu,$$

则

(1) 若 f, g 可积, 则 $f \leqslant g$ a.e..

(2) 若 μ 为 σ 有限测度, 则 $f \leqslant g$ a.e..

证明 (1) $\forall A \in \mathscr{F}$, 由假设

$$\int_A (f-g)\mathrm{d}\mu = \int_A f\mathrm{d}\mu - \int_A g\mathrm{d}\mu \leqslant 0.$$

若令 $A = [f > g]$, 则 $(f - g)I_A \geqslant 0$, 即有

$$\int_A (f - g)\mathrm{d}\mu = \int_\Omega (f - g)I_A\mathrm{d}\mu \geqslant 0.$$

所以

$$\int_A (f - g)\mathrm{d}\mu = 0,$$

从而 $(f - g)I_A = 0$ a.e.. 由于在 A 上有 $f > g$, 故必须有 $\mu(A) = 0$, 所以 $f \leqslant g$ a.e..

(2) 用反证法. 假定 $\mu([g < f]) > 0$, 令

$$A_n = \left[g < f - \frac{1}{n}\right] \cap [|f| < n],$$

则

$$[g < f] = \bigcup_{n=1}^\infty A_n.$$

令

$$B_m = [g < m] \cap [f = +\infty],$$

则

$$[g < f] = \left(\bigcup_{n=1}^\infty A_n\right) \cup \left(\bigcup_{m=1}^\infty B_m\right).$$

故存在某个 n 或 m, 使得 $\mu(A_n) > 0$ 或 $\mu(B_m) > 0$.

假定存在 n, 使得 $\mu(A_n) > 0$, 由 μ 的 σ 有限性, 存在 $A \subset A_n, A \in \mathcal{F}$, 使得 $0 < \mu(A) < +\infty$, 这时有

$$\int_A g\mathrm{d}\mu \leqslant \int_A \left(f - \frac{1}{n}\right)\mathrm{d}\mu = \int_A f\mathrm{d}\mu - \frac{1}{n}\mu(A) < \int_A f\mathrm{d}\mu.$$

这与 $\int_A f\mathrm{d}\mu \leqslant \int_A g\mathrm{d}\mu$ 相矛盾.

若 $\mu(B_m) > 0$, 仿上述可推出矛盾, 总之假设错误.

由此 $\mu([g < f]) = 0$, 从而 $f \leqslant g$ a.e.. 证毕.

下面的推论是显然的.

推论 3.1.2 设 f, g 积分存在, 且对一切 $A \in \mathcal{F}$, 有

$$\int_A f\mathrm{d}\mu = \int_A g\mathrm{d}\mu.$$

则

(1) 若 f, g 可积, 则 $f = g$ a.e..

(2) 若 μ 是 σ 有限, 则 $f = g$ a.e..

推论 3.1.3　(1) 设 f, g 积分存在, 且 $f = g$ a.e.. 则

$$\int_A f \mathrm{d}\mu = \int_A g \mathrm{d}\mu, \ \forall A \in \mathcal{F}.$$

(2) 若 f 是可积的, 则 $|f| < +\infty$ a.e..

证明　(1) 是显然的.

(2) 只需说明 $\mu([|f| = +\infty]) = 0$. 事实上, 由于 f 可积, 故 $|f|$ 可积, 从而存在正整数 n_0, 使

$$\int_\Omega |f| \mathrm{d}\mu < n_0.$$

假设 $\mu([|f| = +\infty]) = a > 0$, 则

$$\int_\Omega |f| \mathrm{d}\mu \geqslant \int_\Omega |f| I_{[|f|=+\infty]} \mathrm{d}\mu$$

$$\geqslant \int_\Omega \infty \cdot I_{[|f|=+\infty]} \mathrm{d}\mu$$

$$= \infty \cdot \mu([|f| = +\infty])$$

$$= \infty.$$

矛盾. 因此 $\mu([|f| = +\infty]) = 0$, 即有 $|f| < +\infty$ a.e.. 证毕.

注　(1) 设 X 为概率测度空间 $(\Omega, \mathcal{F}, P)$ 上的实值可测函数（即随机变量）, 如果 X 关于概率测度 P 的积分存在, 则称随机变量 X 的数学期望存在, 记为

$$E(X) = \int_\Omega X \mathrm{d}P.$$

(2) 设 $F(x)$ 是给定的分布函数, μ_F 是由分布函数 $F(x)$ 引出的 L-S 测度（参见定理 1.6.1）, $(\mathbb{R}, \mathcal{B}(\mathbb{R}), \mu_F)$ 是完备的测度空间, $f(x)$ 是定义在 $\mathbb{R}$ 上的函数. 如果 $f(x)$ 是测度空间 $(\mathbb{R}, \mathcal{B}(\mathbb{R}), \mu_F)$ 上的可测函数, 并且关于测度 μ_F 的积分存在, 我们把 $\int_\mathbb{R} f(x)\mathrm{d}\mu_F$ 称为 $f(x)$ 在数集 $\mathbb{R}$ 上的 L-S 积分, 用

$$(\text{L-S}) \int_\mathbb{R} f(x)\mathrm{d}F(x)$$

表示, 亦即

$$(\text{L-S}) \int_{\mathbb{R}} f(x)\mathrm{d}F(x) = \int_{\mathbb{R}} f(x)\mathrm{d}\mu_F.$$

对有限区间 $(a, b]$ 上 $f(x)$ 的 L-S 积分定义为

$$\int_{(a,b]} f(x)\mathrm{d}\mu_F = \int_{\mathbb{R}} f(x)I_{(a,b]}(x)\mathrm{d}\mu_F,$$

并以 $(\text{L-S}) \int_{(a,b]} f(x)\mathrm{d}F(x)$ 记之.

若 $f(x)$ 在闭区间 $[a, b]$ $(-\infty < a \leqslant b < +\infty)$ 上连续, 则

$$(\text{L-S}) \int_{(a,b]} f(x)\mathrm{d}F(x) = (\text{R-S}) \int_{(a,b]} f(x)\mathrm{d}F(x).$$

其中 R-S 表示黎曼-斯蒂尔斯（Riemann-Stieltjes）积分.

3.2 积分的极限理论

本节主要讨论可测函数序列极限的积分性质, 其核心问题是什么条件下极限可以穿过积分符号（即极限运算和积分运算可以交换顺序）.

定理 3.2.1（Levi 定理（非负可测函数积分的单调收敛定理）） 设 $\{f_n, n \geqslant 1\}$ 和 f 都是 $(\Omega, \mathcal{F}, \mu)$ 上的非负可测函数, 则

(1) 若 $f_n \leqslant f_{n+1}$ a.e. , $\forall n \geqslant 1$, 且 $f_n \xrightarrow{\text{a.e.}} f$, 则

$$\lim_{n \to \infty} \int_{\Omega} f_n \mathrm{d}\mu = \int_{\Omega} f \mathrm{d}\mu.$$

(2) 若 $f_n \geqslant f_{n+1}$ a.e. , $\forall n \geqslant 1$, $f_n \xrightarrow{\text{a.e.}} f$, 且 $\int_{\Omega} f_1 \mathrm{d}\mu < +\infty$. 则

$$\lim_{n \to \infty} \int_{\Omega} f_n \mathrm{d}\mu = \int_{\Omega} f \mathrm{d}\mu.$$

证明 (1) 不妨设对任意 $n \geqslant 1$, $f_n \leqslant f_{n+1}$ 几乎处处成立. 对每个 f_n, 由定理 2.2.2, 必存在非负简单可测函数列 $\{f_{n,m}, m \geqslant 1\}$, 使得

$$f_{n,m} \uparrow f_n, \ m \to \infty.$$

令

$$g_m = \max_{1 \leqslant i \leqslant m} f_{i,m},$$

则 $\{g_m, m \geqslant 1\}$ 为一列非负简单可测函数, 满足

$$g_m \leqslant g_{m+1},\ g_m \leqslant f_m,\ m \geqslant 1,$$

且

$$g_m \uparrow f,\ m \to \infty.$$

依据积分的定义有

$$\int_\Omega f \mathrm{d}\mu = \lim_{m\to\infty} \int_\Omega g_m \mathrm{d}\mu \leqslant \lim_{m\to\infty} \int_\Omega f_m \mathrm{d}\mu.$$

但

$$\int_\Omega f \mathrm{d}\mu \geqslant \int_\Omega f_m \mathrm{d}\mu,$$

故

$$\int_\Omega f \mathrm{d}\mu \geqslant \lim_{m\to\infty} \int_\Omega f_m \mathrm{d}\mu.$$

所以

$$\int_\Omega f \mathrm{d}\mu = \lim_{m\to\infty} \int_\Omega f_m \mathrm{d}\mu.$$

(2) 不妨设对任意 $n \geqslant 1$, $f_n \geqslant f_{n+1}$ 几乎处处成立, 且 $f_n \downarrow f$. 由假设 $\int_\Omega f_1 \mathrm{d}\mu < +\infty$, 则由可测函数积分的性质得 $\mu([f_1 = +\infty]) = 0$. 令

$$\overline{f}_n = f_n I_{[f_1 < +\infty]},\ \overline{f} = f I_{[f_1 < +\infty]}.$$

则 $\overline{f}_n$ 为非负实值可测函数, 且 $\overline{f}_n \downarrow \overline{f}$. 令 $g_n = \overline{f}_1 - \overline{f}_n$, 则 $g_n \uparrow \overline{f}_1 - \overline{f}$. 由结论 (1) 有

$$\lim_{n\to\infty} \int_\Omega g_n \mathrm{d}\mu = \int_\Omega (\overline{f}_1 - \overline{f}) \mathrm{d}\mu = \int_\Omega \overline{f}_1 \mathrm{d}\mu - \int_\Omega \overline{f} \mathrm{d}\mu,$$

即

$$\lim_{n\to\infty} \int_\Omega (\overline{f}_1 - \overline{f}_n) \mathrm{d}\mu = \int_\Omega \overline{f}_1 \mathrm{d}\mu - \int_\Omega \overline{f} \mathrm{d}\mu.$$

故

$$\lim_{n\to\infty} \int_\Omega \overline{f}_n \mathrm{d}\mu = \int_\Omega \overline{f} \mathrm{d}\mu.$$

由于

$$\lim_{n\to\infty}\int_\Omega \overline{f}_n \mathrm{d}\mu = \lim_{n\to\infty}\int_\Omega f_n I_{[f_1<+\infty]}\mathrm{d}\mu$$

$$= \lim_{n\to\infty}\int_\Omega f_n\mathrm{d}\mu - \lim_{n\to\infty}\int_\Omega f_n I_{[f_1=+\infty]}\mathrm{d}\mu$$

$$= \lim_{n\to\infty}\int_\Omega f_n\mathrm{d}\mu.$$

$$\int_\Omega \overline{f}\mathrm{d}\mu = \int_\Omega f I_{[f_1<+\infty]}\mathrm{d}\mu$$

$$= \int_\Omega f\mathrm{d}\mu - \int_\Omega f I_{[f_1=+\infty]}\mathrm{d}\mu$$

$$= \int_\Omega f\mathrm{d}\mu.$$

所以

$$\lim_{n\to\infty}\int_\Omega f_n\mathrm{d}\mu = \int_\Omega f\mathrm{d}\mu.$$

证毕.

定理 3.2.2（一般可测函数积分的单调收敛定理）　设 $\{f_n, n \geqslant 1\}$ 为一列可测函数, 且每个 f_n 的积分存在, 则

(1) 设 $f_n \leqslant f_{n+1}$ a.e. , $\forall n \geqslant 1$, 且 $f_n \uparrow f$ a.e.. 若 $\int_\Omega f_1\mathrm{d}\mu > -\infty$, 则 f 的积分存在, 且

$$\lim_{n\to\infty}\int_\Omega f_n\mathrm{d}\mu = \int_\Omega f\mathrm{d}\mu.$$

(2) 设 $f_n \geqslant f_{n+1}$ a.e. , $\forall n \geqslant 1$, 且 $f_n \downarrow f$ a.e.. 若 $\int_\Omega f_1\mathrm{d}\mu < +\infty$, 则 f 的积分存在, 且

$$\lim_{n\to\infty}\int_\Omega f_n\mathrm{d}\mu = \int_\Omega f\mathrm{d}\mu.$$

证明　(1) 由假设知 $\{f_n^+, n \geqslant 1\}$ 是单调增函数序列, $\{f_n^-, n \geqslant 1\}$ 是单调降函数序列, 且 $f_n^+ \uparrow f^+$ a.e., $f_n^- \downarrow f^-$ a.e.. 由于 $f_1^- \geqslant f^-$, 且 $\int_\Omega f_1^-\mathrm{d}\mu > -\infty$, $\int_\Omega f_1^-\mathrm{d}\mu < +\infty$.

所以
$$\int_\Omega f^- \mathrm{d}\mu \leqslant \int_\Omega f_1^- \mathrm{d}\mu < +\infty.$$

从而 $\displaystyle\int_\Omega f\mathrm{d}\mu$ 存在, 由定理 3.2.1 知
$$\int_\Omega f_n^+ \mathrm{d}\mu \uparrow \int_\Omega f^+ \mathrm{d}\mu, \quad \int_\Omega f_n^- \mathrm{d}\mu \downarrow \int_\Omega f^- \mathrm{d}\mu.$$

因此有
$$\int_\Omega f_n \mathrm{d}\mu \uparrow \int_\Omega f\mathrm{d}\mu.$$

(2) 当 $f_n \geqslant f_{n+1}$ a.e., $\forall n \geqslant 1$ 时, 有 $-f_n \leqslant -f_{n+1}$ a.e., $\forall n \geqslant 1$. 因此, 按照 (1) 的证明过程, 可考虑 $\{-f_n, n \geqslant 1\}$, 同理可证. 证毕.

定理 3.2.3 (Fatou 引理)　设 $\{f_n, n \geqslant 1\}$ 为一列可测函数, 且每个 f_n 的积分存在.

(1) 若存在可测函数 g, $\displaystyle\int_\Omega g\mathrm{d}\mu > -\infty$, 使得 $\forall n \geqslant 1$, 有 $f_n \geqslant g$ a.e., 则 $\varliminf\limits_{n\to\infty} f_n$ 积分存在, 且有
$$\int_\Omega (\varliminf_{n\to\infty} f_n)\mathrm{d}\mu \leqslant \varliminf_{n\to\infty} \int_\Omega f_n \mathrm{d}\mu.$$

(2) 若存在可测函数 g, $\displaystyle\int_\Omega g\mathrm{d}\mu < +\infty$, 使得 $\forall n \geqslant 1$, 有 $f_n \leqslant g$ a.e., 则 $\varlimsup\limits_{n\to\infty} f_n$ 积分存在, 且有
$$\int_\Omega (\varlimsup_{n\to\infty} f_n)\mathrm{d}\mu \geqslant \varlimsup_{n\to\infty} \int_\Omega f_n \mathrm{d}\mu.$$

证明　(1) 令 $g_n = \inf\limits_{k\geqslant n} f_k$, $n \geqslant 1$, 则 $g_n \uparrow \varliminf\limits_{n\to\infty} f_n$, 且 $g_1 \geqslant g$ a.e., 于是
$$\int_\Omega g_1 \mathrm{d}\mu \geqslant \int_\Omega g\mathrm{d}\mu > -\infty.$$

由定理 3.2.2 知 $\varliminf\limits_{n\to\infty} f_n$ 积分存在, 且有
$$\int_\Omega (\varliminf_{n\to\infty} f_n)\mathrm{d}\mu = \lim_{n\to\infty} \int_\Omega g_n \mathrm{d}\mu$$
$$= \lim_{n\to\infty} \int_\Omega (\inf_{k\geqslant n} f_k)\mathrm{d}\mu$$

$$= \liminf_{n \to \infty} \int_{\Omega} (\inf_{k \geq n} f_k) \mathrm{d}\mu$$

$$\leq \liminf_{n \to \infty} \int_{\Omega} f_n \mathrm{d}\mu.$$

关于 (2), 只需考虑 $\{-f_n, \ n \geq 1\}$, 由 (1) 即可证得结果. 证毕.

定理 3.2.4（控制收敛定理） 设 $\{f_n, \ n \geq 1\}$ 和 f 都是实值可测函数, $f_n \xrightarrow{\text{a.e.}} f$ 或 $f_n \xrightarrow{\mu} f$. 若存在非负可积函数 g, 使得对任意 $n \geq 1$, 都有 $|f_n| \leq g$ a.e., 则 f 可积, 且

$$\lim_{n \to \infty} \int_{\Omega} f_n \mathrm{d}\mu = \int_{\Omega} f \mathrm{d}\mu.$$

证明 由 $|f_n| \leq g$ a.e., 得 $|f| \leq g$ a.e., 从而 f 可积.

若 $f_n \xrightarrow{\text{a.e.}} f$, 则由

$$\int_{\Omega} f \mathrm{d}\mu = \int_{\Omega} \limsup_{n \to \infty} f_n \mathrm{d}\mu \geq \lim_{n \to \infty} \int_{\Omega} f_n \mathrm{d}\mu$$

$$\geq \liminf_{n \to \infty} \int_{\Omega} f_n \mathrm{d}\mu \geq \int_{\Omega} \liminf_{n \to \infty} f_n \mathrm{d}\mu$$

$$= \int_{\Omega} f \mathrm{d}\mu.$$

所以

$$\int_{\Omega} f \mathrm{d}\mu = \lim_{n \to \infty} \int_{\Omega} f_n \mathrm{d}\mu.$$

若 $f_n \xrightarrow{\mu} f$, 对 $\{f_n, \ n \geq 1\}$ 的任一子列 $\{f_{n'}, \ n' \geq 1\}$, 存在子列 $\{f_{n'_k}, \ k \geq 1\}$, 使得 $f_{n'_k} \xrightarrow{\text{a.e.}} f$, 于是有

$$\lim_{k \to \infty} \int_{\Omega} f_{n'_k} \mathrm{d}\mu = \int_{\Omega} f \mathrm{d}\mu.$$

由于子列 $\{f_{n'}, \ n' \geq 1\}$ 的选择是任意的, 故有

$$\lim_{n \to \infty} \int_{\Omega} f_n \mathrm{d}\mu = \int_{\Omega} f \mathrm{d}\mu.$$

证毕.

在上述定理中, g 也叫控制函数.

作为控制收敛定理的一种特殊情形, 有下面的推论.

推论 3.2.1（有界收敛定理） 若 $\{f_n, \ n \geq 1\}$ 和 f 是有限测度空间 $(\Omega, \mathcal{F}, \mu)$ 上

的实值可测函数, 且 $f_n \xrightarrow{\text{a.e.}} f$ 或 $f_n \xrightarrow{\mu} f$. 如果存在 $M > 0$, 使

$$|f_n| \leqslant M \text{ a.e., } n \geqslant 1.$$

则

$$\lim_{n \to \infty} \int_\Omega f_n \mathrm{d}\mu = \int_\Omega f \mathrm{d}\mu.$$

证明　若令 $g \equiv M$, 则 g 可积, 且 $|f_n| \leqslant g$ a.e.. 于是由定理 3.2.4 即得.

定理 3.2.5　设 $\{f_n, n \geqslant 1\}$ 和 f 都是实值可测函数, 且 $f_n \xrightarrow{\text{a.e.}} f$ 或 $f_n \xrightarrow{\mu} f$. 又设每个 f_n 积分存在.

(1) 若存在可测函数 g, $\int_\Omega g \mathrm{d}\mu > -\infty$, 使得 $\forall n \geqslant 1$, $f_n \geqslant g$ a.e., 则 f 的积分存在, 且

$$\int_\Omega f \mathrm{d}\mu \leqslant \liminf_{n \to \infty} \int_\Omega f_n \mathrm{d}\mu.$$

(2) 若存在可测函数 g, $\int_\Omega g \mathrm{d}\mu < +\infty$, 使得 $\forall n \geqslant 1$, $f_n \leqslant g$ a.e., 则 f 的积分存在, 且

$$\int_\Omega f \mathrm{d}\mu \geqslant \limsup_{n \to \infty} \int_\Omega f_n \mathrm{d}\mu.$$

证明　(1) 若 $f_n \xrightarrow{\text{a.e.}} f$, 则由定理 3.2.3 有

$$\int_\Omega f \mathrm{d}\mu = \int_\Omega \liminf_{n \to \infty} f_n \mathrm{d}\mu \leqslant \liminf_{n \to \infty} \int_\Omega f_n \mathrm{d}\mu.$$

现设 $f_n \xrightarrow{\mu} f$, 则对 $\{f_n, n \geqslant 1\}$ 中的任一子列 $\{f_{n'}, n' \geqslant 1\}$, 存在子列 $\{f_{n'_k}, k \geqslant 1\}$, 使得

$$f_{n'_k} \xrightarrow{\text{a.e.}} f,$$

由上所证, 就有

$$\int_\Omega f \mathrm{d}\mu \leqslant \liminf_{k \to \infty} \int_\Omega f_{n'_k} \mathrm{d}\mu.$$

由于子列选取的任意性, 则必然有

$$\int_\Omega f \mathrm{d}\mu \leqslant \liminf_{n \to \infty} \int_\Omega f_n \mathrm{d}\mu.$$

(2) 设 $f_n \xrightarrow{\text{a.e.}} f$, 或 $f_n \xrightarrow{\mu} f$. 若存在可测函数 g, $\int_\Omega g\mathrm{d}\mu < +\infty$, 使得 $\forall n \geqslant 1$, $f_n \leqslant g$ a.e., 则 $(-f_n) \xrightarrow{\text{a.e.}} (-f)$, 或 $(-f_n) \xrightarrow{\mu} (-f)$, 且 $\forall n \geqslant 1$, $(-f_n) \geqslant (-g)$ a.e., $\int_\Omega (-g)\mathrm{d}\mu > -\infty$, 因此由 (1) 得 $(-f)$ 的积分存在, 且

$$\int_\Omega (-f)\mathrm{d}\mu \leqslant \liminf_{n \to \infty} \int_\Omega (-f_n)\mathrm{d}\mu,$$

$$-\int_\Omega f\mathrm{d}\mu \leqslant \liminf_{n \to \infty} \left(-\int_\Omega f_n\mathrm{d}\mu\right),$$

$$\int_\Omega f\mathrm{d}\mu \geqslant \limsup_{n \to \infty} \int_\Omega f_n\mathrm{d}\mu.$$

证毕.

设 f 是 $(\Omega, \mathcal{F}, \mu)$ 上的可测函数, 且 $\int_\Omega f\mathrm{d}\mu$ 存在, 于是对任意 $F \in \mathcal{F}$, $\int_F f\mathrm{d}\mu$ 有意义, 称集函数

$$\nu(F) = \int_F f\mathrm{d}\mu, \ \forall F \in \mathcal{F}$$

为 f 的不定积分.

定理 3.2.6 设可测函数 f 在 $(\Omega, \mathcal{F}, \mu)$ 上积分存在, 则其不定积分具有 σ 可加性: 即当 $\{F_n, n \geqslant 1\} \subset \mathcal{F}$, 且两两不交时, 有

$$\nu\left(\bigcup_{n=1}^\infty F_n\right) = \sum_{n=1}^\infty \nu(F_n),$$

这里 $\nu(F) = \int_F f\mathrm{d}\mu$.

证明 由于

$$\nu(F) = \int_F f\mathrm{d}\mu = \int_F f^+\mathrm{d}\mu - \int_F f^-\mathrm{d}\mu.$$

若记

$$\nu_+(F) = \int_F f^+\mathrm{d}\mu, \ \nu_-(F) = \int_F f^-\mathrm{d}\mu,$$

则由定理 3.1.2 知, ν_+ 和 ν_- 都是 $(\Omega, \mathcal{F})$ 上的测度, 且

$$\nu = \nu_+ - \nu_-.$$

又 f 积分存在, 则 $\forall F \in \mathcal{F}$, $\nu_+(F)$ 和 $\nu_-(F)$ 不会同时取无穷大值, 所以当 $\{F_n, \ n \geqslant 1\} \subset \mathcal{F}$, 且两两不交时, 有

$$\nu\left(\bigcup_{n=1}^{\infty} F_n\right) = \nu_+\left(\bigcup_{n=1}^{\infty} F_n\right) - \nu_-\left(\bigcup_{n=1}^{\infty} F_n\right)$$

$$= \sum_{n=1}^{\infty} \nu_+(F_n) - \sum_{n=1}^{\infty} \nu_-(F_n)$$

$$= \sum_{n=1}^{\infty} \nu(F_n).$$

从而 ν 是 σ 可加的. 证毕.

定理 3.2.6 表明 ν 是 $(\Omega, \mathcal{F})$ 上具有 σ 可加性的集函数, 但由于 ν 没有非负性, 因而 ν 还不是 $(\Omega, \mathcal{F})$ 上的测度.

引理 3.2.1 设 $(\Omega, \mathcal{F}, \mu)$ 是一个测度空间, (E, ε) 是可测空间, $\phi: \Omega \to E$ 上的一个 $\mathcal{F}/\varepsilon$ 可测映射, 令

$$\nu(A) = \mu[\phi^{-1}(A)], \ \forall A \in \varepsilon,$$

则 ν 是 (E, ε) 上的测度, 称之为由可测映射 ϕ 诱导的测度, 记作 $\nu = \mu \circ \phi^{-1}$.

证明 显然有 $\nu(\varnothing) = 0$, 且 $\forall A \in \varepsilon$, $\nu(A) \geqslant 0$.

下证 ν 是 σ 可加的. 设 $\{A_n, \ n \geqslant 1\} \subset \varepsilon$, 且两两不交, 则有

$$\nu\left(\bigcup_{n=1}^{\infty} A_n\right) = \mu\left[\phi^{-1}\left(\bigcup_{n=1}^{\infty} A_n\right)\right]$$

$$= \mu\left[\sum_{n=1}^{\infty} \phi^{-1}(A_n)\right]$$

$$= \sum_{n=1}^{\infty} \mu \circ \phi^{-1}(A_n)$$

$$= \sum_{n=1}^{\infty} \nu(A_n).$$

证毕.

下面的定理被称为积分转换定理.

定理 3.2.7 设 $(\Omega, \mathcal{F})$ 和 (E, ε) 是两个可测空间, μ 是 $(\Omega, \mathcal{F})$ 上的测度, $\phi: \Omega \to E$ 上的一个 $\mathcal{F}/\varepsilon$ 可测映射, f 是 (E, ε) 上的可测函数, 则积分 $\int_E f \, \mathrm{d}(\mu \circ \phi^{-1})$ 存在 (相

应地, 可积) 当且仅当积分 $\int_\Omega f \circ \phi \mathrm{d}\mu$ 存在 (相应地, 可积), 并且在积分存在 (相应地, 可积) 时, 有

$$\int_E f \mathrm{d}\left(\mu \circ \phi^{-1}\right) = \int_\Omega f \circ \phi \mathrm{d}\mu.$$

证明 根据可测函数的构造, 我们分四步来证明.

首先, 设 $A \in \mathcal{F}$, $f = I_A$, 则

$$\int_E f \mathrm{d}\left(\mu \circ \phi^{-1}\right) = \mu \circ \phi^{-1}(A) = \mu(\phi^{-1}(A)),$$

而

$$\int_\Omega f \circ \phi \mathrm{d}\mu = \int_\Omega I_A \circ \phi \mathrm{d}\mu = \int_\Omega I_{\phi^{-1}(A)} \mathrm{d}\mu = \mu(\phi^{-1}(A)).$$

所以, 对可测集的示性函数, 结论成立.

其次, 设 $f = \sum_{i=1}^n c_i I_{A_i}$, 其中 $A_i \in \varepsilon, 1 \leqslant i \leqslant n$, 为 E 的可测划分. 若令 $F_i = \phi^{-1}(A_i), 1 \leqslant i \leqslant n$, 则易见 $\{F_i, 1 \leqslant i \leqslant n\}$ 构成 Ω 的一个可测划分, 于是

$$\int_E f \mathrm{d}(\mu \circ \phi^{-1}) = \sum_{i=1}^n c_i \mu \circ \phi^{-1}(A_i) = \sum_{i=1}^n c_i \mu(\phi^{-1}(A_i))$$

$$= \sum_{i=1}^n c_i \mu(F_i) = \int_\Omega \left(\sum_{i=1}^n c_i I_{F_i}\right) \mathrm{d}\mu$$

$$= \int_\Omega \left(\sum_{i=1}^n c_i I_{A_i} \circ \phi\right) \mathrm{d}\mu = \int_\Omega \left(\sum_{i=1}^n c_i I_{A_i}\right) \circ \phi \mathrm{d}\mu$$

$$= \int_\Omega f \circ \phi \mathrm{d}\mu.$$

因此, 当 f 为简单可测函数时结论成立.

再次, 设 f 为 $(\Omega, \mathcal{F})$ 上的非负可测函数, 则由定理 2.2.2, 存在 $(\Omega, \mathcal{F})$ 上的非负简单可测函数序列 $\{f_n, n \geqslant 1\}$, 使得 $f_n \uparrow f$, 因而 $\{f_n \circ \phi, n \geqslant 1\}$ 为 (E, ε) 上的非负简单可测函数序列, 且 $f_n \circ \phi \uparrow f \circ \phi$, 因此

$$\int_\Omega f \circ \phi \mathrm{d}\mu = \int_\Omega \lim_{n\to\infty} (f_n \circ \phi) \mathrm{d}\mu = \lim_{n\to\infty} \int_\Omega (f_n \circ \phi) \mathrm{d}\mu$$

$$= \lim_{n \to \infty} \int_E f_n \, \mathrm{d}(\mu \circ \phi^{-1}) = \int_E \lim_{n \to \infty} f_n \, \mathrm{d}(\mu \circ \phi^{-1})$$

$$= \int_E f \, \mathrm{d}(\mu \circ \phi^{-1}).$$

所以, 对非负可测函数, 结论成立.

最后, 当 f 为 $(\Omega, \mathcal{F})$ 上的可测函数, 由于 $f = f^+ - f^-$, 利用一般可测函数关于积分的定义和上一步的证明即可证得结论. 证毕.

作为定理 3.2.7 的特殊情形, 有下面的推论.

推论 3.2.2 设 X 是概率测度空间 $(\Omega, \mathcal{F}, P)$ 上的随机变量 (实值可测函数), g 是 $\mathbb{R}$ 上任意的 Borel 可测函数, 当 $g \circ X$ 积分存在时, 有

$$\int_\Omega g \circ X \, \mathrm{d}P = \int_{\mathbb{R}} g(x) \mathrm{d}F(x).$$

其中, $F(x)$ 是随机变量 X 的概率分布函数. 特别地, 当 $g(x) = x$ 时, 就有

$$E(X) = \int_{\mathbb{R}} x \mathrm{d}F(x).$$

上式在概率论的研究中有着重要的作用, 它把一般抽象空间上的积分转化为比较具体且易于计算的 L-S 积分.

3.3 空间 $L^p(\Omega, \mathcal{F}, \mu)$

设 $(\Omega, \mathcal{F}, \mu)$ 是一个测度空间, 对任意 $0 < p < +\infty$, 令

$$L^p(\Omega, \mathcal{F}, \mu) \stackrel{\text{def}}{=} \left\{ f \,\middle|\, f \text{是} (\Omega, \mathcal{F}) \text{上的实值可测函数, 且} \int_\Omega |f|^p \mathrm{d}\mu < +\infty \right\}.$$

亦即 $L^p(\Omega, \mathcal{F}, \mu)$ 是由 $(\Omega, \mathcal{F})$ 上的所有 $\mathcal{F}$ 可测且其 p 次方可积的实值可测函数的全体所构成的集合. 为了方便, 我们也将 $L^p(\Omega, \mathcal{F}, \mu)$ 简记为 L^p.

下面给出 L^p 的性质.

先讨论 $1 \leqslant p < +\infty$ 时 L^p 的性质.

引理 3.3.1 设 $a, b \in \mathbb{R}$, $r > 0$, 则有

$$|a + b|^r \leqslant \max\{1, 2^{r-1}\}(|a|^r + |b|^r).$$

证明 当 $a = 0$, 或 $b = 0$ 或 $r \leqslant 1$ 时, 结论显然成立. 故下面只考虑 a, b 都不为零且 $1 < r < +\infty$ 的情形.

由于当 $x \in (0,1)$ 时, $x^r + (1-x)^r \geqslant 2^{1-r}$, 且 $|a+b| \leqslant |a| + |b|$, 故

$$\left|\frac{a}{a+b}\right|^r + \left|\frac{b}{a+b}\right|^r \geqslant \left(\frac{|a|}{|a|+|b|}\right)^r + \left(1 - \frac{|a|}{|a|+|b|}\right)^r \geqslant 2^{1-r},$$

从而

$$|a+b|^r \leqslant 2^{r-1}(|a|^r + |b|^r).$$

证毕.

引理 3.3.2 设 $a, b \in \mathbb{R}$, $1 < p, q < +\infty$, 且 $\frac{1}{p} + \frac{1}{q} = 1$, 则有

$$|ab| \leqslant \frac{|a|^p}{p} + \frac{|b|^q}{q}.$$

证明 当 $ab = 0$ 时, 结论显然成立. 不妨设 $a \neq 0$, $b \neq 0$. 由于 $\forall x \in \mathbb{R}^+$, 以及 $0 < \alpha < 1$, 有

$$x^\alpha \leqslant 1 + \alpha(x-1),$$

此时, 取 $\alpha = \frac{1}{p}$, $x = \frac{|a|^p}{|b|^q}$, 则有

$$\left(\frac{|a|^p}{|b|^q}\right)^{\frac{1}{p}} \leqslant 1 + \frac{1}{p}\left(\frac{|a|^p}{|b|^q} - 1\right).$$

整理得

$$|ab| \leqslant \frac{|a|^p}{p} + \frac{|b|^q}{q}.$$

证毕.

由引理 3.3.1 知, 当 $1 \leqslant p < +\infty$ 时, $\forall a, b \in \mathbb{R}$, 有

$$f, g \in L^p \Rightarrow af + bg \in L^p.$$

从而说明 L^p 对线性运算是封闭的.

对任意的实值可测函数 f, 当 $1 \leqslant p < +\infty$ 时, 令

$$\|f\|_p \overset{\text{def}}{=} \left[\int_\Omega |f|^p \mathrm{d}\mu\right]^{\frac{1}{p}}.$$

显然

$$f \in L^p \Leftrightarrow \|f\|_p < +\infty.$$

特别地, 当 $p = 1$ 时, 也把 $\|f\|_1$ 记为 $\|f\|$.

定理 3.3.1（C_r 不等式）   设 $r > 0$, $f, g \in L^p$, 则有

$$\int_\Omega |f + g|^r \mathrm{d}\mu \leqslant C_r \left[\int_\Omega |f|^r \mathrm{d}\mu + \int_\Omega |g|^r \mathrm{d}\mu \right].$$

这里 $C_r = \max\{1, 2^{r-1}\}$.

证明   由引理 3.3.1 和积分的单调性可直接得.

定理 3.3.2（Hölder 不等式）   设 $1 < p, q < +\infty$, 且 $\dfrac{1}{p} + \dfrac{1}{q} = 1$, $f, g \in L^p$, 则有

$$\int_\Omega |fg| \mathrm{d}\mu = \|fg\|_1 \leqslant \|f\|_p \|g\|_q.$$

证明   当 $f = 0$ a.e. 或 $g = 0$ a.e. 时, 结论显然成立.

不妨设 $\|f\|_p > 0$, $\|g\|_q > 0$. 令

$$\alpha = \frac{f}{\|f\|_p}, \quad \beta = \frac{g}{\|g\|_q}.$$

则由引理 3.3.2 得

$$\frac{|fg|}{\|f\|_p \|g\|_q} \leqslant \frac{1}{p} \frac{|f|^p}{\|f\|_p^p} + \frac{1}{q} \frac{|g|^q}{\|g\|_q^q} \text{ a.e.}.$$

上式两端关于 μ 积分, 得

$$\frac{\|fg\|}{\|f\|_p^p \|g\|_q^q} \leqslant 1.$$

从而结论得证. 证毕

特别地, 当 $p = q = 2$ 时, Hölder 不等式也称为 Schwarz 不等式.

定理 3.3.3（Minkowski 不等式）   设 $1 \leqslant p < +\infty$, 则 $\forall f, g \in L^p$, 有

$$\|f + g\|_p \leqslant \|f\|_p + \|g\|_p.$$

证明   当 $f, g \in L^p$ 时, 由 C_r 不等式知 $f + g \in L^p$.

当 $p = 1$ 时, 即要证 $|f + g| \leqslant |f| + |g|$, 由引理 3.3.1, 显然.

当 $1 < p < +\infty$ 时. 记 $q = \dfrac{p}{p-1}$, 则 $\dfrac{1}{p} + \dfrac{1}{q} = 1$. 因而由 Hölder 不等式得

$$\|f + g\|_p^p = \int_\Omega |f + g|^p \mathrm{d}\mu$$

$$= \int_\Omega |f + g| \, |f + g|^{p-1} \mathrm{d}\mu$$

$$\leqslant \int_\Omega |f|\,|f+g|^{p-1}\mathrm{d}\mu + \int_\Omega |g|\,|f+g|^{p-1}\mathrm{d}\mu$$

$$\leqslant \|f\|_p\|(f+g)^{p-1}\|_q + \|g\|_p\|(f+g)^{p-1}\|_q$$

$$= (\|f\|_p + \|g\|_p)\|f+g\|_p^{p-1}.$$

当 $\|f+g\|_p = 0$ 时, 结论显然成立.

当 $\|f+g\|_p > 0$ 时, 在上式两端同时除以 $\|f+g\|_p^{p-1}$, 结论仍成立. 证毕.

定理 3.3.4（Jensen 不等式） 设 $(\Omega, \mathcal{F}, \mu)$ 为一概率测度空间, φ 为一连续的凸函数（即 $\forall \alpha,\ 0 < \alpha < 1,\ \forall x, y \in \mathbb{R},\ \varphi(\alpha x + (1-\alpha)y) \leqslant \alpha\varphi(x) + (1-\alpha)\varphi(y)$）, 又设 $f \in L^1(\Omega, \mathcal{F}, \mu)$, 则 $\varphi(f(\omega))$ 关于 μ 的积分存在, 并且有

$$\varphi\left(\int_\Omega f\mathrm{d}\mu\right) \leqslant \int_\Omega \varphi(f)\mathrm{d}\mu.$$

证明 由于 φ 为一连续的凸函数, 则 $\varphi(x)$ 处处存在左右导数. 用 φ'_+ 表示 φ 的右导数, 则 $\forall x, y \in \mathbb{R}$, 有

$$\varphi'_+(x)(y - x) \leqslant \varphi(y) - \varphi(x).$$

于是

$$\varphi'_+\left(\int_\Omega f\mathrm{d}\mu\right)\left(f - \int_\Omega f\mathrm{d}\mu\right) \leqslant \varphi(f) - \varphi\left(\int_\Omega f\mathrm{d}\mu\right).$$

由于

$$\int_\Omega \left(\varphi'_+\left(\int_\Omega f\mathrm{d}\mu\right)\left(f - \int_\Omega f\mathrm{d}\mu\right)\right)\mathrm{d}\mu = \varphi'_+\left(\int_\Omega f\mathrm{d}\mu\right)\int_\Omega\left(f - \int_\Omega f\mathrm{d}\mu\right)\mathrm{d}\mu = 0.$$

则 $\varphi(f(\omega))$ 关于 μ 的积分存在, 且 $\int_\Omega\left(\varphi(f) - \varphi\left(\int_\Omega f\mathrm{d}\mu\right)\right)\mathrm{d}\mu \geqslant 0$, 所以

$$\varphi\left(\int_\Omega f\mathrm{d}\mu\right) \leqslant \int_\Omega \varphi(f)\mathrm{d}\mu.$$

证毕.

注 作为 Jensen 不等式的一个特例, 若取 $\varphi(x) = |x|$, 就有 $\left|\int_\Omega f\mathrm{d}\mu\right| \leqslant \int_\Omega |f|\mathrm{d}\mu$.

易见, 当 $1 \leqslant p < +\infty$ 时, L^p 上定义的 $\|\cdot\|_p$ 具有下列性质:

(1) $\|f\|_p \geqslant 0,\ \forall f \in L^p(\Omega, \mathcal{F}, \mu)$;

(2) $\|f\|_p = 0 \Leftrightarrow f = 0$ a.e.;

(3) $\|af\|_p = |a|\|f\|_p,\ \forall a \in \mathbb{R}$.

设 f, g 是 $(\Omega, \mathcal{F}, \mu)$ 上的可测函数, 当 $f = g$ a.e., 则称 f 和 g 是 μ 等价的 (或 f 和 g 几乎处处相等), 今后, 我们视 L^p 中 μ 等价的可测函数为同一个函数.

在此观点下, 由 Minkowski 不等式和上述三条性质知, $\|\cdot\|_p$ 是 L^p 上的范数. 因此 $L^p(\Omega, \mathcal{F}, \mu)$ 是一个线性赋范空间.

定义 3.3.1 设 $p > 0, \{f_n, n \geqslant 1\} \subset L^p, f \in L^p$, 如果

$$\int_\Omega |f_n - f|^p \mathrm{d}\mu \to 0, \ n \to \infty,$$

则称 $\{f_n, n \geqslant 1\}$ p 次平均收敛于 f (简称 $\{f_n, n \geqslant 1\}$ L^p 收敛于 f), 或称 $\{f_n, n \geqslant 1\}$ 在 L^p 中强收敛于 f, 记为 $f_n \xrightarrow{L^p} f$. 特别当 $p = 2$ 时, 简称平均收敛.

显然, 在 μ 等价的意义下, L^p 收敛的极限是唯一确定的.

此外, 若 $f_n \xrightarrow{L^p} f$, 则一定有 $f_n \xrightarrow{\mu} f$.

事实上, $\forall \varepsilon > 0$, 有

$$\mu(|f_n - f| \geqslant \varepsilon) = \mu(|f_n - f|^p \geqslant \varepsilon^p)$$

$$= \int_{[|f_n - f|^p \geqslant \varepsilon^p]} 1 \mathrm{d}\mu$$

$$\leqslant \int_{[|f_n - f|^p \geqslant \varepsilon^p]} \frac{|f_n - f|^p}{\varepsilon^p} \mathrm{d}\mu$$

$$\leqslant \frac{1}{\varepsilon^p} \int_\Omega |f_n - f|^p \mathrm{d}\mu,$$

所以, 当 $\int_\Omega |f_n - f|^p \mathrm{d}\mu \to 0, \ n \to \infty$ 时, 必有

$$\mu(|f_n - f| \geqslant \varepsilon) \to 0, \ n \to \infty.$$

引理 3.3.3 设 $p > 0, \{f_n, n \geqslant 1\} \subset L^p, f \in L^p$. 则 $\{f_n, n \geqslant 1\}$ L^p 收敛于 f 的充分必要条件是 $\{f_n, n \geqslant 1\}$ 为 L^p 收敛的基本列.

证明 设 $f_n \xrightarrow{L^p} f$, 则由引理 3.3.1 得

$$|f_n - f_m|^p \leqslant C_r(|f_n - f|^p + |f_m - f|^p),$$

从而

$$\int_\Omega |f_n - f_m|^p \mathrm{d}\mu \leqslant C_r \left(\int_\Omega |f_n - f|^p \mathrm{d}\mu + \int_\Omega |f_m - f|^p \mathrm{d}\mu \right) \to 0, \ m, n \to \infty.$$

即 $\{f_n, n \geqslant 1\}$ 为 L^p 收敛的基本列.

反之, 设 $\{f_n, n \geqslant 1\}$ 为 L^p 收敛的基本列, 则 $\{f_n, n \geqslant 1\}$ 为依测度 μ 收敛的基本

列, 故存在实值可测函数 f, 使 $f_n \xrightarrow{\mu} f$. 再由 Fatou 引理 (定理 3.2.3) 可知

$$\int_\Omega |f_n - f|^p \mathrm{d}\mu \leqslant \lim_{m \to \infty} \int_\Omega |f_n - f_m|^p \mathrm{d}\mu.$$

从而 $\lim_{n \to \infty} \int_\Omega |f_n - f|^p \mathrm{d}\mu = 0$, 即 $f_n \xrightarrow{L^p} f$. 证毕.

定理 3.3.5 设 $p \geqslant 1$, 则 $(L^p, \|\cdot\|_p)$ 为一 Banach 空间.

证明 首先, 当 $1 \leqslant p < +\infty$ 时, 由 L^p 上 $\|\cdot\|_p$ 具有的性质知, $\|f\|_p = 0 \Leftrightarrow f = 0$ a.e.. 另外, 对任意实数 α, 有

$$\|\alpha f\|_p = \left(\int_\Omega |\alpha f|^p \mathrm{d}\mu\right)^{\frac{1}{p}} = |\alpha| \left(\int_\Omega |f|^p \mathrm{d}\mu\right)^{\frac{1}{p}} = |\alpha| \|f\|_p.$$

再结合 Minkowski 不等式知, $\|\cdot\|_p$ 为 L^p 上的范数. 再由引理 3.3.3 得, $(L^p, \|\cdot\|_p)$ 为一 Banach 空间. 证毕.

以上结论可以推广到 $p = +\infty$ 的情形.

设 $(\Omega, \mathcal{F}, \mu)$ 是一测度空间, f 是 $(\Omega, \mathcal{F}, \mu)$ 上的实值可测函数. 如果存在非负实数 c, 使得 $\mu([|f| > c]) = 0$, 则称 f 是本性有界的. 令

$$L^\infty(\Omega, \mathcal{F}, \mu) \stackrel{\mathrm{def}}{=} \{f|\, f \text{是} (\Omega, \mathcal{F}, \mu) \text{ 上的本性有界可测函数}\}.$$

对每个 $f \in L^\infty(\Omega, \mathcal{F}, \mu)$, 再令

$$\|f\|_\infty \stackrel{\mathrm{def}}{=} \inf\{c \geqslant 0|\, \mu([|f| > c]) = 0\}.$$

则容易证明 $\|\cdot\|_\infty$ 是 $L^\infty(\Omega, \mathcal{F}, \mu)$ 上的范数.

事实上, 当 $p > 1$ 时, 把满足 $\dfrac{1}{p} + \dfrac{1}{q} = 1$ 的那个 q 称为 p 的共轭数. 所以当 $p = 1$ 时, p 的共轭数 $q = +\infty$. 这样一来, 前面定理 3.3.2 和定理 3.3.3 中提到的 Hölder 不等式和 Minkowski 不等式对 $p = 1$ (或 $p = +\infty$) 也成立. 因此有下面的结论.

定理 3.3.6 如果 $f \in L^1$, $g \in L^\infty$, 则

$$\|fg\| \leqslant \|f\| \cdot \|g\|_\infty.$$

如果 $f, g \in L^\infty$, 则

$$\|f + g\| \leqslant \|f\|_\infty + \|g\|_\infty.$$

这个定理的证明比较简单, 留作习题.

下面的定理是显然的.

定理 3.3.7 $\|\cdot\|_\infty$ 是 $L^\infty(\Omega, \mathcal{F}, \mu)$ 上的范数, $L^\infty(\Omega, \mathcal{F}, \mu)$ 按范数 $\|\cdot\|_\infty$ 为一 Banach 空间.

下面的定理探讨了 L^p 收敛与之前的各种收敛性之间的关系.

定理 3.3.8 设 $1 \leqslant p < +\infty, \{f_n, n \geqslant 1\} \subset L^p, f \in L^p$.

(1) 若 $f_n \xrightarrow{L^p} f$, 则 $f_n \xrightarrow{\mu} f$ 和 $\|f_n\|_p \to \|f\|_p$.

(2) 如果 $f_n \xrightarrow{\text{a.e.}} f$ 或 $f_n \xrightarrow{\mu} f$, 则

$$f_n \xrightarrow{L^p} f \Leftrightarrow \|f_n\|_p \to \|f\|_p.$$

证明 (1) 设 $f_n \xrightarrow{L^p} f, \forall \varepsilon > 0$, 有

$$\mu\big([|f_n - f| \geqslant \varepsilon]\big) \leqslant \int_{[|f_n-f|\geqslant\varepsilon]} \frac{|f_n - f|^p}{\varepsilon^p} \mathrm{d}\mu$$

$$\leqslant \frac{1}{\varepsilon^p} \int_\Omega |f_n - f|^p \mathrm{d}\mu$$

$$= \frac{1}{\varepsilon^p} \|f_n - f\|_p^{\,p} \to 0, \ n \to \infty.$$

从而 $f_n \xrightarrow{\mu} f$. 另外, 由 Minkowski 不等式得

$$\big|\|f_n\|_p - \|f\|_p\big| \leqslant \|f_n - f\|_p \to 0, \ n \to \infty.$$

(2) 由 (1) 知 $f_n \xrightarrow{L^p} f \Rightarrow \|f_n\|_p \to \|f\|_p$.

只需证 "$\Leftarrow$" 的部分. 设 $f_n \xrightarrow{\mu} f$, 则对 $\{f_n, n \geqslant 1\}$ 的任一子列, 存在其子列 $\{f_{n'}, n' \geqslant 1\}$, 使得 $f_{n'} \xrightarrow{\text{a.e.}} f$. 令

$$g_{n'} = C_p(|f_{n'}|^p + |f|^p) - |f_{n'} - f|^p,$$

其中 $C_p = 2^{p-1}$. 则由定理 3.3.1 知对任意 n', $g_{n'} \geqslant 0$, 且

$$\lim_{n'\to\infty} g_{n'} = C_p\big(\lim_{n'\to\infty}(|f_{n'}|^p + |f|^p)\big) - \lim_{n'\to\infty}|f_{n'} - f|^p = 2C_p|f|^p \ \text{a.e.}.$$

因此, 当 $\|f_n\|_p \to \|f\|_p$ 时, 由 Fatou 引理 (定理 3.2.3) 得

$$\int_\Omega (2C_p|f|^p)\mathrm{d}\mu = \int_\Omega (\lim_{n'\to\infty} g_{n'})\mathrm{d}\mu \leqslant \liminf_{n'\to\infty} \int_\Omega g_{n'}\mathrm{d}\mu$$

$$= \int_\Omega (2C_p|f|^p)\mathrm{d}\mu - \limsup_{n'\to\infty} \int_\Omega |f_{n'} - f|^p\mathrm{d}\mu.$$

因而有

$$\lim_{n'\to\infty}\sup \int_\Omega |f_{n'} - f|^p\mathrm{d}\mu = 0.$$

所以

$$\lim_{n' \to \infty} \int_{\Omega} |f_{n'} - f|^p \mathrm{d}\mu = 0.$$

即对 $\{\|f_n - f\|_p, \ n \geqslant 1\}$ 的任一子列, 存在趋于 0 的子列, 因而 $f_n \xrightarrow{L^p} f$.

由于 $f_n \xrightarrow{\text{a.e.}} f \Rightarrow f_n \xrightarrow{\mu} f$, 由前面的证明过程知, 当 $f_n \xrightarrow{\text{a.e.}} f$ 时, 结论也是成立的. 证毕.

当 $0 < p < 1$ 时, 对 $f \in L^p$, 令

$$\|f\|_p \overset{\text{def}}{=\!=} \int_{\Omega} |f|^p \mathrm{d}\mu.$$

由于 $\forall a \in \mathbb{R}$ 有

$$\|af\|_p = |a|^p \|f\|_p,$$

故 $\|\cdot\|_p$ 不再是 L^p 上的范数, 但我们依然可以得到类似于定理 3.3.3 的不等式 (下面的定理 3.3.9), 姑且把它也称为 Minkowski 不等式.

定理 3.3.9 设 $0 < p < 1$, 则 $\forall f, g \in L^p$, 有

$$\|f + g\|_p \leqslant \|f\|_p + \|g\|_p.$$

证明 利用 $\|\cdot\|_p$ 的定义和引理 3.3.1 易证. 证毕.

所以, 当 $0 < p < 1$ 时, 依据定理 3.3.9, 通过 $\|\cdot\|_p$ 可在 L^p 上定义距离: $\forall f, g \in L^p$, 令

$$\rho(f, g) \overset{\text{def}}{=\!=} \|f - g\|_p,$$

易证, L^p 在这个距离下还是完备的. 因此, 当 $0 < p < 1$ 时, L^p 是一个完备的距离空间.

习 题 3

1. 证明: 如果 $f \in L^1$, $g \in L^\infty$, 则

$$\|fg\| \leqslant \|f\| \ \|g\|_\infty.$$

如果 $f, g \in L^\infty$, 则

$$\|f + g\|_\infty \leqslant \|f\|_\infty + \|g\|_\infty.$$

2. 证明: 如果 $0 < p < 1$, 则 $|a + b|^p \leqslant |a|^p + |b|^p$, $a, b \in \mathbb{R}$.

3. 证明: 如果 $0 < p < 1$, 则 $\|f + g\|_p \leqslant \|f\|_p + \|g\|_p$.

4. 设 f, g 积分存在, 且 $f \leqslant g$ a.e., 则对一切 $A \in \mathcal{F}$, 有

$$\int_A f \mathrm{d}\mu \leqslant \int_A g \mathrm{d}\mu.$$

5. 设 $\{f_n, n \geqslant 1\}$ 为一列可测函数序列. 若 $\{f_n, n \geqslant 1\}$ 几乎处处单调增（即 $\forall n$, $f_n \leqslant f_{n+1}$ a.e.）, 则存在一处处单调增序列 $\{g_n, n \geqslant 1\}$, 使得 $\forall n$, $f_n = g_n$ a.e..

6. 设 $(\Omega, \mathcal{F}, \mu)$ 为一有限测度空间, $A_i \in \mathcal{F}$, $1 \leqslant i \leqslant n$, 证明

$$\mu\left(\bigcup_{k=1}^n A_k\right) \geqslant \sum_{k=1}^n \mu(A_k) - \sum_{1 \leqslant k < j \leqslant n} \mu(A_k \cap A_j).$$

7. 设 $(\Omega, \mathcal{F}, P)$ 为概率空间, $1 \leqslant p_1 < p_2 < +\infty$, 则 $\|f\|_{p_1} \leqslant \|f\|_{p_2}$. 此外, 有 $\|f\|_p \to \|f\|_\infty (p \to \infty)$. (提示: 利用 Hölder 不等式和 Jensen 不等式).

8. (Hölder 不等式的推广) 设 $1 < p$, q, $r < +\infty$, $\dfrac{1}{p} + \dfrac{1}{q} = \dfrac{1}{r}$, 则有

$$\|fg\|_r \leqslant \|f\|_p \|g\|_q.$$

9. 设 $(\Omega, \mathcal{F}, \mu)$ 为一测度空间, $f \in L^1 \cap L^\infty$. 试证 $\forall p \geqslant 1$, $f \in L^p$, 有 $\lim\limits_{p \to \infty} \|f\|_p = \|f\|_\infty$.

10. 证明: 如果测度空间 $(\Omega, \mathcal{F}, \mu)$ 上可测函数 f 的积分存在, 则 f 在任何 $A \in \mathcal{F}$ 上的积分也存在.

11. 设 f 是测度空间 $(\Omega, \mathcal{F}, \mu)$ 上的可测函数. 证明: 对任给 $\varepsilon > 0$, 有

$$\mu([|f| \geqslant \varepsilon]) \leqslant \frac{1}{\varepsilon} \int_\Omega |f| \mathrm{d}\mu.$$

12. 设 f 和 g 分别是测度空间 $(\Omega, \mathcal{F}, \mu)$ 上的可测函数和非负可积函数, 而且存在实数 $a \leqslant b$, 使 $a \leqslant f \leqslant b$ a.e., 则存在 $c \in [a, b]$, 使得

$$\int_\Omega fg \mathrm{d}\mu = c \int_\Omega g \mathrm{d}\mu.$$

13. 设 $(\Omega, \mathcal{F}, \mu)$ 是 σ 有限测度空间. 证明: 如可测函数 f 和 g 的积分存在, 且对任何 $A \in \mathcal{F}$, 有

$$\int_A f \mathrm{d}\mu = \int_A g \mathrm{d}\mu,$$

则 $f = g$ a.e..

14. 设 $\{f_n, n \geqslant 1\}$ 和 f 都是可测函数, 证明: 如果

$$\lim_{n \to \infty} \int_\Omega |f_n - f| \mathrm{d}\mu = 0,$$

则 $f_n \xrightarrow{\mu} f$; 又如果 $\int_{\Omega} f_n \mathrm{d}\mu - \int_{\Omega} f \mathrm{d}\mu$ 有意义, 则

$$\lim_{n \to \infty} \int_{\Omega} f_n \mathrm{d}\mu = \int_{\Omega} f \mathrm{d}\mu.$$

15. 设 $\{f_n, n \geqslant 1\}$ 和 f 是 a.e. 非负的可积函数, 证明: 如果 $f_n \xrightarrow{\mu} f$ 或 $f_n \xrightarrow{\text{a.e.}} f$, 则

$$\lim_{n \to \infty} \int_{\Omega} f_n \mathrm{d}\mu = \int_{\Omega} f \mathrm{d}\mu \Rightarrow \lim_{n \to \infty} \int_{\Omega} |f_n - f| \mathrm{d}\mu = 0.$$

16. 证明: $\|f\|_{\infty}$ 是 L^{∞} 的范数.

17. $\forall f, g \in L^2$, 令

$$\langle f, g \rangle = \int_{\Omega} f g \mathrm{d}\mu.$$

证明 $\langle \cdot, \cdot \rangle$ 满足内积的性质.

第 4 章 测度的分解

4.1 符号测度

设 f 是测度空间 $(\Omega, \mathcal{F}, \mu)$ 上积分存在的可测函数, $\forall A \in \mathcal{F}$, 令

$$\nu(A) = \int_A f \mathrm{d}\mu.$$

这里 $\int_A f \mathrm{d}\mu = \int_\Omega f I_A \mathrm{d}\mu$, 由于 f 关于 μ 积分存在, 因此上式是有意义的, 也把上式称为 f 关于 μ 的不定积分.

由积分的定义和性质知 $\nu(\varnothing) = 0$, 且由定理 3.2.6 可知, ν 具有 σ 可加性.

由于 ν 没有非负性, 从而 ν 只是 $\mathcal{F}$ 上的一个有 σ 可加性的集函数, 而非测度.

本章将主要讨论这样的集函数.

定义 4.1.1 设 $(\Omega, \mathcal{F})$ 为一个可测空间, μ 是 $\mathcal{F}$ 到 $\mathbb{R}$ 上的一个集函数, 若满足

(1) $\mu(\varnothing) = 0$;

(2) 设 $\{A_n, n \geqslant 1\} \subset \mathcal{F}$, 且两两不交, 有

$$\mu\left(\bigcup_{n=1}^{\infty} A_n\right) = \sum_{n=1}^{\infty} \mu(A_n).$$

则称 μ 为 $\mathcal{F}$ (或 $(\Omega, \mathcal{F})$) 上的符号测度.

设 μ 为 $\mathcal{F}$ 上的符号测度, 如果 $\forall A \in \mathcal{F}$, 总有 $|\mu(A)| < +\infty$, 则称 μ 是有限的符号测度; 如果存在 $\{A_n, n \geqslant 1\} \subset \mathcal{F}$, 使 $\bigcup_{n=1}^{\infty} A_n = \Omega$, 且有 $|\mu(A_n)| < +\infty, n = 1, 2, \cdots$, 则称 μ 是 σ 有限的符号测度.

显然, 符号测度具有有限可加性, 即当 $\{A_k, k = 1, 2, \cdots, n\} \subset \mathcal{F}$, 且两两不交时, 总有

$$\mu\left(\bigcup_{k=1}^{n} A_k\right) = \sum_{k=1}^{n} \mu(A_k).$$

特别地, 对 $A, B \in \mathcal{F}$, 当 $A \cap B = \varnothing$ 时, 有 $\mu(A \cup B) = \mu(A) + \mu(B)$.

例 4.1.1 设 μ_1, μ_2 是 $(\Omega, \mathcal{F})$ 上的测度, 且 μ_2 是有限测度, 则 $\forall A \in \mathcal{F}$, 令

$$\nu(A) = \mu_1(A) - \mu_2(A),$$

则 ν 是 $(\Omega, \mathcal{F})$ 上的符号测度. 进一步, 若 μ_1 是 σ 有限 (相应地, 有限) 测度, 则 ν 是 σ 有限 (相应地, 有限) 符号测度.

注 设 μ 为 $(\Omega, \mathcal{F})$ 上的一个符号测度, 则 $\forall A \in \mathcal{F}$, 或者 $-\infty \leqslant \mu(A) < +\infty$, 或者 $-\infty < \mu(A) \leqslant +\infty$.

事实上, 假设存在 $A, B \in \mathcal{F}$ 使 $\mu(A) = +\infty$, 而 $\mu(B) = -\infty$, 则由

$$A \cup B = (B \setminus A) \cup A = (A \setminus B) \cup B,$$

得

$$\mu(A \cup B) = \mu(B \setminus A) + \mu(A),$$

$$\mu(A \cup B) = \mu(A \setminus B) + \mu(B).$$

由于 $\mu(A) = +\infty$, 则要使式 $\mu(A \cup B) = \mu(B \setminus A) + \mu(A)$ 有意义, 必有 $\mu(A \cup B) = +\infty$. 同理, 由于 $\mu(B) = -\infty$, 则要使式 $\mu(A \cup B) = \mu(A \setminus B) + \mu(B)$ 有意义, 则必有 $\mu(A \cup B) = -\infty$, 这就导致矛盾. 因此, $\forall A \in \mathcal{F}$, $-\infty \leqslant \mu(A) < +\infty$ 和 $-\infty < \mu(A) \leqslant +\infty$ 不能同时成立.

因此, 为了方便后面的讨论, 我们约定: 当 μ 是一个符号测度时, $\forall A \in \mathcal{F}$, 总有 $-\infty < \mu(A) \leqslant +\infty$.

下面讨论符号测度的其他性质.

命题 4.1.1 设 μ 为 $(\Omega, \mathcal{F})$ 上的符号测度, 则 $\mu(\varnothing) = 0$ 的充分必要条件是存在 $A \in \mathcal{F}$, 使得 $|\mu(A)| < +\infty$.

证明 若存在 $A \in \mathcal{F}$, 使得 $|\mu(A)| < +\infty$, 即 $-\infty < \mu(A) < +\infty$. 又 $A \cap \varnothing = \varnothing$, 则

$$\mu(A) = \mu(A \cup \varnothing) = \mu(A) + \mu(\varnothing).$$

所以 $\mu(\varnothing) = 0$.

反之, 若取 $A = \varnothing$, 则 $|\mu(A)| = 0 < +\infty$. 证毕.

命题 4.1.2 设 μ 为 $(\Omega, \mathcal{F})$ 上的符号测度, $A, B \in \mathcal{F}$, 如果 $B \subset A$, 且有 $|\mu(A)| < +\infty$, 则有 $|\mu(B)| < +\infty$.

证明 当 $B \subset A$ 时, 有 $A = B \cup (A \setminus B)$, 因此有

$$\mu(A) = \mu(B) + \mu(A \setminus B).$$

所以当 $|\mu(A)| < +\infty$ 时, 必有 $|\mu(B)| < +\infty$. 证毕.

命题 4.1.3 设 μ 为 $(\Omega, \mathcal{F})$ 上的一个符号测度, $\{A_n,\ n \geqslant 1\} \subset \mathcal{F}$, 且两两不交, 若满足

$$\left| \mu \left(\bigcup_{n=1}^{\infty} A_n \right) \right| < +\infty,$$

则

$$\sum_{n=1}^{\infty} |\mu(A_n)| < +\infty.$$

证明 设 $\{A_n,\ n \geqslant 1\} \subset \mathcal{F}$, 且两两不交, 令

$$B_n = \begin{cases} A_n, & \mu(A_n) > 0, \\ \varnothing, & \mu(A_n) \leqslant 0; \end{cases}$$

$$C_n = \begin{cases} \varnothing, & \mu(A_n) > 0, \\ A_n, & \mu(A_n) \leqslant 0. \end{cases}$$

显然, $\{B_n,\ n \geqslant 1\}$ 两两不交, $\{C_n,\ n \geqslant 1\}$ 两两不交, 且 $\{B_n, C_n, n \geqslant 1\}$ 也两两不交, 进一步有

$$\bigcup_{n=1}^{\infty} A_n = \left(\bigcup_{n=1}^{\infty} B_n \right) \cup \left(\bigcup_{n=1}^{\infty} C_n \right).$$

由于 $\bigcup\limits_{n=1}^{\infty} B_n \subset \bigcup\limits_{n=1}^{\infty} A_n$, 且 $\bigcup\limits_{n=1}^{\infty} C_n \subset \bigcup\limits_{n=1}^{\infty} A_n$, 所以由命题 4.1.2 知, 当 $\left| \mu \left(\bigcup\limits_{n=1}^{\infty} A_n \right) \right| < +\infty$ 时, 有

$$\left| \mu \left(\bigcup_{n=1}^{\infty} B_n \right) \right| < +\infty, \quad \left| \mu \left(\bigcup_{n=1}^{\infty} C_n \right) \right| < +\infty.$$

因此

$$\sum_{n=1}^{\infty} |\mu(A_n)| = \sum_{n=1}^{\infty} |\mu(B_n \cup C_n)|$$

$$= \sum_{n=1}^{\infty} |\mu(B_n) + \mu(C_n)|$$

$$\leqslant \sum_{n=1}^{\infty} |\mu(B_n)| + \sum_{n=1}^{\infty} |\mu(C_n)|$$

$$= \left| \mu \left(\bigcup_{n=1}^{\infty} B_n \right) \right| + \left| \mu \left(\bigcup_{n=1}^{\infty} C_n \right) \right| < +\infty.$$

证毕.

命题 4.1.3 表明, 当 μ 是符号测度时, 若 $\sum\limits_{n=1}^{\infty} \mu(A_n)$ 收敛, 则它一定是绝对收敛的.

下面的推论是显然的.

推论 4.1.1　设 μ 为 $(\Omega, \mathcal{F})$ 上的一个符号测度, $\{A_n,\ n \geqslant 1\} \subset \mathcal{F}$, 且两两不交, 若

$$\sum_{n=1}^{\infty} \mu(A_n) = +\infty,$$

则对 $\{A_n,\ n \geqslant 1\}$ 的任意排列 $\{A_{n'},\ n' \geqslant 1\}$, 都有

$$\sum_{n'=1}^{\infty} \mu(A_{n'}) = +\infty.$$

4.2　测度的 Jordan-Hahn 分解

设 f 是 $(\Omega, \mathcal{F}, \mu)$ 上的可测函数且积分存在, 若令

$$\Omega^+ = \{f \geqslant 0\}, \quad \Omega^- = \{f < 0\},$$

则

$$\Omega^+ \cap \Omega^- = \varnothing, \quad \Omega^+ \cup \Omega^- = \Omega.$$

即 Ω^+ 和 Ω^- 构成 Ω 的一个可测分割.

若记

$$\nu(A) = \int_A f \mathrm{d}\mu, \forall A \in \mathcal{F},$$

则 μ 为 $(\Omega, \mathcal{F})$ 上的一个符号测度. 显然当 $A \in \mathcal{F}$ 且 $A \subset \Omega^+$ 时, 由于 $f I_A \geqslant 0$, 从而

$$\nu(A) = \int_A f \mathrm{d}\mu = \int_\Omega f I_A \mathrm{d}\mu \geqslant 0,$$

当 $A \in \mathcal{F}$ 且 $A \subset \Omega^-$ 时, 由于 $f I_A \leqslant 0$, 从而

$$\nu(A) = \int_A f \mathrm{d}\nu = \int_\Omega f I_A \mathrm{d}\mu \leqslant 0.$$

特别地, 由于 $f = f^+ - f^-$, 令

$$\nu(A) = \int_A f^+ \mathrm{d}\mu - \int_A f^- \mathrm{d}\mu.$$

若记

$$\nu^+(A) = \int_A f^+ \mathrm{d}\mu, \quad \nu^-(A) = \int_A f^- \mathrm{d}\mu.$$

由定理 3.2.6 可知, ν^+ 和 ν^- 都是 $(\Omega, \mathcal{F})$ 上的测度, 且

$$\nu = \nu^+ - \nu^-.$$

在 ν 的上述分解中, 由于 f 关于 μ 的积分存在, 故 ν^+ 和 ν^- 中至少有一个为有限测度, 这也就意味着, 不定积分这一特殊的符号测度写成了这两个测度的差, 且其中一个为有限测度. 下面我们将证明, 所有的符号测度都有这样的分解.

引理 4.2.1 设 μ 为 $(\Omega, \mathcal{F})$ 上的一个符号测度, 令

$$\mu^*(A) = \sup\{\mu(B) | B \subset A, \ B \in \mathcal{F}\}, \ \forall A \in \mathcal{F}.$$

则有:

(1) $\mu^*(\varnothing) = 0$;

(2) 对 $A, B \in \mathcal{F}, A \subset B$, 则 $\mu^*(A) \leqslant \mu^*(B)$;

(3) $\forall A \in \mathcal{F}, \mu^*(A) \geqslant 0$.

证明 (1) 对 $\varnothing \in \mathcal{F}$, 由于 $\varnothing \subset \varnothing$, 且 $\mu(\varnothing) = 0$, 故 $\mu^*(\varnothing) = 0$.

(2) 设 $A, B \in \mathcal{F}$, 且 $A \subset B$, 则 $\forall C \subset A, C \in \mathcal{F}$, 总有 $C \subset B$, 因此有

$$\mu^*(A) \leqslant \mu^*(B).$$

(3) 由于 $\forall A \in \mathcal{F}$, 有 $\varnothing \subset A$, 故由 (2) 得

$$\mu^*(A) \geqslant \mu^*(\varnothing) = 0.$$

证毕.

引理 4.2.2 设 μ 为 $(\Omega, \mathcal{F})$ 上的一个符号测度, 如果 $A \in \mathcal{F}$, 且 $\mu(A) < +\infty$, 则 $\forall \varepsilon > 0$, 存在 $A_\varepsilon \in \mathcal{F}$, 使得

(1) $A_\varepsilon \subset A$;

(2) $\mu(A_\varepsilon) \geqslant 0$;

(3) $\mu^*(A \setminus A_\varepsilon) \leqslant \varepsilon$. 这里, μ^* 由引理 4.2.1 中定义.

证明 用反证法.

设 $A \in \mathcal{F}$, 且 $\mu(A) < +\infty$, 假设存在 $\varepsilon_0 > 0$, 使得对所有满足 $A_0 \subset A$ 且 $A_0 \in \mathcal{F}$ 的 A_0, 或者 $\mu(A_0) < 0$, 或者 $\mu(A_0) \geqslant 0$ 且 $\mu^*(A \setminus A_0) > \varepsilon_0$.

由于 $\varnothing \subset A$, 且 $\varnothing \in \mathcal{F}$, 则因 $\mu(\varnothing) = 0$, 从而必存在 $\varepsilon_0 > 0$, 使得

$$\mu^*(A) = \mu^*(A \setminus \varnothing) > \varepsilon_0.$$

因为 $\mu^*(A) > \varepsilon_0$, 则由引理 4.2.1 中 μ^* 的定义可知, 存在 $B_1 \in \mathcal{F}$, $B_1 \subset A$, 使 $\mu(B_1) > \varepsilon_0$. 因而由假设知

$$\mu^*(A \setminus B_1) > \varepsilon_0.$$

对 $A \setminus B_1$, 再由引理 4.2.1 可知, 存在 $B_2 \in \mathcal{F}$, $B_2 \subset A \setminus B_1$, 使 $\mu(B_2) > \varepsilon_0$, 因而由假设知

$$\mu^*(A \setminus (B_1 \cup B_2)) > \varepsilon_0.$$

以此类推, 则得到两两不交的集合序列 $\{B_n, n \geqslant 1\}$, 使得对于每个 $n \geqslant 1$, 有 $B_n \subset A$, $B_n \in \mathcal{F}$, 且 $\mu(B_n) > \varepsilon_0$. 令

$$B = \bigcup_{n=1}^{\infty} B_n,$$

则

$$B \subset A, \quad B \in \mathcal{F}, \quad \mu(B) = \sum_{n=1}^{\infty} \mu(B_n) = +\infty.$$

再由命题 4.1.1, 则有 $|\mu(A)| = +\infty$, 但由条件知 $\mu(A) < +\infty$, 因而有 $\mu(A) = -\infty$, 与文中约定矛盾. 证毕.

引理 4.2.3 设 μ 为 $(\Omega, \mathcal{F})$ 上的一个符号测度, 若 $\forall A \in \mathcal{F}$, 有 $\mu(A) < 0$, 则存在 $A_0 \in \mathcal{F}$, 使得

(1) $A_0 \subset A$;

(2) $\mu(A_0) < 0$;

(3) $\mu^*(A_0) = 0$.

证明 设 $A \in \mathcal{F}$, 且 $\mu(A) < 0$, 由引理 4.2.2 知, 对 $\varepsilon_1 = 1$, 存在 $B_1 \in \mathcal{F}$, 使得

$$B_1 \subset A, \quad \mu(B_1) \geqslant 0, \quad \mu^*(A \setminus B_1) \leqslant \varepsilon_1.$$

对 $A \setminus B_1$, 再由引理 4.2.2 知, 对 $\varepsilon_2 = \dfrac{1}{2}$, 存在 $B_2 \in \mathcal{F}$, 使

$$B_2 \subset A \setminus B_1, \quad \mu(B_2) \geqslant 0, \quad \mu^*(A \setminus (B_1 \cup B_2)) \leqslant \varepsilon_2,$$

按此过程进行下去, 就得到了两两不交的 $\{B_n,\ n \geqslant 1\} \subset \mathcal{F}$, 使得

$$B_n \subset A \setminus \bigcup_{k=1}^{n-1} B_k, \quad \mu(B_n) \geqslant 0, \quad \mu^*\left(A \setminus \left(\bigcup_{k=1}^n B_k\right)\right) \leqslant \frac{1}{n}.$$

因此, 若令 $B = \bigcup_{n=1}^{\infty} B_n$, 则 $\mu(B) = \sum_{n=1}^{\infty} \mu(B_n) \geqslant 0$, 且

$$0 \leqslant \mu^*(A \setminus B) \leqslant \mu^*\left(A \setminus \left(\bigcup_{k=1}^n B_k\right)\right) \leqslant \frac{1}{n} \to 0.$$

因而 $\mu^*(A \setminus B) = 0$. 若取 $A_0 = A \setminus B$, 则 $A_0 \subset A$, $\mu^*(A_0) = 0$. 又

$$0 > \mu(A) = \mu(A \setminus B) + \mu(B) = \mu(A_0) + \mu(B),$$

而 $\mu(B) \geqslant 0$, 因此

$$\mu(A_0) < 0.$$

证毕.

定理 4.2.1（Hahn 分解）　设 μ 为 $(\Omega, \mathcal{F})$ 上的一个符号测度, 则存在 Ω^+, $\Omega^- \in \mathcal{F}$, 使得

$$\Omega^+ \cup \Omega^- = \Omega, \quad \Omega^+ \cap \Omega^- = \varnothing.$$

且 $\forall A \in \mathcal{F}$, 有

$$\mu(A \cap \Omega^+) \geqslant 0, \quad \mu(A \cap \Omega^-) \leqslant 0,$$

此时也称 Ω^+ 和 Ω^- 为 μ 的 Hahn 分解, 把 Ω^+ 称为 μ 的正定集, Ω^- 称为 μ 的负定集.

证明　令

$$\overline{\mathcal{F}} = \{A \in \mathcal{F} | \mu^*(A) = 0\}.$$

首先证明: (1) $A_1, A_2 \in \overline{\mathcal{F}} \Rightarrow A_1 \setminus A_2 \in \overline{\mathcal{F}}$; (2) $\{A_n,\ n \geqslant 1\} \subset \overline{\mathcal{F}}$, 且两两不交 $\Rightarrow \bigcup_{n=1}^{\infty} A_n \in \overline{\mathcal{F}}$.

由于 $\mu^*(\varnothing) = 0$, 从而 $\varnothing \in \overline{\mathcal{F}}$, 故 $\overline{\mathcal{F}}$ 非空. 设 $A_1, A_2 \in \overline{\mathcal{F}}$, 由 μ^* 的非负性和单调性（引理 4.2.1）可知

$$0 \leqslant \mu^*(A_1 \setminus A_2) \leqslant \mu^*(A_1) = 0,$$

得 $A_1 \setminus A_2 \in \overline{\mathcal{F}}$.

设 $\{A_n, n \geqslant 1\} \subset \overline{\mathcal{F}}$, 且两两不交, 则对 $n \geqslant 1$, $\mu^*(A_n) = 0$. 对 $B \in \overline{\mathcal{F}}$, 若

$B \subset \bigcup\limits_{n=1}^{\infty} A_n$, 则有

$$\mu(B) = \mu\left(B \cap \left(\bigcup_{n=1}^{\infty} A_n\right)\right),$$

若记 $B_n = B \cap A_n$, $n \geqslant 1$, 则有 $\{B_n, n \geqslant 1\} \subset \overline{\mathcal{F}}$, 且两两不交, 因而

$$\mu^*\left(\bigcup_{n=1}^{\infty} A_n\right) = \sup\left\{\mu(B) | B \in \mathcal{F}, B \subset \bigcup_{n=1}^{\infty} A_n\right\}$$

$$= \sup\left\{\sum_{n=1}^{\infty} \mu(B \cap A_n) | B \in \mathcal{F}, B \subset \bigcup_{n=1}^{\infty} A_n\right\}$$

$$\leqslant \sup\left\{\sum_{n=1}^{\infty} \mu(B_n) | B_n \in \mathcal{F}, B_n \subset A_n, n \geqslant 1\right\}$$

$$\leqslant \sum_{n=1}^{\infty} \sup\{\mu(B) | B \in \mathcal{F}, B \subset A_n, n \geqslant 1\}$$

$$\leqslant \sum_{n=1}^{\infty} \mu^*(A_n) = 0.$$

因此 $\bigcup\limits_{n=1}^{\infty} A_n \in \overline{\mathcal{F}}$. 由 (1)、(2) 可知, 对任意的 $\{A_n, n \geqslant 1\} \subset \overline{\mathcal{F}}$, 都有 $\bigcup\limits_{n=1}^{\infty} A_n \in \overline{\mathcal{F}}$. 记

$$a = \inf\{\mu(A) | A \in \overline{\mathcal{F}}\}.$$

由于 $\varnothing \in \overline{\mathcal{F}}$, 故 $a \leqslant \mu(\varnothing) = 0$, 从 $\overline{\mathcal{F}}$ 中选取集合数列 $\{A_n, n \geqslant 1\}$, 使得 $\lim\limits_{n \to \infty} \mu(A_n) = a$.

令 $\Omega^- = \bigcup\limits_{n=1}^{\infty} A_n$, 从而 $\Omega^- \in \overline{\mathcal{F}} \subset \mathcal{F}$, 且对每个 $A \in \mathcal{F}$, 有

$$\mu(A \cap \Omega^-) \leqslant \mu^*(A \cap \Omega^-) \leqslant \mu^*(\Omega^-) = 0.$$

再令 $\Omega^+ = \Omega \setminus \Omega^-$, 下证 $\forall A \in \mathcal{F}$, 有 $\mu(A \cap \Omega^+) \geqslant 0$.

用反证法, 假设存在 $A \in \mathcal{F}$, 使得 $\mu(A \cap \Omega^+) < 0$, 则由引理 4.2.3 知, 存在 $A \cap \Omega^+$ 的子集 $A_0 \in \mathcal{F}$, 使得

$$\mu(A_0) < 0, \quad \mu^*(A_0) = 0.$$

从而 $A_0 \in \overline{\mathcal{F}}$. 由于 $\Omega^- \in \overline{\mathcal{F}}$, 因此 $A_0 \cup \Omega^- \in \overline{\mathcal{F}}$, 故 $\mu^*(A_0 \cup \Omega^-) = 0$. 又 $A_0 \cap \Omega^- = \varnothing$,

故
$$\mu(A_0 \cup \Omega^-) = \mu(A_0) + \mu(\Omega^-) < \mu(\Omega^-).$$

又
$$\mu(\Omega^-) = \mu(A_n) + \mu(\Omega^- \setminus A_n)$$
$$\leqslant \mu(A_n) + \mu^*(\Omega^- \setminus A_n)$$
$$= \mu(A_n).$$

可见
$$\mu(\Omega^-) \leqslant \lim_{n \to \infty} \mu(A_n) = a,$$

因此
$$\mu(A_0 \cup \Omega^-) < \mu(\Omega^-) \leqslant a,$$

与 $a = \inf\{\mu(A)|A \in \overline{\mathcal{F}}\}$ 矛盾. 证毕.

定理 4.2.2（Jordan 分解） 设 μ 为 $(\Omega, \mathcal{F})$ 上的一个符号测度, 则存在 $(\Omega, \mathcal{F})$ 上的测度 μ^+ 和有限测度 μ^-, 使得
$$\mu = \mu^+ - \mu^-,$$
且 $\forall A \in \mathcal{F}$, 有
$$\mu^+(A) = \sup\{\mu(B)|B \subset A, B \in \mathcal{F}\},$$

$$\mu^-(A) = \sup\{-\mu(B)|B \subset A, B \in \mathcal{F}\}.$$

证明 设 Ω^+ 和 Ω^- 是 μ 的 Hahn 分解, 则有
$$\Omega^+ \cup \Omega^- = \Omega, \quad \Omega^+ \cap \Omega^- = \varnothing,$$
且 $\forall A \in \mathcal{F}$, 有
$$\mu(A \cap \Omega^+) \geqslant 0, \quad \mu(A \cap \Omega^-) \leqslant 0.$$

令
$$\mu^+(A) = \mu(A \cap \Omega^+), \quad \mu^-(A) = -\mu(A \cap \Omega^-),$$

显然 μ^+ 和 μ^- 都是 $(\Omega, \mathcal{F})$ 上的测度, 且由本文约定可知, μ^- 是有限测度. $\forall A \in \mathcal{F}$, 有
$$\mu(A) = \mu[(A \cap \Omega^+) \cup (A \cap \Omega^-)]$$

$$= \mu(A \cap \Omega^+) + \mu(A \cap \Omega^-)$$

$$= \mu(A \cap \Omega^+) - [-\mu(A \cap \Omega^-)]$$

$$= \mu^+(A) - \mu^-(A).$$

从而

$$\mu = \mu^+ - \mu^-.$$

任取 $A \in \mathcal{F}$, 设 B 是 A 的任意子集, 且 $B \in \mathcal{F}$, 则有

$$\mu(B) \leqslant \mu^+(B) \leqslant \mu^+(A).$$

因此

$$\mu^+(A) \geqslant \sup\{\mu(B)|B \subset A, B \in \mathcal{F}\},$$

又

$$\mu^+(A) = \mu(A \cap \Omega^+) \leqslant \sup\{\mu(B)|B \subset A, B \in \mathcal{F}\},$$

所以

$$\mu^+(A) = \sup\{\mu(B)|B \subset A, B \in \mathcal{F}\}.$$

同理, 取 $A \in \mathcal{F}$, 设 B 是 A 的任意子集, 且 $B \in \mathcal{F}$, 则有

$$-\mu(B) \leqslant \mu^-(B) \leqslant \mu^-(A).$$

因此

$$\mu^-(A) \geqslant \sup\{-\mu(B)|B \subset A, B \in \mathcal{F}\}.$$

又

$$\mu^-(A) = -\mu(A \cap \Omega^-) \leqslant \sup\{-\mu(B)|B \subset A, B \in \mathcal{F}\},$$

所以

$$\mu^-(A) = \sup\{-\mu(B)|B \subset A, B \in \mathcal{F}\}.$$

证毕.

我们称 μ 的分解 $\mu = \mu^+ - \mu^-$ 为 μ 的 Jordan 分解, μ^+ 称为 μ 的正部或上变差, μ^- 称为 μ 的负部或下变差.

令 $|\mu| = \mu^+ + \mu^-$, 称 $|\mu|$ 为 μ 的全变差. 显然, 符号测度的上变差、下变差和全变差都是测度. 特别地, 若 $|\mu|$ 为 σ 有限测度, 则 μ 为 σ 有限符号测度.

注　设 μ 为 $(\Omega, \mathcal{F})$ 上的符号测度, 则:

(1) μ 的 Jordan 分解是唯一的, 但 μ 的 Hahn 分解未必唯一;

(2) 若设 Ω^+ 和 Ω^- 是 μ 的 Hahn 分解, 令

$$h = I_{\Omega^+} - I_{\Omega^-},$$

则 h 关于 $|\mu|$ 积分存在, 且 $\forall A \in \mathcal{F}$, 有

$$\mu(A) = \int_A h \, \mathrm{d}|\mu|.$$

命题 4.2.1　设 μ 为 $(\Omega, \mathcal{F})$ 上的符号测度, 则 μ 在 $\mathcal{F}$ 上达到其上、下确界, 确切地说, 设 Ω^+ 和 Ω^- 是 μ 的 Hahn 分解, 则

$$\mu(\Omega^+) = \sup\{\mu(B)|B \in \mathcal{F}\}, \quad \mu(\Omega^-) = \inf\{\mu(B)|B \in \mathcal{F}\}.$$

证明　设 $A \in \mathcal{F}$, 则由定理 4.2.2 知

$$\mu(A) = \mu^+(A) - \mu^-(A) \leqslant \mu^+(A) \leqslant \mu^+(\Omega) = \mu(\Omega^+),$$

$$\mu(A) = \mu^+(A) - \mu^-(A) \geqslant -\mu^-(A) \geqslant -\mu^-(\Omega) = \mu(\Omega^-).$$

证毕.

4.3　Radon-Nikodym 定理

在实变函数论中, 一个函数 $F(x)$ 是另一个函数 $f(x)$ 的不定积分的充要条件是 $F(x)$ 是绝对连续的. 本节将实变函数论的相关概念和结论进行了推广.

首先引进符号测度的绝对连续的概念.

定义 4.3.1　设 μ_1, μ_2 是可测空间 $(\Omega, \mathcal{F})$ 上的两个符号测度, 如果

$$A \in \mathcal{F}, \quad |\mu_2|(A) = 0 \Rightarrow |\mu_1|(A) = 0,$$

则称 μ_1 关于 μ_2 绝对连续, 记为 $\mu_1 \ll \mu_2$.

进一步, 若 $\mu_1 \ll \mu_2$ 且 $\mu_2 \ll \mu_1$, 则称 μ_1 与 μ_2 等价, 记为 $\mu_1 \sim \mu_2$.

注　设 μ_1, μ_2 是可测空间 $(\Omega, \mathcal{F})$ 上的两个符号测度, 则 $\mu_1 \ll \mu_2$ 等价于如下条件:

$$A \in \mathcal{F}, \quad |\mu_2|(A) = 0 \Rightarrow \mu_1(A) = 0.$$

事实上, 由于 μ_1 是可测空间 $(\Omega, \mathcal{F})$ 上的符号测度, 则 $\mu_1 = \mu_1^+ - \mu_1^-$, $|\mu_1| = \mu_1^+ + \mu_1^-$, 这里 μ_1^+ 和 μ_1^- 都是测度. 所以 $|\mu_1|(A) = 0 \Rightarrow \mu_1(A) = 0$.

反之, 若 $\mu_1(A) = 0$, 设 Ω^+ 和 Ω^- 是 μ_1 的 Hahn 分解, 则

$$0 \leqslant |\mu_2|(\Omega^+ \cap A) \leqslant |\mu_2|(A) = 0, \quad 0 \leqslant |\mu_2|(\Omega^- \cap A) \leqslant |\mu_2|(A) = 0.$$

因此

$$\mu_1(\Omega^+ \cap A) = 0, \quad \mu_1(\Omega^- \cap A) = 0.$$

又

$$\mu_1^+(A) = \mu_1(\Omega^+ \cap A) = 0, \quad \mu_1^-(A) = \mu_1(\Omega^- \cap A) = 0.$$

所以

$$|\mu_1|(A) = \mu_1^+(A) + \mu_1^-(A) = 0.$$

因此, 当 $|\mu_2|(A) = 0$ 时, $|\mu_1|(A) = 0 \Leftrightarrow \mu_1(A) = 0$.

依据上面的推导过程, 下面的结论是显然的.

$$\mu_1 \ll \mu_2 \Leftrightarrow \mu_1^+ \ll \mu_2, \ \mu_1^- \ll \mu_2.$$

命题 4.3.1   设 μ 是 $(\Omega, \mathcal{F})$ 上的符号测度, ϕ 是 $(\Omega, \mathcal{F})$ 上的有限符号测度, 则 $\phi \ll \mu$ 成立的充分必要条件是, $\forall \varepsilon > 0$, 都存在 $\delta > 0$, 使得 $\forall A \in \mathcal{F}$, 当 $|\mu|(A) < \delta$ 时有 $|\phi|(A) < \varepsilon$ 成立.

证明   充分性. 用反证法, 假定 $\phi \ll \mu$ 不成立, 则存在一个可测集 A_0, 使得当 $|\mu|(A_0) = 0$ 时

$$|\phi|(A_0) > 0.$$

取 $\varepsilon_0 = \dfrac{1}{2}|\phi|(A_0) > 0$, 于是对任意 $\delta > 0$, 当 $|\mu|(A_0) < \delta$ 时, 都有

$$|\phi|(A_0) > \varepsilon_0$$

成立, 这与条件矛盾, 故假设错误, 从而 $\phi \ll \mu$ 成立.

必要性. 用反证法, 假设结论不成立, 则对某个 $\varepsilon_0 > 0$, 对每个 $\delta = \dfrac{1}{2^n}$, 都存在 $\{A_n, n \geqslant 1\} \subset \mathcal{F}$, 使得 $|\mu|(A_n) \leqslant 2^{-n}$, 且 $|\phi|(A_n) \geqslant \varepsilon_0$. 令

$$A = \limsup_{n \to \infty} A_n,$$

则

$$|\mu|(A) \leqslant \sum_{k=n}^{\infty} |\mu|(A_k) < \frac{1}{2^{n-1}},$$

所以 $|\mu|(A) = 0$. 另一方面, 由于 ϕ 是有限符号测度, 则有

$$|\phi|(A) = \lim_{n \to \infty} |\phi| \left(\bigcup_{k=n}^{\infty} A_k \right) \geqslant \limsup_{n \to \infty} |\phi|(A_n) \geqslant \varepsilon_0 > 0.$$

这与 $\phi \ll \mu$ 矛盾. 故假设错误. 证毕.

定理 4.3.1（Radon-Nikodym 定理） 设 $(\Omega, \mathcal{F})$ 为一可测空间, μ 为一 σ 有限测度, ϕ 为一符号测度. 如果 $\phi \ll \mu$, 则在几乎处处相等的意义下存在唯一的可测函数 f, 使

$$\phi(A) = \int_A f \mathrm{d}\mu, \quad \forall A \in \mathcal{F}.$$

进一步, 若 ϕ 是有限符号测度, 则 f 是几乎处处有限的.

证明 唯一性由推论 3.1.2 可得.

由于定理的存在性的证明过程较长, 我们将证明过程按步骤分成下列的命题 (命题 4.3.2~命题 4.3.7).

命题 4.3.2 设 μ 和 ϕ 都是可测空间 $(\Omega, \mathcal{F})$ 上的有限测度, 若令

$$\mathcal{L} = \{g | g \in L^1(\Omega, \mathcal{F}, \mu), \ g \geqslant 0, \ \phi(A) \geqslant \int_A g \mathrm{d}\mu, \ \forall A \in \mathcal{F}\},$$

则存在测度空间 $(\Omega, \mathcal{F}, \mu)$ 上的非负可积函数 f, 使

$$\int_\Omega f \mathrm{d}\mu = \sup \left\{ \int_\Omega g \mathrm{d}\mu, g \in \mathcal{L} \right\}.$$

证明 若记

$$\alpha = \sup \left\{ \int_\Omega g \mathrm{d}\mu, \ g \in \mathcal{L} \right\}.$$

则可从 $\mathcal{L}$ 中取 $\{g_k, \ k \geqslant 1\}$, 使

$$\lim_{k \to \infty} \int_\Omega g_k \mathrm{d}\mu = \alpha.$$

令

$$f_n = \max_{1 \leqslant k \leqslant n} g_k, \quad f = \sup\{g_k, k = 1, 2, \cdots\},$$

则 $f_n \leqslant f_{n+1}, \ n \geqslant 1$, 且 $f_n \uparrow f$.

由于对每个 $k \geqslant 1$, 有 $g_k \leqslant f$, 故有

$$\int_\Omega f \mathrm{d}\mu \geqslant \lim_{k \to \infty} \int_\Omega g_k \mathrm{d}\mu = \alpha.$$

对任意的正整数 n 和任意的 $k = 1, 2, \cdots, n,$ 令

$$A_{n,k} = \{f_n = g_k\}, \quad B_{n,k} = A_{n,k} \setminus \left(\bigcup_{i=1}^{k-1} A_{n,i} \right),$$

则 $\{B_{n,k}, k = 1, 2, \cdots, n\}$ 两两不交, 且 $\bigcup_{k=1}^{n} B_{n,k} = \bigcup_{k=1}^{n} A_{n,k} = \Omega$, 从而 $\forall A \in \mathcal{F}$, 有

$$\int_A f_n \mathrm{d}\mu = \int_{A \cap \left(\bigcup_{k=1}^{n} B_{n,k} \right)} f_n \mathrm{d}\mu$$

$$= \sum_{k=1}^{n} \int_{A \cap B_{n,k}} f_n \mathrm{d}\mu$$

$$= \sum_{k=1}^{n} \int_{A \cap B_{n,k}} g_k \mathrm{d}\mu$$

$$\leqslant \sum_{k=1}^{n} \phi(A \cap B_{n,k})$$

$$= \phi(A).$$

由单调收敛定理得

$$\int_A f \mathrm{d}\mu = \lim_{n \to \infty} \int_A f_n \mathrm{d}\mu \leqslant \phi(A),$$

从而 $f \in \mathcal{L}$, 因而 $\int_\Omega f \mathrm{d}\mu \leqslant \alpha$, 所以

$$\int_\Omega f \mathrm{d}\mu = \alpha = \sup \left\{ \int_\Omega g \mathrm{d}\mu | g \in \mathcal{L} \right\}.$$

证毕.

命题 4.3.3 若 μ 和 ϕ 都是可测空间 $(\Omega, \mathcal{F})$ 上的有限测度, 且 $\phi \ll \mu$, 则存在测度空间 $(\Omega, \mathcal{F}, \mu)$ 上的非负可积函数 f, 使

$$\phi(A) = \int_A f \mathrm{d}\mu, \quad \forall A \in \mathcal{F}.$$

证明 依照命题 4.3.2 的证明过程, 记

$$\alpha = \sup \left\{ \int_\Omega g \mathrm{d}\mu, \; g \in \mathcal{L} \right\}.$$

则可从 $\mathcal{L}$ 中取 $\{g_k, \; k \geqslant 1\}$, 使

$$\lim_{k\to\infty}\int_\Omega g_k\mathrm{d}\mu=\alpha.$$

此时, 令

$$f=\sup\{g_k,k=1,2,\cdots\},$$

下证 f 即为所求.

$\forall A\in\mathcal{F}$. 令

$$\lambda(A)=\phi(A)-\int_A f\mathrm{d}\mu,$$

易证 λ 是 $(\Omega,\mathcal{F})$ 上的测度. 下证 $\lambda\equiv 0$.

令

$$\lambda_n(A)=\lambda(A)-\frac{1}{n}\mu(A),\quad\forall A\in\mathcal{F}.$$

则 $\{\lambda_n,n\geqslant 1\}$ 是 $(\Omega,\mathcal{F})$ 上的符号测度. 记 Ω_n^+ 和 Ω_n^- 是 λ_n 对应的 Hahn 分解, $n\geqslant 1$, 即有

$$\Omega_n^+\cap\Omega_n^-=\varnothing,\quad \Omega_n^+\cup\Omega_n^-=\Omega,\quad n\geqslant 1.$$

若令

$$\Omega^+=\bigcup_{n=1}^\infty\Omega_n^+,\quad \Omega^-=\bigcap_{n=1}^\infty\Omega_n^-,$$

则 $\forall n\geqslant 1$, 有 $\Omega_n^+\subset\Omega^+,\Omega^-\subset\Omega_n^-$, 因而有

$$\lambda_n(\Omega^-)\leqslant 0.$$

所以

$$0\leqslant\lambda(\Omega^-)=\lambda_n(\Omega^-)+\frac{1}{n}\mu(\Omega^-)\leqslant\frac{1}{n}\mu(\Omega^-)\to 0,\ n\to\infty.$$

另一方面, $\forall n\geqslant 1$ 和 $\forall A\in\mathcal{F}$, 有

$$\begin{aligned}
\int_A\left(f+\frac{1}{n}I_{\Omega_n^+}\right)\mathrm{d}\mu &=\int_A f\mathrm{d}\mu+\frac{1}{n}\int_A I_{\Omega_n^+}\mathrm{d}\mu\\
&=\phi(A)-\lambda(A)+\frac{1}{n}\mu(\Omega_n^+\cap A)\\
&\leqslant\phi(A)-\lambda(\Omega_n^+\cap A)+\frac{1}{n}\mu(\Omega_n^+\cap A)\\
&=\phi(A)-\lambda_n(\Omega_n^+\cap A)\\
&\leqslant\phi(A).
\end{aligned}$$

因而 $f + \dfrac{1}{n} I_{\Omega_n^+} \in \mathcal{L}$. 因此

$$\int_\Omega f \mathrm{d}\mu + \frac{1}{n}\mu(\Omega_n^+) = \int_\Omega \left(f + \frac{1}{n} I_{\Omega_n^+} \right) \mathrm{d}\mu \leqslant \alpha = \int_\Omega f \mathrm{d}\mu.$$

所以 $\mu(\Omega_n^+) = 0$, 从而

$$\mu(\Omega^+) \leqslant \sum_{n=1}^\infty \mu(\Omega_n^+) = 0.$$

由于 $\phi \ll \mu$, 则有 $\phi(\Omega^+) = 0$, 于是

$$0 \leqslant \lambda(\Omega^+) = \phi(\Omega^+) - \int_{\Omega^+} f \mathrm{d}\mu \leqslant \phi(\Omega^+) = 0,$$

从而

$$\lambda(\Omega) = \lambda(\Omega^+) + \lambda(\Omega^-) = 0,$$

即

$$\lambda \equiv 0.$$

f 的存在性得证. 证毕.

命题 4.3.4   设 ϕ 是 $(\Omega, \mathcal{F})$ 上的 σ 有限符号测度, μ 是 $(\Omega, \mathcal{F})$ 上的有限测度. 若 $\phi \ll \mu$, 则存在 $(\Omega, \mathcal{F}, \mu)$ 上的几乎处处有限可测函数 f, 使

$$\phi(A) = \int_A f \mathrm{d}\mu, \quad \forall A \in \mathcal{F},$$

且有 $\displaystyle\int_\Omega f^- \mathrm{d}\mu < +\infty$.

证明   先考虑当 ϕ 是有限符号测度的情形, 此时 $|\phi|$ 是有限测度.

设 $\phi = \phi^+ - \phi^-$ 是 ϕ 的 Jordan 分解, Ω^+ 和 Ω^- 是 ϕ 的 Hahn 分解, 则 ϕ^+ 和 ϕ^- 都是 $(\Omega, \mathcal{F})$ 上的有限测度.

设 $B \in \mathcal{F}$, 且 $\mu(B) = 0$, 则

$$\mu(B \cap \Omega^+) = 0, \quad \mu(B \cap \Omega^-) = 0,$$

所以

$$\phi^+(B) = 0, \quad \phi^-(B) = 0,$$

故有

$$\phi^+ \ll \mu, \quad \phi^- \ll \mu.$$

于是由命题 4.3.3 可知, 存在非负可积函数 f_1 和 f_2, 使得 $\forall A \in \mathcal{F}$, 有

$$\phi^+(A) = \int_A f_1 \mathrm{d}\mu, \quad \phi^-(A) = \int_A f_2 \mathrm{d}\mu.$$

若令

$$f = f_1 - f_2,$$

则 f 可积, 且几乎处处有限, 所以, $\forall A \in \mathcal{F}$, 有

$$\phi(A) = \phi^+(A) - \phi^-(A) = \int_A f_1 \mathrm{d}\mu - \int_A f_2 \mathrm{d}\mu = \int_A f \mathrm{d}\mu.$$

　　再考虑 ϕ 是 σ 有限符号测度的情形, 此时 $|\phi|$ 是 σ 有限测度.

　　设 $\{A_n, \, n \geqslant 1\}$ 是 Ω 的一个可测分割, 且 $\forall n \geqslant 1$, 有 $|\phi|(A_n) < +\infty$.

　　显然 $\forall n \geqslant 1$, $(A_n, A_n \cap \mathcal{F})$ 都是可测空间, 在每个可测空间 $(A_n, A_n \cap \mathcal{F})$ 上, ϕ 是有限符号测度, μ 是有限测度, 且 $\phi \ll \mu$, 因此, 由上一情形的证明, 存在测度空间 $(A_n, A_n \cap \mathcal{F}, \mu)$ 上的几乎处处有限的可积函数 $f_n, n \geqslant 1$, 使得

$$\phi(A) = \int_A f_n \mathrm{d}\mu, \quad \forall A \in A_n \cap \mathcal{F}.$$

若令

$$f = \sum_{n=1}^{\infty} f_n I_{A_n},$$

则 $\forall A \in \mathcal{F}$, 有

$$\phi(A \cap A_n) = \int_{A \cap A_n} f_n \mathrm{d}\mu = \int_{A \cap A_n} f \mathrm{d}\mu,$$

所以

$$\phi(A) = \sum_{n=1}^{\infty} \phi(A \cap A_n) = \sum_{n=1}^{\infty} \int_{A \cap A_n} f \mathrm{d}\mu = \int_A f \mathrm{d}\mu.$$

且有

$$\int_{\Omega} f^- \mathrm{d}\mu = \sum_{n=1}^{\infty} \int_{A_n} f^- \mathrm{d}\mu$$

$$= -\sum_{n=1}^{\infty} \int_{A_n \cap [f<0]} f \mathrm{d}\mu$$

$$= - \sum_{n=1}^{\infty} \phi(A_n \cap [f < 0])$$

$$= -\phi([f < 0]) < +\infty.$$

由于 f 在每个 A_n 上几乎处处有限, 从而在 Ω 上也几乎处处有限. 证毕.

命题 4.3.5 设 ϕ 是 $(\Omega, \mathcal{F})$ 上的符号测度, μ 是 $(\Omega, \mathcal{F})$ 上的有限测度, 若 $\phi \ll \mu$, 则存在 $(\Omega, \mathcal{F}, \mu)$ 上的可测函数 f, 使得

$$\phi(A) = \int_A f \mathrm{d}\mu, \quad \forall A \in \mathcal{F},$$

且 $\int_{\Omega} f^- \mathrm{d}\mu < +\infty$.

证明 令

$$\mathcal{H} = \{A | A \in \mathcal{F}, \text{存在两两不交的} \{A_n, n \geqslant 1\} \subset \mathcal{F}, \text{使得} \bigcup_{n=1}^{\infty} A_n = A, \text{且} |\phi(A_n)| < +\infty\},$$

显然 $\mathcal{H}$ 满足: (1) $A, B \in \mathcal{H} \Rightarrow A \setminus B \in \mathcal{H}$; (2) $\{B_n, n \geqslant 1\} \subset \mathcal{H} \Rightarrow \bigcup_{n=1}^{\infty} B_n \in \mathcal{H}$.

记

$$\alpha = \sup\{\mu(A) | A \in \mathcal{H}\}.$$

由于 $0 \leqslant \alpha < +\infty$, 则取 $\{C_n, n \geqslant 1\} \subset \mathcal{H}$, 使 $\lim_{n \to \infty} \mu(C_n) = \alpha$.

令 $C = \bigcup_{n=1}^{\infty} C_n$, 则 $C \in \mathcal{H}$. 而又

$$\alpha \geqslant \mu(C) \geqslant \mu(C_n),$$

从而 $\mu(C) = \alpha$.

在可测空间 $(C, C \cap \mathcal{F})$ 上, ϕ 是 σ 有限符号测度, μ 是有限测度, 因此由命题 4.3.4, 存在测度空间 $(C, C \cap \mathcal{F}, \mu)$ 上的几乎处处有限可测函数 h, 使得

$$\phi(D) = \int_D h \mathrm{d}\mu, \quad \forall D \in C \cap \mathcal{F},$$

且 $\int_C h^- \mathrm{d}\mu < +\infty$.

在可测空间 $(C^c, C^c \cap \mathcal{F})$ 上, $\forall D \in C^c \cap \mathcal{F}$, 若 $\mu(D) = 0$, 则由 $\phi \ll \mu$, 得 $\phi(D) = 0$; 若 $\mu(D) > 0$, 则 $\phi(D) = +\infty$.

否则若 $\phi(D) < +\infty$, 则 $D \in \mathcal{H}$, 从而 $C \cup D \in \mathcal{H}$, 且 C 与 D 互不相交, 则有

$$\mu(C \cup D) = \mu(C) + \mu(D) > \mu(C) = \alpha,$$

这与 $\alpha = \sup\{\mu(A)|A \in \mathcal{H}\}$ 相矛盾.

因而 $\forall D \in C^c \cap \mathcal{F}$, 有

$$\phi(D) = \begin{cases} 0, & \mu(D) = 0, \\ +\infty, & \mu(D) > 0. \end{cases}$$

令

$$f = hI_C + \infty I_{C^c},$$

则 f 可测, 且 $\int_\Omega f^- \mathrm{d}\mu = \int_C h^- \mathrm{d}\mu < +\infty$. 又 $\forall A \in \mathcal{F}$, 有

$$\phi(A) = \phi(A \cap C) + \phi(A \cap C^c) = \int_{A \cap C} h \mathrm{d}\mu + \int_{A \cap C^c} \infty \mathrm{d}\mu$$

$$= \int_{A \cap C} f \mathrm{d}\mu + \int_{A \cap C^c} f \mathrm{d}\mu = \int_A f \mathrm{d}\mu.$$

证毕.

下面给出定理 4.3.1 (Radon-Nikodym 定理) 存在性的证明.

设 $(\Omega, \mathcal{F}, \mu)$ 是测度空间, 若 $\{A_n, n \geqslant 1\}$ 是 Ω 的一个可测分割, 且 $\forall n \geqslant 1$, 有 $\mu(A_n) < +\infty$. 此时 $\{A_n, n \geqslant 1\} \subset \mathcal{F}$, 且 $\bigcup_{n=1}^{\infty} A_n = \Omega$. 由命题 4.3.5 知, 对任意的 n, 总有 $(A_n, A_n \cap \mathcal{F}, \mu)$ 上的可测函数 f_n, 使得 $\forall A \in A_n \cap \mathcal{F}$, 有

$$\phi(A) = \int_A f_n \mathrm{d}\mu, \quad \int_\Omega f_n^- \mathrm{d}\mu < +\infty.$$

令 $f = \sum_{n=1}^{\infty} f_n I_{A_n}$, 则

$$\int_\Omega f^- \mathrm{d}\mu = \sum_{n=1}^{\infty} \int_{A_n} f^- \mathrm{d}\mu$$

$$= -\sum_{n=1}^{\infty} \int_{A_n \cap [f<0]} f \mathrm{d}\mu$$

$$= -\sum_{n=1}^{\infty} \int_{A_n \cap [f<0]} f_n \mathrm{d}\mu$$

$$= - \sum_{n=1}^{\infty} \phi(A_n \cap [f < 0])$$

$$= -\phi([f < 0]) < +\infty.$$

$\forall A \in \mathcal{F}$, 有

$$\phi(A) = \sum_{n=1}^{\infty} \phi(A \cap A_n) = \sum_{n=1}^{\infty} \int_{A \cap A_n} f \mathrm{d}\mu = \int_A f \mathrm{d}\mu.$$

证毕.

在定理 4.3.1 中, 条件 μ 是 σ 有限测度是个必要条件. 也就是说, 如果把条件 μ 是 σ 有限这个条件取掉, 则定理的结论就不成立了.

看下面的例子.

例 4.3.1 设 $\Omega = \mathbb{R}, \mathcal{F} = \{A | A \subset \Omega, A \ \text{或} \ A^c \ \text{至多可数}\}. \forall A \in \mathcal{F}$, 令

$$\mu(A) = \begin{cases} \sharp(A), & \sharp(A) < +\infty, \\ +\infty, & \sharp(A) = +\infty. \end{cases}$$

则 $\mathcal{F}$ 是 Ω 上的 σ 代数, 且 μ 是可测空间 $(\Omega, \mathcal{F})$ 上的测度. $\forall A \in \mathcal{F}$, 再令

$$\phi(A) = \begin{cases} 0, & A \ \text{至多可数}, \\ 1, & A^c \ \text{至多可数}. \end{cases}$$

显然 ϕ 是可测空间 $(\Omega, \mathcal{F})$ 上的符号测度, 且 $\phi \ll \mu$. 但并不存在这样的函数 f, 使得

$$\phi(A) = \int_A f \mathrm{d}\mu, \quad \forall A \in \mathcal{F}$$

成立.

事实上, 如果存在这样的函数 f, 使得

$$\phi(A) = \int_A f \mathrm{d}\mu, \quad \forall A \in \mathcal{F}$$

成立, 那么 $\forall \omega \in \Omega$, 有

$$0 = \phi(\{\omega\}) = \int_{\{\omega\}} f \mathrm{d}\mu = f(\omega)\mu(\{\omega\}) = f(\omega).$$

这就说明了 $f \equiv 0$, 因此

$$\phi(\Omega) = \int_\Omega f \mathrm{d}\mu = \int_\Omega 0 \mathrm{d}\mu = 0.$$

这与 $\phi(\Omega) = 1$ 矛盾.

定义 4.3.2　我们用 $\dfrac{\mathrm{d}\phi}{\mathrm{d}\mu}$ 表示定理 4.3.1 中的 f, 并称 $\dfrac{\mathrm{d}\phi}{\mathrm{d}\mu}$ 为 ϕ 关于 μ 的 Radon-Nikodym 导数, 简称 R-N 导数, 记为 $\dfrac{\mathrm{d}\phi}{\mathrm{d}\mu} = f$.

定理 4.3.2　设 $(\Omega, \mathcal{F})$ 为一可测空间, μ 为 $(\Omega, \mathcal{F})$ 上的 σ 有限测度, ϕ 为 $(\Omega, \mathcal{F})$ 上的符号测度, 且 $\phi \ll \mu$, 令 g 是 $(\Omega, \mathcal{F})$ 上的可测函数, 则 g 关于 ϕ 积分存在当且仅当 $g\dfrac{\mathrm{d}\phi}{\mathrm{d}\mu}$ 关于 μ 的积分存在, 并且此时有

$$\int_A g\mathrm{d}\phi = \int_A g\frac{\mathrm{d}\phi}{\mathrm{d}\mu}\mathrm{d}\mu, \quad \forall A \in \mathcal{F}.$$

证明　仅对 ϕ 是测度的情形进行证明, 一般情况可考虑 ϕ^+ 与 ϕ^- 即可. 设 ϕ 为 $(\Omega, \mathcal{F})$ 上的测度, 且 $\phi \ll \mu$, 令 $f = \dfrac{\mathrm{d}\phi}{\mathrm{d}\mu}$, 则 $f \geqslant 0$ a.e.. 如果令 $g = I_B$, $B \in \mathcal{F}$, 则有

$$\int_A g\mathrm{d}\phi = \phi(A \cap B) = \int_{A \cap B} f\mathrm{d}\mu = \int_A gf\mathrm{d}\mu = \int_A g\frac{\mathrm{d}\phi}{\mathrm{d}\mu}\mathrm{d}\mu.$$

即结论对可测函数的示性函数成立. 利用积分的线性性知结论对非负简单可测函数成立; 再利用单调收敛定理知结论对非负可测函数成立; 再由 $g = g^+ - g^-$ 知结论对一般可测函数结论成立. 证毕.

定理 4.3.3　设 $(\Omega, \mathcal{F})$ 为一可测空间, μ 和 ν 为 $(\Omega, \mathcal{F})$ 上的两个 σ 有限测度, ϕ 为 $(\Omega, \mathcal{F})$ 上一符号测度. 如果 $\phi \ll \nu$, $\nu \ll \mu$, 则 $\phi \ll \mu$, 且有

$$\frac{\mathrm{d}\phi}{\mathrm{d}\mu} = \frac{\mathrm{d}\phi}{\mathrm{d}\nu}\frac{\mathrm{d}\nu}{\mathrm{d}\mu} \text{ a.e..}$$

证明　由绝对连续的定义可得 $\phi \ll \mu$, 由定理 4.3.2 知, $\forall A \in \mathcal{F}$, 有

$$\int_A \frac{\mathrm{d}\phi}{\mathrm{d}\nu}\frac{\mathrm{d}\nu}{\mathrm{d}\mu}\mathrm{d}\mu = \int_A \frac{\mathrm{d}\phi}{\mathrm{d}\nu}\mathrm{d}\nu = \phi(A) = \int_A \frac{\mathrm{d}\phi}{\mathrm{d}\mu}\mathrm{d}\mu.$$

因为 μ 是 σ 有限测度, 则由推论 3.1.2 得

$$\frac{\mathrm{d}\phi}{\mathrm{d}\mu} = \frac{\mathrm{d}\phi}{\mathrm{d}\nu}\frac{\mathrm{d}\nu}{\mathrm{d}\mu} \text{ a.e..}$$

证毕.

定理 4.3.3 表明, R-N 导数遵循链式法则.

推论 4.3.1　设 X 是概率空间 $(\Omega, \mathcal{F}, P)$ 上的随机变量, 且 $\displaystyle\int_\Omega X\mathrm{d}P < +\infty$, 则对 $\mathcal{F}$ 的任意子 σ 代数 $\mathcal{A}$, 存在概率空间 $(\Omega, \mathcal{A}, P)$ 上的随机变量 Y, 使得 $\displaystyle\int_\Omega Y\mathrm{d}P < +\infty$, 且

$$\int_A X\mathrm{d}P = \int_A Y\mathrm{d}P, \quad \forall A \in \mathcal{A}.$$

证明 $\forall A \in \mathcal{A}$, 令

$$\nu(A) = \int_A X\mathrm{d}P.$$

由于 $\int_\Omega X\mathrm{d}P < +\infty$, 则由符号测度的性质可和, ν 是 $(\Omega, \mathcal{A})$ 上 σ 有限的符号测度, 且 $\nu \ll P$, 由定理 4.3.1 知, 存在 $(\Omega, \mathcal{A})$ 上唯一的随机变量 (实值可测函数) Y, 使得

$$\nu(A) = \int_A Y\mathrm{d}P, \quad \forall A \in \mathcal{A}.$$

证毕.

设 ν 和 μ 是可测空间 $(\Omega, \mathcal{F})$ 上任意的符号测度, 一般来说, $\nu \ll \mu$ 不一定成立, 但是否可以将 ν 分解, 使得其中一部分对 μ 绝对连续而另一部分又具有什么性质呢? 下面就来探讨这个问题.

定义 4.3.3 设 μ_1, μ_2 是可测空间 $(\Omega, \mathcal{F})$ 上的两个测度, 如果存在 $A \in \mathcal{F}$, 使得

$$\mu_1(A) = 0, \quad \mu_2(A^c) = 0,$$

则称 μ_1 和 μ_2 相互奇异, 记为 $\mu_1 \perp \mu_2$.

一般地, 对于 $(\Omega, \mathcal{F})$ 上的两个符号测度 λ_1 和 λ_2, 若 $|\lambda_1| \perp |\lambda_2|$, 则称 λ_1 和 λ_2 相互奇异.

由定义 4.3.3 知, 符号测度 λ_1 和 λ_2 相互奇异当且仅当存在 $A \in \mathcal{F}$ 使得 $|\lambda_1|(A) = 0$, $|\lambda_2|(A^c) = 0$.

下面先给出符号测度与测度, 以及符号测度与符号测度之间的一般关系.

命题 4.3.6 设 μ 是 $(\Omega, \mathcal{F})$ 上的测度, ϕ_1 和 ϕ_2 是 $(\Omega, \mathcal{F})$ 上的符号测度, 则:

(1) 若 $\phi_1 \perp \mu$, $\phi_2 \perp \mu$, 则 $(\phi_1 + \phi_2) \perp \mu$;

(2) 若 $\phi_1 \ll \mu$, $\phi_2 \perp \mu$, 则 $\phi_1 \perp \phi_2$;

(3) 若 $\phi_1 \ll \mu$, $\phi_1 \perp \mu$, 则 $\phi_1 \equiv 0$.

证明 (1) 由 $\phi_1 \perp \mu$ 知, 存在 $A \in \mathcal{F}$, 使

$$|\phi_1|(A) = 0, \quad \mu(A^c) = 0.$$

再由 $\phi_2 \perp \mu$ 知, 存在 $B \in \mathcal{F}$, 使

$$|\phi_2|(B) = 0, \quad \mu(B^c) = 0.$$

则

$$\phi_1^+(A) = \phi_1^-(A) = 0, \quad \phi_2^+(B) = \phi_2^-(B) = 0.$$

所以

$$|\phi_1 + \phi_2|(A \cap B) = |\phi_1^+ - \phi_1^- + \phi_2^+ - \phi_2^-|(A \cap B)$$

$$= |(\phi_1^+ + \phi_2^+) - (\phi_1^- + \phi_2^-)|(A \cap B)$$

$$\leqslant \phi_1^+(A \cap B) + \phi_2^+(A \cap B) + \phi_1^-(A \cap B) + \phi_2^-(A \cap B)$$

$$= |\phi_1|(A \cap B) + |\phi_2|(A \cap B)$$

$$\leqslant |\phi_1|(A) + |\phi_2|(B) = 0.$$

故

$$|\phi_1 + \phi_2|(A \cap B) = 0.$$

而

$$\mu((A \cap B)^c) = \mu(A^c \cup B^c) \leqslant \mu(A^c) + \mu(B^c) = 0,$$

从而

$$\mu((A \cap B)^c) = 0,$$

所以

$$(\phi_1 + \phi_2) \perp \mu.$$

(2) 由 $\phi_2 \perp \mu$ 知, 存在 $A \in \mathcal{F}$, 使

$$|\phi_2|(A) = 0, \quad \mu(A^c) = 0.$$

又 $\phi_1 \ll \mu$, 则 $|\phi_1|(A^c) = 0$, 从而

$$\phi_1 \perp \phi_2.$$

(3) 由 $\phi_1 \perp \mu$ 知, 存在 $A \in \mathcal{F}$, 使

$$|\phi_1|(A) = 0, \quad \mu(A^c) = 0.$$

$\forall B \in \mathcal{F}$, 由于

$$|\phi_1|(A \cap B) \leqslant |\phi_1|(A) = 0, \quad \mu(A^c \cap B) \leqslant \mu(A^c) = 0.$$

所以

$$|\phi_1|(A \cap B) = 0, \quad \mu(A^c \cap B) = 0.$$

再由 $\phi_1 \ll \mu$, 得 $|\phi_1|(A^c \cap B) = 0$, 所以

$$|\phi_1|(B) = |\phi_1|(A \cap B) + |\phi_1|(A^c \cap B) = 0,$$

从而
$$\phi_1 \equiv 0.$$

证毕.

命题 4.3.7　设 μ_1 和 μ_2 是 $(\Omega, \mathcal{F})$ 上的符号测度, 则 $\mu_1 \perp \mu_2$ 的充分必要条件是存在 $A \in \mathcal{F}$, 使得 $\forall B \in \mathcal{F}$, 有
$$\mu_1(A \cap B) = 0, \quad \mu_2(A^c \cap B) = 0.$$

证明　充分性. 设存在 A, 使得 $\forall B \in \mathcal{F}$, 有
$$\mu_1(A \cap B) = 0, \quad \mu_2(A^c \cap B) = 0.$$

设 Ω_1^+ 和 Ω_1^- 是 μ_1 的 Hahn 分解, 则
$$\mu_1^+(A) = \mu_1(A \cap \Omega_1^+) = 0, \quad \mu_1^-(A) = -\mu_1(A \cap \Omega_1^-) = 0,$$
所以
$$|\mu_1|(A) = \mu_1^+(A) + \mu_1^-(A) = 0.$$

同理, 若设 Ω_2^+ 和 Ω_2^- 是 μ_2 的 Hahn 分解, 则
$$\mu_2^+(A^c) = \mu_2(A^c \cap \Omega_2^+) = 0, \quad \mu_2^-(A^c) = -\mu_2(A^c \cap \Omega_2^-) = 0,$$
所以
$$|\mu_2|(A^c) = \mu_2^+(A^c) + \mu_2^-(A^c) = 0.$$

因此
$$\mu_1 \perp \mu_2.$$

必要性. 由于 $\mu_1 \perp \mu_2$, 则存在 $A \in \mathcal{F}$, 使得
$$|\mu_1|(A) = 0, \quad |\mu_2|(A^c) = 0.$$
又 $|\mu_1|(A) = \mu_1^+(A) + \mu_1^-(A), |\mu_2|(A^c) = \mu_2^+(A^c) + \mu_2^-(A^c)$, 故
$$\mu_1^+(A) = \mu_1^-(A) = \mu_2^+(A^c) = \mu_2^-(A^c) = 0.$$
对任意 $B \in \mathcal{F}$, 有
$$\mu_1^+(A \cap B) \leqslant \mu_1^+(A) = 0,$$

$$\mu_1^-(A \cap B) \leqslant \mu_1^-(A) = 0,$$

$$\mu_2^+(A^c \cap B) \leqslant \mu_2^+(A^c) = 0,$$

$$\mu_2^-(A^c \cap B) \leqslant \mu_2^-(A^c) = 0.$$

从而

$$\mu_1(A \cap B) = \mu_1^+(A \cap B) - \mu_1^-(A \cap B) = 0,$$

$$\mu_2(A^c \cap B) = \mu_2^+(A^c \cap B) - \mu_2^-(A^c \cap B) = 0.$$

证毕.

定理 4.3.4 (Lebesgue 分解定理)　设 μ 是可测空间 $(\Omega, \mathcal{F})$ 上的 σ 有限测度, ϕ 是 $(\Omega, \mathcal{F})$ 上的 σ 有限符号测度, 则存在 $(\Omega, \mathcal{F})$ 上的 σ 有限符号测度 ϕ_c 和 ϕ_s, 使得

$$\phi = \phi_c + \phi_s,$$

其中 $\phi_c \ll \mu, \phi_s \perp \mu$, 且这样的分解是唯一的.

证明　先证明分解的存在性.

当 ϕ 是 σ 有限测度时, 若令 $m = \mu + \phi$, 则 $\phi \ll m$, 且 m 是 σ 有限测度, 由命题 4.3.3 知, 存在非负可测函数 f, 使得

$$\phi(A) = \int_A f \mathrm{d}m, \quad \forall A \in \mathcal{F}.$$

由于 $\forall A \in \mathcal{F}$, 有

$$\int_A f \mathrm{d}m = \phi(A) \leqslant \phi(A) + \mu(A) = m(A) = \int_A 1 \mathrm{d}m,$$

所以, 由命题 3.1.4 可知

$$0 \leqslant f \leqslant 1.$$

令 $B = [f = 1]$, 定义 ϕ_c 和 ϕ_s 如下:

$$\phi_c(A) = \phi(A \cap B^c), \quad \phi_s(A) = \phi(A \cap B), \quad \forall A \in \mathcal{F}.$$

易证 ϕ_c 和 ϕ_s 是 $(\Omega, \mathcal{F})$ 上的 σ 有限测度.

若存在 $A \in \mathcal{F}$, 使得 $\mu(A) = 0$, 则

$$\int_{A \cap B^c} (1 - f) \mathrm{d}m = \int_{A \cap B^c} 1 \mathrm{d}m - \int_{A \cap B^c} f \mathrm{d}m$$

$$= (\phi + \mu)(A \cap B^c) - \phi(A \cap B^c)$$

$$= \mu(A \cap B^c)$$

$$\leqslant \mu(A) = 0.$$

从而

$$\int_{A\cap B^c}(1-f)\mathrm{d}m=0.$$

又在 $A\cap B^c$ 上, $1-f>0$, 从而 $m(A\cap B^c)=0$, 即

$$(\phi+\mu)(A\cap B^c)=0,$$

因此有

$$\phi_c(A)=\phi(A\cap B^c)\leqslant(\phi+\mu)(A\cap B^c)=0,$$

从而 $\phi_c\ll\mu$.

此外, 由于

$$\mu(B)=m(B)-\phi(B)=\int_B 1\mathrm{d}m-\int_B f\mathrm{d}m=\int_\Omega(1-f)I_B\mathrm{d}m=0.$$

而

$$\phi_s(B^c)=\phi(B^c\cap B)=0,$$

从而 $\phi_s\perp\mu$.

当 ϕ 是 σ 有限符号测度时. 设 ϕ^+ 和 ϕ^- 是 ϕ 的 Jordan 分解, 则 ϕ^+ 和 ϕ^- 都是 $(\Omega,\mathcal{F})$ 上的 σ 有限测度, 由前面的证明过程可知, 对 ϕ^+, 存在 σ 有限测度 ϕ_c^+ 和 ϕ_s^+, 使得

$$\phi^+=\phi_c^++\phi_s^+,\quad\phi_c^+\ll\mu,\quad\phi_s^+\perp\mu.$$

对 ϕ^-, 存在 σ 有限测度 ϕ_c^- 和 ϕ_s^-, 使得

$$\phi^-=\phi_c^-+\phi_s^-,\quad\phi_c^-\ll\mu,\quad\phi_s^-\perp\mu.$$

若令

$$\phi_c=\phi_c^++\phi_c^-,\quad\phi_s=\phi_s^++\phi_s^-.$$

则显然有 $\phi_c\ll\mu$, 且由命题 4.3.6 知 $\phi_s\perp\mu$.

下证分解的唯一性.

当 ϕ 是有限符号测度时, 若

$$\phi=\phi_c+\phi_s=\phi_c'+\phi_s',$$

其中 $\phi_c\ll\mu,\phi_c'\ll\mu,\phi_s\perp\mu,\phi_s'\perp\mu$, 则

$$\phi_c-\phi_c'=\phi_s'-\phi_s.$$

由于 $\phi_c-\phi_c'\ll\mu$, 且 $\phi_s'-\phi_s\perp\mu$, 则由命题 4.3.6 得 $\phi_c-\phi_c'=0$, 则 $\phi_c=\phi_c'$, 从而 $\phi_s'=\phi_s$.

当 ϕ 是 σ 有限符号测度时, 存在 $\{A_n,\ n \geqslant 1\} \subset \mathcal{F}$, 使得

$$A_n \cap A_m = \varnothing\ (n \neq m), \quad \bigcup_{n=1}^{\infty} A_n = \Omega, \quad |\phi|(A_n) < +\infty.$$

对每个可测空间 $(A_n, A_n \cap \mathcal{F})$, $n = 1, 2, \cdots$, 由于 μ 是 σ 有限测度, ϕ 是有限符号测度, 从而存在 σ 有限测度 $\phi_c^{(n)}$ 和 $\phi_s^{(n)}$, $n = 1, 2, \cdots$, 使得

$$\phi = \phi_c^{(n)} + \phi_s^{(n)}, \quad \phi_c^{(n)} \ll \mu, \quad \phi_s^{(n)} \perp \mu, \quad n \geqslant 1.$$

若令

$$\phi_c(A) = \sum_{n=1}^{\infty} \phi_c^{(n)}(A \cap A_n), \quad \phi_s(A) = \sum_{n=1}^{\infty} \phi_s^{(n)}(A \cap A_n), \quad \forall A \in \mathcal{F}.$$

则

$$\phi = \phi_c + \phi_s, \quad \phi_c \ll \mu, \quad \phi_s \perp \mu.$$

证毕.

事实上, 定理 4.3.4 (Lebesgue 分解定理) 还有下面更一般的形式.

定理 4.3.5　设 μ 和 ϕ 是可测空间 $(\Omega, \mathcal{F})$ 上的 σ 有限符号测度, 则存在 $(\Omega, \mathcal{F})$ 上的两个 σ 有限符号测度 ϕ_c 和 ϕ_s, 使得

$$\phi = \phi_c + \phi_s,$$

其中 $\phi_c \ll \mu, \phi_s \perp \mu$, 且这样的分解是唯一的.

证明　事实上, 当 μ 是可测空间 $(\Omega, \mathcal{F})$ 上的 σ 有限符号测度时, $|\mu|$ 就是可测空间 $(\Omega, \mathcal{F})$ 上的 σ 有限测度, 再利用定理 4.3.4 的证明过程, 易证得. 证毕.

习　题　4

1. 设 μ 是可测空间 $(\Omega, \mathcal{F})$ 上的符号测度, 令

$$\mu^*(A) = \sup\{\mu(B) | B \subset A, B \in \mathcal{F}\}, \quad \forall A \in \mathcal{F},$$

则 μ^* 是 $\mathcal{F}$ 上非负单调增的集函数, 且 $\mu^*(\varnothing) = 0$.

2. 设 ϕ 是可测空间 $(\Omega, \mathcal{F})$ 上的符号测度, 证明:

(1) 如果 $\{A_n,\ n \geqslant 1\} \subset \mathcal{F}$ 满足 $A_n \uparrow A$, 则

$$\lim_{n \to \infty} \phi(A_n) = \phi(A);$$

(2) 如果 $\{A_n,\ n \geqslant 1\} \subset \mathcal{F}$ 满足 $A_n \downarrow A$, 且 $|\phi(A_1)| < +\infty$, 则

$$\lim_{n \to \infty} \phi(A_n) = \phi(A).$$

3. 设 $\phi = \phi^+ - \phi^-$ 为符号测度 ϕ 的 Jordan 分解, 证明: 若存在测度 μ 和 ν, 使 $\phi = \mu - \nu$, 则 $\phi^+ \leqslant \mu$, $\phi^- \leqslant \nu$.

4. 设 $\{\mu_n, n = 1, 2, \cdots\}$ 是 $(\Omega, \mathcal{F})$ 上的非零有限测度序列, 证明: 存在有限测度 μ, 使得对每个 $n = 1, 2, \cdots$, 都有 $\mu_n \ll \mu$.

5. 设 ϕ 和 μ 都是 $(\Omega, \mathcal{F})$ 上的符号测度, 则

$$\phi \ll \mu \Leftrightarrow \phi^+ \ll \mu, \phi^- \ll \mu.$$

6. 设 ϕ 是 $(\Omega, \mathcal{F})$ 上的符号测度, μ 和 ν 是 σ 有限测度, 且 $\phi \ll \nu \ll \mu$, 证明

$$\frac{\mathrm{d}\phi}{\mathrm{d}\mu} = \frac{\mathrm{d}\phi}{\mathrm{d}\nu} \cdot \frac{\mathrm{d}\nu}{\mathrm{d}\mu} \ \text{a.e..}$$

7. 设 μ_1, μ_2 和 ν 都是可测空间 $(\Omega, \mathcal{F})$ 上的测度, 证明

$$(\mu_1 + \mu_2) \perp \nu \Leftrightarrow \mu_1 \perp \nu,\ \mu_2 \perp \nu.$$

8. 设 μ 是 $(\Omega, \mathcal{F})$ 上的 σ 有限测度, ϕ 和 ν 是 $(\Omega, \mathcal{F})$ 上的符号测度, 且 $\phi \ll \mu$, $\nu \ll \mu$, 则

$$\frac{\mathrm{d}(a\phi)}{\mathrm{d}\mu} = a \cdot \frac{\mathrm{d}\phi}{\mathrm{d}\mu} \ \text{a.e.,} \quad \forall a \in \mathbb{R}.$$

$$\frac{\mathrm{d}(\phi + \nu)}{\mathrm{d}\mu} = \frac{\mathrm{d}\phi}{\mathrm{d}\mu} + \frac{\mathrm{d}\nu}{\mathrm{d}\mu}.$$

9. 设 $(\Omega, \mathcal{F}, \mu)$ 为一测度空间, ϕ 为 $\mathcal{F}$ 上的一有限符号测度, 则下列二条等价:

(1) $\phi \ll \mu$;

(2) $\forall \varepsilon > 0, \exists \delta > 0$, 使得 $A \in \mathcal{F}, \mu(A) < \delta \Rightarrow |\phi|(A) < \varepsilon$.

10. 设 μ 和 ν 为两个有限测度, 则 $\mu \sim \nu \Leftrightarrow$ 存在可测函数 $g, 0 < g(\omega) < +\infty, \forall \omega \in \Omega$, 使得 $\nu(A) = \int_A g \mathrm{d}\mu$.

第 5 章　乘积可测空间上的测度与积分

5.1　乘积可测空间

定义 5.1.1　设 Ω_1, Ω_2 是两个非空集合, 令
$$\Omega_1 \times \Omega_2 \stackrel{\text{def}}{=} \{(\omega_1, \omega_2)|\omega_1 \in \Omega_1,\ \omega_2 \in \Omega_2\},$$
则称 $\Omega_1 \times \Omega_2$ 为集合 Ω_1 与 Ω_2 的（笛卡儿）乘积.

定义 5.1.2　设 $(\Omega_1, \mathcal{F}_1)$ 和 $(\Omega_2, \mathcal{F}_2)$ 是两个可测空间, 则称 $\Omega_1 \times \Omega_2$ 上的 σ 代数
$$\mathcal{F}_1 \times \mathcal{F}_2 \stackrel{\text{def}}{=} \sigma\{A \times B|A \in \mathcal{F}_1,\ B \in \mathcal{F}_2\}$$
为 $\mathcal{F}_1$ 与 $\mathcal{F}_2$ 的乘积 σ 代数, 而称可测空间 $(\Omega_1 \times \Omega_2, \mathcal{F}_1 \times \mathcal{F}_2)$ 为 $(\Omega_1, \mathcal{F}_1)$ 与 $(\Omega_2, \mathcal{F}_2)$ 的乘积可测空间.

上述定义可推广到任意有限多个可测空间乘积的情形.

设 Ω_1, Ω_2, $\cdots$, Ω_n 是 n 个非空集合, 若令
$$\prod_{i=1}^{n} \Omega_i \stackrel{\text{def}}{=} \Omega_1 \times \Omega_2 \times \cdots \times \Omega_n = \{(\omega_1, \omega_2, \cdots, \omega_n)|\omega_i \in \Omega_i,\ i=1,2,\cdots,n\},$$
则称 $\prod_{i=1}^{n} \Omega_i$ 为 Ω_1, Ω_2, $\cdots$, Ω_n 的（笛卡儿）乘积.

注　一般地, 对于多个（三个及三个以上）集合的"乘积", 一般并不满足结合律. 就如同 Ω_1, Ω_2, Ω_3 的乘积, 不改变它的顺合, 我们可以作出三个集, $(\Omega_1 \times \Omega_2) \times \Omega_3$, $\Omega_1 \times (\Omega_2 \times \Omega_3)$ 和 $\Omega_1 \times \Omega_2 \times \Omega_3$, 显然, 它们并不是由相同的元素构成的, 比如将 $((\omega_1, \omega_2), \omega_3)$ 与 $(\omega_1, (\omega_2, \omega_3))$ 混淆起来是不对的, 但若定义 T_1, T_2 如下:
$$T_1 : (\Omega_1 \times \Omega_2) \times \Omega_3 \to \Omega_1 \times \Omega_2 \times \Omega_3.$$
$$((\omega_1, \omega_2), \omega_3) \mapsto (\omega_1, \omega_2, \omega_3).$$

$$T_2 : \Omega_1 \times (\Omega_2 \times \Omega_3) \to \Omega_1 \times \Omega_2 \times \Omega_3.$$
$$(\omega_1, (\omega_2, \omega_3)) \mapsto (\omega_1, \omega_2, \omega_3).$$

则 T_1 和 T_2 都是双射. 这就说明这三个集积之间, 存在着很自然的一一对应关系, 从而我们认为 $(\Omega_1 \times \Omega_2) \times \Omega_3$ 和 $\Omega_1 \times (\Omega_2 \times \Omega_3)$ 与 $\Omega_1 \times \Omega_2 \times \Omega_3$ 是等同的, 统一记作 $\Omega_1 \times \Omega_2 \times \Omega_3$.

定义 5.1.3 设 $(\Omega_1, \mathcal{F}_1), (\Omega_2, \mathcal{F}_2), \cdots, (\Omega_n, \mathcal{F}_n)$ 是 n 个可测空间, 令

$$\prod_{i=1}^{n} \mathcal{F}_i \overset{\text{def}}{=} \sigma\{A_1 \times A_2 \times \cdots \times A_n | A_1 \in \mathcal{F}_1, A_2 \in \mathcal{F}_2, \cdots, A_n \in \mathcal{F}_n\},$$

则称 $\prod_{i=1}^{n} \mathcal{F}_i$ 为 $\mathcal{F}_1, \mathcal{F}_2, \cdots, \mathcal{F}_n$ 的乘积 σ 代数, 同时, 也称 $\left(\prod_{i=1}^{n} \Omega_i, \prod_{i=1}^{n} \mathcal{F}_i\right)$ 为 $(\Omega_1, \mathcal{F}_1)$, $(\Omega_2, \mathcal{F}_2), \cdots, (\Omega_n, \mathcal{F}_n)$ 的乘积可测空间.

特别地, 把 n 个相同的可测空间 $(\Omega, \mathcal{F})$ 的乘积可测空间, 记为 $(\Omega^n, \mathcal{F}^n)$.

注 若记

$$\mathcal{D} = \{A_1 \times A_2 \times \cdots \times A_n | A_1 \subset \Omega_1, A_2 \subset \Omega_2, \cdots, A_n \subset \Omega_n\},$$

则 $\mathcal{D}$ 是 $\Omega_1 \times \Omega_2 \times \cdots \times \Omega_n$ 上的一个半代数, 把 $\mathcal{D}$ 中的元素称为矩形, $A_1, A_2, \cdots, A_n$ 称为矩形 $A_1 \times A_2 \times \cdots \times A_n$ 的边.

特别地, 若

$$\mathcal{D} = \{A_1 \times A_2 \times \cdots \times A_n | A_1 \in \mathcal{F}_1, A_2 \in \mathcal{F}_2, \cdots, A_n \in \mathcal{F}_n\},$$

则 $\mathcal{D}$ 是乘积 σ 代数 $\prod_{i=1}^{n} \mathcal{F}_i$ 的生成集. 也把 $\mathcal{D}$ 中的元素称为可测矩形, $A_1, A_2, \cdots, A_n$ 称为可测矩形 $A_1 \times A_2 \times \cdots \times A_n$ 的边.

例 5.1.1 设 $\Omega_1 = \{1, 2\}, \Omega_2 = \{3, 4\}$, 则

$$\Omega_1 \times \Omega_2 = \{(1,3), (1,4), (2,3), (2,4)\},$$

若令

$$E_1 = \{(1,3), (1,4)\}, \quad E_2 = \{(1,3), (2,3)\}, \quad E_3 = \{(1,3), (2,4)\}.$$

由于 $E_1 = \{1\} \times \Omega_2, E_2 = \Omega_1 \times \{3\}$, 所以 E_1 和 E_2 是矩形, E_3 不是矩形.

进一步, 若 $\mathcal{F}_1 = \{\varnothing, \{1\}, \{2\}, \{1,2\}\}, \mathcal{F}_2 = \{\varnothing, \{3\}, \{4\}, \{3,4\}\}$. 令 $\mathcal{D} = \{A_1 \times A_2 | A_1 \in \mathcal{F}_1, A_2 \in \mathcal{F}_2\}$, 则

$$\mathcal{D} = \{\varnothing, \{(1,3)\}, \{(1,4)\}, \{(2,3)\}, \{(2,4)\}, \{(1,3),(1,4)\}, \{(2,3),(2,4)\},$$

$$\{(1,3),(1,4),(2,3),(2,4)\}, \{(1,3),(2,3)\}, \{(1,4),(2,4)\}\}.$$

由于 $\mathcal{F}_1 \times \mathcal{F}_2 = \sigma(\mathcal{D})$, 所以

$$\mathcal{F}_1 \times \mathcal{F}_2 = \{\varnothing, \{(1,3)\}, \{(1,4)\}, \{(2,3)\}, \{(2,4)\}, \{(1,3),(1,4)\}, \{(2,3),(2,4)\},$$

$$\{(1,3),(2,3)\}, \{(1,4),(2,4)\}, \{(1,3),(1,4),(2,3),(2,4)\},$$

$$\{(1,3),(1,4),(2,3)\}, \{(1,3),(1,4),(2,4)\}, \{(1,3),(2,3),(2,4)\},$$

$$\{(1,4),(2,3),(2,4)\}, \{(1,3),(2,4)\}, \{(1,4),(2,3)\}\}.$$

注意到 $\mathcal{F}_1 \times \mathcal{F}_2$ 中除了包括可测矩形全体以外, 还包括集合

$$\{(1,3),(1,4),(2,3)\} = \{1\} \times \{3,4\} + \{2\} \times \{3\},$$

$$\{(1,3),(1,4),(2,4)\} = \{1\} \times \{3,4\} + \{2\} \times \{4\},$$

$$\{(1,3),(2,3),(2,4)\} = \{1,2\} \times \{3\} + \{2\} \times \{4\},$$

$$\{(1,4),(2,3),(2,4)\} = \{1\} \times \{4\} + \{2\} \times \{3,4\},$$

$$\{(1,4),(2,3)\} = \{1\} \times \{4\} + \{2\} \times \{3\},$$

$$\{(1,3),(2,4)\} = \{1\} \times \{3\} + \{2\} \times \{4\},$$

这些集合都不是矩形, 但都写成了可测矩形的和.

矩形有下面的基本性质:

性质 1　$A_1 \times A_2 = \varnothing$ 的充分必要条件是 $A_1 = \varnothing$ 或 $A_2 = \varnothing$.

性质 2　$A_1 \times A_2 \subset B_1 \times B_2$ 的充分必要条件是 $A_1 \subset B_1$ 且 $A_2 \subset B_2$.

性质 3　$A_1 \times A_2 = B_1 \times B_2$ 的充分必要条件是 $A_1 = B_1$ 且 $A_2 = B_2$.

性质 4　$(A_1 \times A_2) \cap (B_1 \times B_2) = (A_1 \cap B_1) \times (A_2 \cap B_2)$.

性质 5　$(A_1 \times A_2) - (B_1 \times B_2) = (A_1 \cap B_1) \times (A_2 - B_2) + (A_1 - B_1) \times (A_2 \cap B_2) + (A_1 - B_1) \times (A_2 - B_2)$.

定义 $\prod\limits_{i=1}^{n} \Omega_i$ 到 Ω_k 的一组映射 π_k, $k = 1, 2, \cdots, n$, 满足

$$\pi_k(\omega_1, \omega_2, \cdots, \omega_n) = \omega_k, \ k = 1, 2, \cdots, n, \ \forall (\omega_1, \omega_2, \cdots, \omega_n) \in \prod_{i=1}^{n} \Omega_i.$$

将 π_k, $k = 1, 2, \cdots, n$ 称为 $\prod\limits_{i=1}^{n} \Omega_i$ 到 Ω_k 的投影 (映射).

一般地, 对任意满足 $1 \leqslant k_1 < \cdots < k_i \leqslant n$ 的 $k_1, k_2, \cdots, k_i$, 定义

$$\pi_{k_1, k_2, \cdots, k_i}(\omega_1, \omega_2, \cdots, \omega_n) = (\omega_{k_1}, \omega_{k_2}, \cdots, \omega_{k_i}), \ \forall (\omega_1, \omega_2, \cdots, \omega_n) \in \prod_{i=1}^{n} \Omega_i.$$

称为 $\prod\limits_{i=1}^{n} \Omega_i$ 到 $\prod\limits_{j=1}^{i} \Omega_{k_j}$ 的投影 (映射).

显然

$$\pi_{k_1,k_2,\cdots,k_i} = (\pi_{k_1}, \pi_{k_2}, \cdots, \pi_{k_i}).$$

定理 5.1.1 设 $\left(\prod\limits_{i=1}^{n} \Omega_i, \prod\limits_{i=1}^{n} \mathcal{F}_i\right)$ 为 $(\Omega_1,\mathcal{F}_1),(\Omega_2,\mathcal{F}_2),\cdots,(\Omega_n,\mathcal{F}_n)$ 的乘积可测空间, 则:

(1) $\pi_k,\ k=1,2,\cdots,n$ 是 $\left(\prod\limits_{i=1}^{n} \Omega_i, \prod\limits_{i=1}^{n} \mathcal{F}_i\right)$ 到 $(\Omega_k,\mathcal{F}_k)$ 上的可测映射;

(2) $\prod\limits_{i=1}^{n} \mathcal{F}_i = \sigma\left(\bigcup\limits_{k=1}^{n} \pi_k^{-1}(\mathcal{F}_k)\right).$

证明 (1) $\forall A_k \in \mathcal{F}_k$, 有

$$\pi_k^{-1}(A_k) = \prod_{i=1}^{k-1} \Omega_i \times A_k \times \prod_{i=k+1}^{n} \Omega_i \in \prod_{k=1}^{n} \mathcal{F}_k.$$

从而证得 (1).

(2) 由 (1) 的证明过程知, 对任意的 π_k 都有

$$\pi_k^{-1}(\mathcal{F}_k) \subset \prod_{i=1}^{n} \mathcal{F}_i,$$

故

$$\sigma\left(\bigcup_{k=1}^{n} \pi_k^{-1}(\mathcal{F}_k)\right) \subset \prod_{i=1}^{n} \mathcal{F}_i.$$

反之, 若令

$$\mathcal{D} = \{A_1 \times A_2 \times \cdots \times A_n | A_1 \in \mathcal{F}_1,\ A_2 \in \mathcal{F}_2,\ \cdots,\ A_n \in \mathcal{F}_n\},$$

则 $\prod\limits_{i=1}^{n} \mathcal{F}_i = \sigma(\mathcal{D})$. $\forall A_1 \times A_2 \times \cdots \times A_n \in \mathcal{D}$, 由于

$$A_1 \times A_2 \times \cdots \times A_n = \bigcap_{k=1}^{n} \pi_k^{-1}(A_k) \in \sigma\left(\bigcup_{k=1}^{n} \pi_k^{-1}(\mathcal{F}_k)\right).$$

从而

$$\prod_{i=1}^{n} \mathcal{F}_i \subset \sigma\left(\bigcup_{k=1}^{n} \pi_k^{-1}(\mathcal{F}_k)\right).$$

所以有

$$\prod_{i=1}^{n} \mathcal{F}_i = \sigma \left(\bigcup_{k=1}^{n} \pi_k^{-1}(\mathcal{F}_k) \right).$$

证毕.

注　定理 5.1.1 表明, 乘积 σ 代数 $\prod\limits_{i=1}^{n} \mathcal{F}_i$ 是使每个投影 $\pi_k(k = 1, 2, \cdots, n)$ 都可测的最小的 σ 代数.

定理 5.1.2　设 $(\Omega, \mathcal{F})$ 和 $\{(\Omega_i, \mathcal{F}_i), i = 1, 2, \cdots, n\}$ 都是可测空间, $f = (f_1, f_2, \cdots, f_n)$ 是 Ω 到 $\prod\limits_{i=1}^{n} \Omega_i$ 上的映射, 则 f 是 $(\Omega, \mathcal{F})$ 到 $(\prod\limits_{i=1}^{n} \Omega_i, \prod\limits_{i=1}^{n} \mathcal{F}_i)$ 上的可测映射当且仅当对每个 $k = 1, 2, \cdots, n$, f_k 是 $(\Omega, \mathcal{F})$ 到 $(\Omega_k, \mathcal{F}_k)$ 上的可测映射.

证明　由于

$$
\begin{aligned}
f^{-1} \left(\prod_{k=1}^{n} \mathcal{F}_k \right) &= f^{-1} \left(\sigma \left(\bigcup_{k=1}^{n} \pi_k^{-1}(\mathcal{F}_k) \right) \right) \\
&= \sigma \left(f^{-1} \left(\bigcup_{k=1}^{n} \pi_k^{-1}(\mathcal{F}_k) \right) \right) \\
&= \sigma \left(\bigcup_{k=1}^{n} f^{-1}(\pi_k^{-1}(\mathcal{F}_k)) \right) \\
&= \sigma \left(\bigcup_{k=1}^{n} (\pi_k \circ f)^{-1}(\mathcal{F}_k) \right) \\
&= \sigma \left(\bigcup_{k=1}^{n} f_k^{-1}(\mathcal{F}_k) \right).
\end{aligned}
$$

从而

$$f^{-1} \left(\prod_{k=1}^{n} \mathcal{F}_k \right) \subset \mathcal{F} \Leftrightarrow f_k^{-1}(\mathcal{F}_k) \subset \mathcal{F}.$$

证毕.

由定理 5.1.2, 可得如下推论.

推论 5.1.1　投影映射 $\pi_{k_1, k_2, \cdots, k_i}$ 是乘积可测空间 $\left(\prod\limits_{i=1}^{n} \Omega_i, \prod\limits_{i=1}^{n} \mathcal{F}_i \right)$ 到 $\left(\prod\limits_{j=1}^{i} \Omega_{k_j}, \prod\limits_{j=1}^{i} \mathcal{F}_{k_j} \right)$ 的可测映射.

5.2 乘积测度

设 $(\Omega_1, \mathcal{F}_1, \mu), (\Omega_2, \mathcal{F}_2, \nu)$ 是两个测度空间. 本节将在乘积可测空间 $(\Omega_1 \times \Omega_2, \mathcal{F}_1 \times \mathcal{F}_2)$ 上定义乘积测度 $\mu \times \nu$, 并进一步讨论二元可测函数关于乘积测度 $\mu \times \nu$ 的积分.

定义 5.2.1 设 Ω_1, Ω_2 是两个非空集合, $E \subset \Omega_1 \times \Omega_2, \forall x \in \Omega_1,$ 令

$$E_x \overset{\text{def}}{=} \{y \in \Omega_2 | (x, y) \in E\},$$

则称 E_x 为 E 在 x 处的截口（集）.

类似地, 可定义 E 在 y 处的截口（集）E^y, 即

$$E^y \overset{\text{def}}{=} \{x \in \Omega_1 | (x, y) \in E\}.$$

易见

$$E_x = \pi_2^{-1}[(\{x\} \times \Omega_2) \cap E], \quad E^y = \pi_1^{-1}[(\Omega_1 \times \{y\}) \cap E].$$

例 5.2.1 设 $\Omega_1 \times \Omega_2 = \mathbb{R} \times \mathbb{R}$, $E = \{(x, y) | x \geqslant 0, \ y \geqslant 0, \ x^2 + y^2 \leqslant 1\}$, 则 $\forall x \in \mathbb{R}$, 若 $x < 0$ 或 $x > 1$, 则 $E_x = \varnothing$, 若 $0 \leqslant x \leqslant 1$, 则 $E_x = [0, \sqrt{1-x^2}]$. 特别地, 当 $x = 0$ 时, $E_0 = \{y | 0 \leqslant y \leqslant 1\}$, 当 $x = 1$ 时, $E_1 = \{0\}$.

下面给出截口运算的一些性质.

命题 5.2.1 设 Ω_1, Ω_2 是两个非空集合, 下列结论成立.

(1) 若 $E \subset F \subset \Omega_1 \times \Omega_2$, 则 $\forall x \in \Omega_1, \forall y \in \Omega_2$, 有 $E_x \subset F_x, E^y \subset F^y$.

(2) 若 $E \subset \Omega_1 \times \Omega_2, (x, y) \in \Omega_1 \times \Omega_2$, 则

$$I_{E_x}(y) = I_E(x, y) = I_{E^y}(x).$$

(3) 设 $A \subset \Omega_1, B \subset \Omega_2, (x, y) \in \Omega_1 \times \Omega_2$, 则

$$(A \times B)_x = \begin{cases} B, & x \in A, \\ \varnothing, & x \notin A. \end{cases}$$

同理

$$(A \times B)^y = \begin{cases} A, & y \in B, \\ \varnothing, & x \notin B. \end{cases}$$

(4) 设 $E_1, E_2 \subset \Omega_1 \times \Omega_2, (x, y) \in \Omega_1 \times \Omega_2$, 则

$$(E_1 \backslash E_2)_x = (E_1)_x \backslash (E_2)_x, \quad (E_1 \backslash E_2)^y = (E_1)^y \backslash (E_2)^y.$$

(5) 设 $E \subset \Omega_1 \times \Omega_2$, 则 $\forall x \in \Omega_1$, $\forall y \in \Omega_2$, 有

$$(E^c)_x = (E_x)^c, \quad (E^c)^y = (E^y)^c.$$

(6) 设 $E_\alpha \subset \Omega_1 \times \Omega_2$, $\alpha \in \Lambda$, $(x, y) \in \Omega_1 \times \Omega_2$, 则

$$\left(\bigcup_{\alpha \in \Lambda} E_\alpha \right)_x = \bigcup_{\alpha \in \Lambda} (E_\alpha)_x, \quad \left(\bigcup_{\alpha \in \Lambda} E_\alpha \right)^y = \bigcup_{\alpha \in \Lambda} (E_\alpha)^y.$$

证明　(1)、(2)、(3) 的证明比较简单, 留作习题. 下面来证明 (4)、(5)、(6).

(4) 对于 $x \in \Omega_1$, $y \in \Omega_2$, 有

$$
\begin{aligned}
I_{(E_1 \backslash E_2)_x}(y) &= I_{E_1 \backslash E_2}(x, y) = I_{E_1 \backslash (E_1 \cap E_2)}(x, y) \\
&= I_{E_1}(x, y) - I_{(E_1 \cap E_2)}(x, y) \\
&= I_{E_1}(x, y) - I_{E_1}(x, y) I_{E_2}(x, y) \\
&= I_{E_1}(x, y)(1 - I_{E_2}(x, y)) \\
&= I_{(E_1)_x}(y)(1 - I_{(E_2)_x}(y)) \\
&= I_{(E_1)_x}(y) I_{\Omega_2 \backslash (E_2)_x}(y) \\
&= I_{(E_1)_x \cap (\Omega_2 \backslash (E_2)_x)}(y) \\
&= I_{(E_1)_x \backslash [(E_1)_x \cap (E_2)_x]}(y).
\end{aligned}
$$

可见

$$(E_1 \backslash E_2)_x = (E_1)_x \backslash [(E_1)_x \cap (E_2)_x] = (E_1)_x \backslash (E_2)_x.$$

(5) 因为

$$(E^c)_x = (\Omega_1 \times \Omega_2 \backslash E)_x = (\Omega_1 \times \Omega_2)_x \backslash E_x = \Omega_2 \backslash E_x = (E_x)^c.$$

(6) 事实上, 由于

$$I_{(\bigcup\limits_{\alpha \in \Lambda} E_\alpha)_x}(y) = I_{\bigcup\limits_{\alpha \in \Lambda} E_\alpha}(x, y) = \bigvee_{\alpha \in \Lambda} I_{E_\alpha}(x, y) = \bigvee_{\alpha \in \Lambda} I_{(E_\alpha)_x}(y)$$

$$= I_{(\bigcup\limits_{\alpha \in \Lambda} (E_\alpha)_x)}(y), \quad \forall y \in \Omega_2,$$

可见

$$\left(\bigcup_{\alpha \in \Lambda} E_\alpha \right)_x = \bigcup_{\alpha \in \Lambda} (E_\alpha)_x.$$

证毕.

定理 5.2.1 设 $(\Omega_1, \mathcal{F}_1)$ 和 $(\Omega_2, \mathcal{F}_2)$ 是可测空间. 若 $E \in \mathcal{F}_1 \times \mathcal{F}_2$, 则 $\forall x \in \Omega_1$, $\forall y \in \Omega_2$, 有 $E_x \in \mathcal{F}_2$, $E^y \in \mathcal{F}_1$.

证明 记

$$\mathcal{D} = \{A \times B | A \in \mathscr{F}_1, \ B \in \mathscr{F}_2\},$$

$$\mathcal{H} = \{E | E \in \mathcal{F}_1 \times \mathcal{F}_2, E_x \in \mathcal{F}_2, \ E^y \in \mathcal{F}_1, \ \forall x \in \Omega_1, \ \forall y \in \Omega_2\}.$$

下证 $\mathcal{H} = \mathcal{F}_1 \times \mathcal{F}_2$.

由命题 5.2.1 (3) 可知 $\mathcal{D} \subset \mathcal{H}$, 同时有 $\mathcal{H} \subset \mathcal{F}_1 \times \mathcal{F}_2$, 下证 $\mathcal{H} \supset \mathcal{F}_1 \times \mathcal{F}_2$. 依据单调类定理, 只需证 $\mathcal{H}$ 是 $\Omega_1 \times \Omega_2$ 上的 σ 代数.

首先, $\Omega_1 \times \Omega_2 \in \mathcal{D} \subset \mathcal{H}$.

其次, 若 $E \in \mathcal{H}$, 则 $\forall x \in \Omega_1$, $\forall y \in \Omega_2$, $E_x \in \mathcal{F}_2$, $E^y \in \mathcal{F}_1$, 故有

$$(E^c)_x = \Omega_2 \backslash E_x \in \mathcal{F}_2, \quad (E^c)^y = \Omega_1 \backslash E^y \in \mathcal{F}_1.$$

因此 $E^c \in \mathcal{H}$.

最后, 若 $E_n \in \mathcal{H}$, $n \geqslant 1$, 则 $\forall x \in \Omega_1$, $\forall y \in \Omega_2$, 有

$$\left(\bigcup_{n=1}^{\infty} E_n\right)_x = \bigcup_{n=1}^{\infty} (E_n)_x \in \mathcal{F}_2, \quad \left(\bigcup_{n=1}^{\infty} E_n\right)^y = \bigcup_{n=1}^{\infty} (E_n)^y \in \mathcal{F}_1.$$

从而 $\bigcup_{n=1}^{\infty} E_n \in \mathcal{H}$.

因此 $\mathcal{H}$ 是 σ 代数.

由于 $\mathcal{D} \subset \mathcal{H}$, 且 $\mathcal{H}$ 是 σ 代数, 故 $\sigma(\mathcal{D}) \subset \mathcal{H}$, 但 $\sigma(\mathcal{D}) = \mathcal{F}_1 \times \mathcal{F}_2$, 故 $\mathcal{H} \supset \mathcal{F}_1 \times \mathcal{F}_2$, 所以 $\mathcal{H} = \mathcal{F}_1 \times \mathcal{F}_2$. 这表明 $\mathcal{F}_1 \times \mathcal{F}_2$ 具有 $\mathcal{H}$ 的结构, 即 $\forall E \in \mathcal{F}_1 \times \mathcal{F}_2$, 有

$$E_x \in \mathcal{F}_2, \ E^y \in \mathcal{F}_1, \ \forall x \in \Omega_1, \ \forall y \in \Omega_2.$$

证毕.

定理 5.2.1 表明了二元可测集的截口仍是可测集.

设 $(\Omega_1, \mathcal{F}_1)$ 和 $(\Omega_2, \mathcal{F}_2)$ 是可测空间, μ 和 ν 分别是 $\mathcal{F}_1$ 和 $\mathcal{F}_2$ 上的测度. 对任意的 $E \in \mathcal{F}_1 \times \mathcal{F}_2$, 显然, $x \mapsto \nu(E_x)$ 是 $\Omega_1 \to \overline{\mathbb{R}}$ 上的函数, 同理 $y \mapsto \mu(E^y)$ 是 $\Omega_2 \to \overline{\mathbb{R}}$ 上的函数. 接下来探讨这样一个问题: 这两个函数是否分别关于 $\mathcal{F}_1$ 和 $\mathcal{F}_2$ 是可测函数?

下面的命题回答了这个问题.

命题 5.2.2 设 $(\Omega_1, \mathcal{F}_1)$ 和 $(\Omega_2, \mathcal{F}_2)$ 是可测空间.

(1) 设 μ 是 $\mathcal{F}_1$ 上的有限测度, 则 $\forall E \in \mathcal{F}_1 \times \mathcal{F}_2$, 函数 $y \mapsto \mu(E^y)$ 是 $(\Omega_2, \mathcal{F}_2)$ 上的可测函数.

(2) 设 ν 是 $\mathcal{F}_2$ 上的有限测度, 则 $\forall E \in \mathcal{F}_1 \times \mathcal{F}_2$, 函数 $y \mapsto \nu(E_x)$ 是 $(\Omega_1, \mathcal{F}_1)$ 上的可测函数.

证明　(1) 记
$$\mathcal{D} = \{A \times B | A \in \mathcal{F}_1,\ B \in \mathcal{F}_2\},$$

令
$$\mathcal{H} = \{E | E \in \mathcal{F}_1 \times \mathcal{F}_2,\ \text{函数 } y \mapsto \mu(E^y) \text{ 是 } \mathcal{F}_2 \text{ 可测的}\}.$$

则 $\mathcal{F}_1 \times \mathcal{F}_2 = \sigma(\mathcal{D})$, 且 $\mathcal{D} \subset \mathcal{H} \subset \mathcal{F}_1 \times \mathcal{F}_2$.

事实上, 对 $A \times B \in \mathcal{D}$, 由于 $y \mapsto \mu[(A \times B)^y] = \mu(A)I_B(y)$, 从而是 $(\Omega_2, \mathcal{F}_2)$ 上的可测函数, 这就说明 $A \times B \in \mathcal{H}$, 即有 $\mathcal{D} \subset \mathcal{H}$.

下证 $\mathcal{H} = \sigma(\mathcal{D})$. 已知 $\mathcal{H} \subset \mathcal{F}_1 \times \mathcal{F}_2$, 故只需证 $\mathcal{H} \supset \mathcal{F}_1 \times \mathcal{F}_2$.

由于 $\mathcal{D}$ 是一个 π 类, 且 $\mathcal{D} \subset \mathcal{H}$, 故只需证 $\mathcal{H}$ 是 λ 类即可.

首先, $\Omega_1 \times \Omega_2 \in \mathcal{D} \subset \mathcal{H}$.

其次, 设 $E, F \in \mathcal{H}$, 且 $E \subset F$, 则 $F \backslash E \in \mathcal{F}_1 \times \mathcal{F}_2$, 且有
$$y \mapsto \mu[(F \backslash E)^y] = \mu(F^y \backslash E^y) = \mu(F^y) - \mu(E^y).$$

其中 $y \mapsto \mu(F)^y$ 和 $y \mapsto \mu(E)^y$ 都是 $\mathcal{F}_2$ 可测函数, 从而 $y \mapsto \mu(F)^y - \mu[(E)^y]$ 是 $\mathcal{F}_2$ 可测的, 所以 $F \backslash E \in \mathcal{H}$.

最后, 设 $E_n \in \mathcal{H}$, 且 $E_n \subset E_{n+1}$, $n \geqslant 1$, 则 $y \mapsto \mu((E_n)^y)$ 是 $\mathcal{F}_2$ 可测的, 故由截口的性质和测度的从下连续性得
$$y \mapsto \mu\left[\left(\bigcup_{n=1}^{\infty} E_n\right)^y\right] = \mu\left(\bigcup_{n=1}^{\infty}(E_n)^y\right) = \lim_{n \to \infty} \mu((E_n)^y).$$

可见 $y \mapsto \mu\left[\left(\bigcup_{n=1}^{\infty} E_n\right)^y\right]$ 是 $\mathcal{F}_2$ 可测的.

这就说明 $\bigcup_{n=1}^{\infty} E_n \in \mathcal{H}$. 从而 $\mathcal{H}$ 是一个 λ 类, 所以 $\mathcal{F}_1 \times \mathcal{F}_2 = \sigma(\mathcal{D}) = \mathcal{H}$. 这就说明了 $\mathcal{F}_1 \times \mathcal{F}_2$ 具有 $\mathcal{H}$ 的结构. 即 $\forall E \in \mathcal{F}_1 \times \mathcal{F}_2$, 函数 $y \mapsto \mu(E^y)$ 是 $(\Omega_2, \mathcal{F}_2)$ 上的 $\mathcal{F}_2$ 可测函数. 故结论成立.

(2) 同理可证. 证毕.

下面的命题是命题 5.2.2 的更一般的结果.

命题 5.2.3　设 $(\Omega_1, \mathcal{F}_1, \mu)$ 和 $(\Omega_2, \mathcal{F}_2, \nu)$ 是两个 σ 有限的测度空间, 则对每个 $E \in \mathcal{F}_1 \times \mathcal{F}_2$, 有:

(1) $x \mapsto \nu(E_x)$ 是 Ω_1 上的 $\mathcal{F}_1$ 可测函数;

(2) $y \mapsto \mu(E^y)$ 是 Ω_2 上的 $\mathcal{F}_2$ 可测函数.

证明 (1) 因 ν 是 σ 有限的, 所以存在 Ω_2 的可数可测划分 $\{A_n \in \mathcal{F}_2, n \geqslant 1\}$, 使得 $\Omega_2 = \bigcup_{n=1}^{\infty} A_n$, 且 $A_n \cap A_m = \varnothing(n \neq m)$, 使得 $\nu(A_n) < +\infty, n \geqslant 1$.

令

$$\nu_n(S) = \nu(S \cap A_n), \quad \forall S \in \mathcal{F}_2.$$

易见 ν_n 是 $\mathcal{F}_2$ 上的有限测度, 于是

$$\nu(S) = \sum_{n=1}^{\infty} \nu_n(S),$$

由此可见, 对于任意 $E \in \mathcal{F}_1 \times \mathcal{F}_2$, 有

$$x \mapsto \nu(E_x) = \sum_{n=1}^{\infty} \nu_n(E_x).$$

其中, $x \mapsto \nu_n(E_x)$ 是 $\mathcal{F}_1$ 可测的 (由命题 5.2.2 可得), 从而 $x \mapsto \nu(E_x)$ 是 $\mathcal{F}_1$ 可测的.

(2) 同理可证. 证毕.

定理 5.2.2 设 $(X, \mathcal{A}, \mu)$ 和 $(Y, \mathcal{B}, \nu)$ 是 σ 有限测度空间, 则在 $\mathcal{A} \times \mathcal{B}$ 上存在唯一的 σ 有限测度, 记为 $\mu \times \nu$, 满足 $\forall A \in \mathcal{A}$, $B \in \mathcal{B}$, 有 $\mu \times \nu(A \times B) = \mu(A)\nu(B)$. 也称 $\mu \times \nu$ 为 μ 和 ν 的乘积测度.

证明 唯一性由测度扩张定理直接得到, 下证存在性.

定义 $\mathcal{A} \times \mathcal{B}$ 上的集函数 λ 如下:

$$\lambda(E) = \int_X \nu(E_x)\mu(\mathrm{d}x), \quad \forall E \in A \times B.$$

易见 λ 有意义, 且 $\lambda(E) \geqslant 0$, $\lambda(\varnothing) = 0$.

下设 $\{E_n, n \geqslant 1\} \subset \mathcal{A} \times \mathcal{B}$, 且两两不交, 则

$$\lambda\left(\bigcup_{n=1}^{\infty} E_n\right) = \int_X \nu\left[\left(\bigcup_{n=1}^{\infty} E_n\right)_x\right]\mu(\mathrm{d}x) = \int_X \left(\bigcup_{n=1}^{\infty} \nu[(E_n)_x]\right)\mu(\mathrm{d}x)$$

$$= \sum_{n=1}^{\infty} \int_X \nu[(E_n)_x]\mu(\mathrm{d}x) = \sum_{n=1}^{\infty} \lambda(E_n).$$

可见, λ 是 $\mathcal{A} \times \mathcal{B}$ 上的测度.

若令 $\lambda = \mu \times \nu$, 则对任意的 $A \in \mathcal{A}$, $B \in \mathcal{B}$, 有

$$\mu \times \nu(A \times B) = \lambda(A \times B) = \int_X \nu[(A \times B)_x]\mu(\mathrm{d}x)$$

$$= \int_X \nu(B)I_A(x)\mu(\mathrm{d}x) = \mu(A)\nu(B).$$

因 $(X, \mathcal{A}, \mu)$ 和 $(Y, \mathcal{B}, \nu)$ 都是 σ 有限, 故有可数可测划分 $\{A_n \in \mathcal{A},\ n \geqslant 1\}$ 和 $\{B_m \in \mathcal{B},\ m \geqslant 1\}$, 使得

$$X = \bigcup_{n=1}^{\infty} A_n, \quad \mu(A_n) < +\infty, \quad n \geqslant 1.$$

和

$$Y = \bigcup_{m=1}^{\infty} B_m, \quad \mu(B_m) < +\infty, \quad m \geqslant 1.$$

于是

$$X \times Y = \bigcup_{m=1,\, n=1}^{\infty} A_m \times B_n.$$

且

$$\mu \times \nu(A_n \times B_m) = \mu(A_n)\nu(B_m) < +\infty, \quad n, m \geqslant 1.$$

证毕.

下面的推论是显然的.

推论 5.2.1　设 $(X, \mathcal{A}, \mu)$ 和 $(Y, \mathcal{B}, \nu)$ 是 σ 有限测度空间, $\mu \times \nu$ 是乘积测度, 则

$$\mu \times \nu(E) = \int_X \nu(E_x)\mu(\mathrm{d}x) = \int_Y \mu(E^y)\nu(\mathrm{d}y), \quad \forall E \in \mathcal{A} \times \mathcal{B}.$$

定义 5.2.2　设 f 是 $\Omega_1 \times \Omega_2$ 上的二元函数, 设 $x \in \Omega_1$, 则记 $f_x(\cdot) = f(x, \cdot)$, 称 $f_x(\cdot)$ 为二元函数 f 在 x 处的截口函数. 同理, 对 $y \in \Omega_2$, 有 $f^y(\cdot) = f(\cdot, y)$, 称 $f^y(\cdot)$ 为二元函数 f 在 y 处的截口函数.

截口函数有如下基本性质.

性质 1　设 f, g 是 $\Omega_1 \times \Omega_2$ 上的二元函数, 则 $f \leqslant g$ 的充分必要条件是 $f_x(\cdot) \leqslant g_x(\cdot)$ 和 $f^y(\cdot) \leqslant g^y(\cdot)$.

性质 2　设 $E \subset \Omega_1 \times \Omega_2$, 则

$$(I_E)_x(\cdot) = I_{E_x}(\cdot), \quad (I_E)^y(\cdot) = I_{E^y}(\cdot).$$

性质 3　设 α, β 是常值, f, g 是 $\Omega_1 \times \Omega_2$ 上的二元函数, 则

$$(\alpha f + \beta g)_x(\cdot) = \alpha f_x(\cdot) + \beta g_x(\cdot), \quad (\alpha f + \beta g)^y(\cdot) = \alpha f^y(\cdot) + \beta g^y(\cdot).$$

下面的命题说明了二元可测函数的截口函数是一元可测函数.

命题 5.2.4　设 f 是 $(\Omega_1 \times \Omega_2, \mathcal{F}_1 \times \mathcal{F}_2)$ 上的可测函数, 则 $\forall x \in \Omega_1$, $\forall y \in \Omega_2$, 有

$f_x(\cdot) = f(x, \cdot)$ 是 $(\Omega_2, \mathcal{F}_2)$ 上的可测函数, $f^y(\cdot) = f(\cdot, y)$ 是 $(\Omega_1, \mathcal{F}_1)$ 上的可测函数.

证明 设

$$\mathcal{D} = \{A \times B | A \in \mathcal{F}_1,\ B \in \mathcal{F}_2\},$$

则

$$\mathcal{F}_1 \times \mathcal{F}_2 = \sigma(\mathcal{D}).$$

令

$\mathcal{H} = \{f | f \text{ 是 } (\Omega_1 \times \Omega_2, \mathcal{F}_1 \times \mathcal{F}_2) \text{ 上的可测函数, 且 } \forall x \in \Omega_1,\ f_x(\cdot) \text{ 是 } (\Omega_2, \mathcal{F}_2) \text{ 上的可测函数}\}.$
显然 $\mathcal{H}$ 是一个线性空间, 且

(1) $1 \in \mathcal{H}$.

(2) $f_n \in \mathcal{H},\ n \geqslant 1,\ f_n \uparrow f \Rightarrow f \in \mathcal{H}$.

事实上, 若设 $f_n \in \mathcal{H},\ n \geqslant 1$, 且 $f_n \uparrow f$, 则 $\forall n \geqslant 1,\ f_n$ 和 f 都是 $(\Omega_1 \times \Omega_2, \mathcal{F}_1 \times \mathcal{F}_2)$ 上的可测函数, 且 $\forall x \in \Omega_1,\ f_{n_x}(\cdot)$ 是 $(\Omega_2, \mathcal{F}_2)$ 上的可测函数.

又 $f_{n_x} \uparrow f_x$, 从而 f_x 也是 $(\Omega_2, \mathcal{F}_2)$ 上的可测函数.

所以 $f \in \mathcal{H}$.

(3) $\forall A \times B \in \mathcal{D} \Rightarrow I_{A \times B} \in \mathcal{H}$.

显然 $I_{A \times B}$ 是 $(\Omega_1 \times \Omega_2, \mathcal{F}_1 \times \mathcal{F}_2)$ 上的可测函数. $\forall x \in \Omega_1$, 由于

$$I_{(A \times B)_x}(\cdot) = I_A(x) I_B(\cdot),$$

因此 $I_{(A \times B)_x}(\cdot)$ 是 $(\Omega_2, \mathcal{F}_2)$ 上的可测函数.

所以 $I_{A \times B} \in \mathcal{H}$.

综上, 由定理 2.3.1, $\mathcal{H}$ 包含一切 $(\Omega_1 \times \Omega_2, \mathcal{F}_1 \times \mathcal{F}_2)$ 上的二元可测函数, 即对 $(\Omega_1 \times \Omega_2, \mathcal{F}_1 \times \mathcal{F}_2)$ 上的任意二元可测函数, 其截口函数依然是一元可测函数. 证毕.

定理 5.2.3 设 $(X, \mathcal{A}, \mu)$ 和 $(Y, \mathcal{B}, \nu)$ 是 σ 有限测度空间, $\mu \times \nu$ 是 μ 和 ν 的乘积测度, 若 f 是 $X \times Y$ 上的非负可测函数, 则函数 $y \mapsto \int_X f^y \mu(\mathrm{d}x)$ 和 $x \mapsto \int_Y f_x \nu(\mathrm{d}y)$ 分别为 $(Y, \mathcal{B})$ 和 $(X, \mathcal{A})$ 上的可测函数, 且

$$\int_{X \times Y} f(x, y) \mathrm{d}(\mu \times \nu) = \int_Y \left(\int_X f^y \mu(\mathrm{d}x) \right) \nu(\mathrm{d}y) = \int_X \left(\int_Y f_x \nu(\mathrm{d}y) \right) \mu(\mathrm{d}x).$$

证明 不妨设 μ 和 ν 都是有限测度, 令

$$\mathcal{D} = \{A \times B | A \in \mathcal{A},\ B \in \mathcal{B}\}, \quad \mathcal{F} = \{E \in \mathcal{A} \times \mathcal{B} | I_E \text{ 满足定理的结论}\}.$$

由于

$$\int_{X\times Y} I_{A\times B}(x,y)\mathrm{d}(\mu\times\nu) = \int_{X\times Y} I_A(x)I_B(y)\mathrm{d}(\mu\times\nu),$$

以及定理 5.2.2, 可得 $\mathcal{D}\subset\mathcal{F}\subset\mathcal{A}\times\mathcal{B}$. 依据积分的性质可知 $\mathcal{F}$ 是一个 λ 类, 由于 $\mathcal{D}$ 是 π 类, 且 $\mathcal{A}\times\mathcal{B}=\sigma(\mathcal{D})$, 所以 $\sigma(\mathcal{D})\subset\mathcal{F}$, 最终有 $\mathcal{F}=\mathcal{A}\times\mathcal{B}$. 这就说明了 $\forall E\in\mathcal{A}\times\mathcal{B}$, I_E 满足定理的结论.

由于非负简单可测函数是可测集示性函数的线性组合, 依据积分的线性性, 可知结论对非负简单可测函数成立. 再由单调收敛定理可知, 对 $X\times Y$ 上任意非负 $\mathcal{A}\times\mathcal{B}$ 可测函数, 定理的结论成立. 证毕.

定理 5.2.4 (Fubini 定理) 设 $(X,\mathcal{A},\mu)$ 和 $(Y,\mathcal{B},\nu)$ 是 σ 有限测度空间, f 是 $X\times Y$ 上 $\mathcal{A}\times\mathcal{B}$ 可测函数. 若 f 关于 $\mu\times\nu$ 可积 (相应地, 积分存在), 则

(1) 对 μ-a.e. x, f_x 关于 ν 可积 (相应地, 关于 ν 积分存在); 对 ν-a.e. y, f^y 关于 μ 可积 (相应地, 关于 μ 积分存在);

(2) 令

$$I_f(x) = \begin{cases} \displaystyle\int_Y f_x\mathrm{d}\nu, & \text{若 } f_x \text{ 为 } \nu \text{ 可积 (相应地, 积分存在) 情形,} \\ 0, & \text{其他情形.} \end{cases}$$

$$I^f(y) = \begin{cases} \displaystyle\int_X f^y\mathrm{d}\mu, & \text{若 } f^y \text{ 为 } \mu \text{ 可积 (相应地, 积分存在) 情形,} \\ 0, & \text{其他情形.} \end{cases}$$

则 I_f 为 μ 可积 (相应地, 积分存在), I^f 为 ν 可积 (相应地, 积分存在), 且有

$$\int_{X\times Y} f(x,y)\mathrm{d}(\mu\times\nu) = \int_X I_f(x)\mu(\mathrm{d}x) = \int_Y I^f(y)\nu(\mathrm{d}y).$$

证明 若 f 为非负可测且关于 $\mu\times\nu$ 可积, 则由定理 5.2.3 知结论 (1) 成立, 且有

$$I_f(x) = \int_Y f_x\mathrm{d}\nu, \ \mu\text{-a.e. } x, \quad I^f(y) = \int_X f^y\mathrm{d}\mu, \ \nu\text{-a.e. } y.$$

于是结论 (2) 亦成立. 对一般的可测函数 f, 由于 $f=f^+-f^-$, 故可证. 证毕.

例 5.2.2 设 $\displaystyle\sum_{m,n=1}^{\infty} a_{m,n}$ 是一个非负项二重级数, 证明

$$\sum_{m=1}^{\infty}\sum_{n=1}^{\infty} a_{m,n} = \sum_{n=1}^{\infty}\sum_{m=1}^{\infty} a_{m,n} = \sum_{m,n=1}^{\infty} a_{m,n}.$$

证明 考虑测度空间 $(\mathbb{N}, \mathscr{F}, \mu)$，其中 $\mathscr{F} = 2^{\mathbb{N}}$，$\mu$ 是计数测度，即 $\mu(A)$ 表示 A 中元素个数. 易见 $(\mathbb{N}, \mathscr{F}, \mu)$ 是 σ 有限测度空间. 于是 $(\mathbb{N} \times \mathbb{N}, \mathscr{F} \times \mathscr{F}, \mu \times \mu)$ 是 σ 有限的. 令

$$f(m, n) = a_{m,n}, \quad m, n \in \mathbb{N} \times \mathbb{N}.$$

于是由 Fubini 定理有

$$\int_{\mathbb{N} \times \mathbb{N}} f(m, n) \mathrm{d}(\mu \times \mu) = \int_{\mathbb{N}} \mu(\mathrm{d}n) \int_{\mathbb{N}} f(m, n) \mu(\mathrm{d}m).$$

但

$$\int_{\mathbb{N} \times \mathbb{N}} f(m, n) \mathrm{d}(\mu \times \mu) = \int_{\sum\limits_{m=1, n=1}^{\infty} \{(m,n)\}} f(m, n) \mathrm{d}(\mu \times \mu) = \sum_{m,n=1}^{\infty} f(m, n) = \sum_{m,n=1}^{\infty} a_{m,n}.$$

另一方面

$$\begin{aligned}
\int_{\mathbb{N}} \mu(\mathrm{d}n) \int_{\mathbb{N}} f(m, n) \mu(\mathrm{d}m) &= \int_{\mathbb{N}} \mu(\mathrm{d}n) \sum_{m=1}^{\infty} f(m, n) \\
&= \sum_{m=1}^{\infty} \sum_{n=1}^{\infty} f(m, n) \\
&= \sum_{m=1}^{\infty} \sum_{n=1}^{\infty} a_{m,n}.
\end{aligned}$$

由此

$$\sum_{m,n=1}^{\infty} a_{m,n} = \sum_{n=1}^{\infty} \sum_{m=1}^{\infty} a_{m,n} = \sum_{m=1}^{\infty} \sum_{n=1}^{\infty} a_{m,n}.$$

Fubini 定理说明，只要二元可测函数关于乘积测度积分存在，则两个分次积分是相等的. 但是, 如果二元可测函数关于乘积测度积分不存在, 即便两个分次积分能计算出来, 但也未必相等.

另外, 如果取掉测度 μ_1 和 μ_2 均 σ 有限这个条件, 则 Fubini 定理也可能不成立.

例 5.2.3 设 $\Omega_1 = \Omega_2 = [0, 1)$，$\mathscr{F}_1 = \mathscr{F}_2 = [0, 1) \cap \mathcal{B}(\mathbb{R})$，$\mu_1$ 和 μ_2 都是 $[0, 1)$ 上的 Lebesgue 测度, 则 μ_1 和 μ_2 都是 σ 有限的. 令

$$f(x_1, x_2) = \begin{cases} (x_1^2 - x_2^2)(x_1^2 + x_2^2), & x_1^2 + x_2^2 > 0, \\ 0, & x_1^2 + x_2^2 = 0. \end{cases}$$

此时

$$\int_{[0,1)} \mu_1(\mathrm{d}x_1) \int_{[0,1)} f(x_1, x_2) \mu_2(\mathrm{d}x_2) = \frac{\pi}{4}.$$

$$\int_{[0,1)} \mu_2(\mathrm{d}x_2) \int_{[0,1)} f(x_1, x_2)\mu_1(\mathrm{d}x_1) = -\frac{\pi}{4}.$$

容易证明 $f(x_1, x_2)$ 关于乘积测度 $\mu_1 \times \mu_2$ 的积分并不存在.

例 5.2.4　Ω_1, Ω_2, $\mathcal{F}_1$, $\mathcal{F}_2$ 同例 5.2.3, 设 μ_1 是 $[0,1)$ 上的 Lebesgue 测度. $\forall B \in \mathcal{B}(R)$, 令 $\mu_2(B) = \#(B)$. 可见 μ_1 是 σ 有限的, 而 μ_2 不是. 令

$$D = \{(x_1, x_2) | x_1 = x_2,\ x_1, x_2 \in [0,1)\},$$

则

$$\int_{[0,1)} \mu_2(D_{x_1})\mathrm{d}\mu_1 = 1, \quad \int_{[0,1)} \mu_1(D_{x_2})\mathrm{d}\mu_2 = 0.$$

可见, 在这种条件下, 分次积分不能交换顺序.

5.3　有限核产生的测度与积分

本节将上一节的内容做了推广.

定义 5.3.1　设 $(X, \mathcal{A})$ 和 $(Y, \mathcal{B})$ 为两个可测空间, 称函数 $K : X \times \mathcal{B} \mapsto [0, +\infty]$ 为从 $(X, \mathcal{A})$ 到 $(Y, \mathcal{B})$ 的一个核 (kernel), 如果它满足下列两个条件:

(1) $\forall x \in X$, $K(x, \cdot)$ 为 $(Y, \mathcal{B})$ 上的测度;

(2) $\forall B \in \mathcal{B}$, $K(\cdot, B)$ 为 X 上的 $\mathcal{A}$ 可测函数.

特别地, 如果 $\forall x \in X$, $K(x, Y) < +\infty$, 则称 K 为有限核; 如果 $\forall x \in X$, $K(x, Y) = 1$, 则称 K 为概率核; 如果存在 Y 的一个可数可测划分 $\{B_n, n \geqslant 1\} \subset \mathcal{B}$, 使得 $Y = \bigcup\limits_{n=1}^{\infty} B_n$, 且对一切 $x \in X$ 及 $n \geqslant 1$, 有 $K(x, B_n) < +\infty$, 则称 K 为 σ 有限核.

注　从 $(X, \mathcal{A})$ 到 $(Y, \mathcal{B})$ 的一个核 K 又称为 $(X, \mathcal{A})$ 到 $(Y, \mathcal{B})$ 的测度转移函数, 简称为转移函数. 特别地, 当 K 为概率核时, 称 K 为概率转移函数.

命题 5.3.1　设函数 K 为从 $(X, \mathcal{A})$ 到 $(Y, \mathcal{B})$ 的一个核, μ 是 $(X, \mathcal{A})$ 上的测度, f 为 Y 上非负的 $\mathcal{B}$ 可测函数.

(1) 令 $\nu(B) = \displaystyle\int_X K(x, B)\mu(\mathrm{d}x)$, $\forall B \in \mathcal{B}$, 则 ν 为 $(Y, \mathcal{B})$ 上的测度.

(2) $x \mapsto \displaystyle\int_Y f(y)K(x, \mathrm{d}y)$ 为 X 上的 $\mathcal{A}$ 可测函数.

(3) $\displaystyle\int_Y f(y)\nu(\mathrm{d}y) = \int_X \left(\int_Y f(y)K(x, \mathrm{d}y) \right) \mu(\mathrm{d}x)$.

证明 (1) 显然有 $\nu(\varnothing) = 0$, 且 $\forall B \in \mathcal{B}, \nu(B) \geqslant 0$. 下证 ν 是 σ 可加的.

设 $\{B_n,\ n \geqslant 1\} \subset \mathcal{B}$, 且两两不交, 则有

$$
\begin{aligned}
\nu\left(\bigcup_{n=1}^{\infty} B_n\right) &= \int_X K\left(x, \bigcup_{n=1}^{\infty} B_n\right) \mu(\mathrm{d}x) \\
&= \int_X \sum_{n=1}^{\infty} K(x, B_n) \mu(\mathrm{d}x) \\
&= \sum_{n=1}^{\infty} \int_X K(x, B_n) \mu(\mathrm{d}x) \\
&= \sum_{n=1}^{\infty} \nu(B_n).
\end{aligned}
$$

(2) $\forall B \in \mathcal{B}$, 令 $f = I_B$, 则

$$
x \mapsto \int_Y I_B K(x, \mathrm{d}y) = K(x, B),
$$

由于 $K(x, B)$ 是 X 上的 $\mathcal{A}$ 可测函数, 这就说明对 Y 上的任意可测集的示性函数, 结论成立. 由于可测函数的线性组合也是可测函数, 所以对非负简单可测函数, 结论成立. 再由可测函数的极限依然是可测的可知, 对 Y 上任意非负 $\mathcal{B}$ 可测函数, 结论成立.

(3) $\forall B \in \mathcal{B}$, 令 $f = I_B$, 则

$$
\int_Y I_B \nu(\mathrm{d}y) = \nu(B) = \int_X K(x, B) \mu(\mathrm{d}x) = \int_X \left(\int_Y I_B K(x, \mathrm{d}y)\right) \mu(\mathrm{d}x).
$$

这就说明对 Y 上的任意可测集的示性函数, 结论成立. 由于非负简单可测函数是可测集示性函数的线性组合, 依据积分的线性性, 可知结论对非负简单可测函数成立. 再由单调收敛定理可知, 对 Y 上任意非负 $\mathcal{B}$ 可测函数, 结论成立. 证毕.

下一个定理是定理 5.2.2 的推广.

定理 5.3.1 设函数 K 为从 $(X, \mathcal{A})$ 到 $(Y, \mathcal{B})$ 的一个 σ 有限核, μ 是 $(X, \mathcal{A})$ 上的测度.

(1) 令 $N(x, E) = K(x, E_x)$, $E \in \mathcal{A} \times \mathcal{B}$, 则 N 为从 $(X, \mathcal{A})$ 到 $(X \times Y, \mathcal{A} \times \mathcal{B})$ 的一个 σ 有限核.

(2) 令

$$
\mu K(E) = \int_X K(x, E_x) \mu(\mathrm{d}x), \quad E \in \mathcal{A} \times \mathcal{B},
$$

则 μK 为 $\mathcal{A} \times \mathcal{B}$ 上的测度, 且有

$$\mu K(A \times B) = \int_A K(x, B)\mu(\mathrm{d}x), \quad A \in \mathcal{A},\ B \in \mathcal{B}.$$

(3) 若 μ 为 σ 有限测度, 则 μK 也为 σ 有限测度, 且它是 $(X \times Y, \mathcal{A} \times \mathcal{B})$ 上唯一满足上式的测度.

证明　(1) 首先, 对任何 $x \in X$, $N(x, \cdot)$ 显然是 $(X \times Y, \mathcal{A} \times \mathcal{B})$ 上的测度. 令 $\{B_n, n \geqslant 1\}$ 为 Y 的一可数划分, 使得 $B_n \in \mathcal{B}$, $n \geqslant 1$, 且对一切 $x \in X$, 及 $n \geqslant 1$, 有 $K(x, B_n) < +\infty$. 令

$$\mathcal{B}_n = B_n \cap \mathcal{B}, \quad \mathcal{C}_n = \{A \times C \mid A \in \mathcal{A},\ C \in \mathcal{B}_n\},$$

$$\mathcal{G}_n = \{E \in \mathcal{A} \times \mathcal{B}_n \mid N(\cdot, E)\text{为 } \mathcal{A} \text{ 可测函数}\},$$

则 $\mathcal{C}_n$ 为 $X \times B_n$ 上的 π 类, 且 $\sigma(\mathcal{C}_n) = \mathcal{A} \times \mathcal{B}_n$.

又 $\mathcal{C}_n \subset \mathcal{G}_n \subset \mathcal{A} \times \mathcal{B}_n$, 且显然 $\mathcal{G}_n$ 为 $X \times B_n$ 上的 λ 类, 故由单调类定理知 $\mathcal{G}_n = \mathcal{A} \times \mathcal{B}_n$. 即 $\forall E \in \mathcal{A} \times \mathcal{B}_n$, $N(\cdot, E)$ 都是 $\mathcal{A}$ 可测函数.

现设 $E \in \mathcal{A} \times \mathcal{B}$, 令 $E_n = E \cap (X \times B_n)$, 则易知 $E_n \in \mathcal{A} \times \mathcal{B}_n$, 且 $E = \sum\limits_{n=1}^{\infty} E_n$. 于是我们有

$$N(x, E) = \sum_{n=1}^{\infty} N(x, E_n), \quad x \in X,$$

从而 $N(\cdot, E)$ 为 $\mathcal{A}$ 可测函数. 此外, 由于 $(X \times B_n)_x = B_n$, 所以有

$$N(x, X \times B_n) = K(x, B_n) < +\infty,$$

因此 N 为从 $(X, \mathcal{A})$ 到 $(X \times Y, \mathcal{A} \times \mathcal{B})$ 的一个 σ 有限核.

(2) 显然有 $\mu K(\varnothing) = 0$, 且 $\forall E \in \mathcal{A} \times \mathcal{B}$, $\mu K(E) \geqslant 0$. 下证 μK 是 σ 可加的.

设 $\{E_n,\ n \geqslant 1\} \subset \mathcal{A} \times \mathcal{B}$, 且两两不交, 则有

$$\mu K\left(\bigcup_{n=1}^{\infty} E_n\right) = \int_X K\left(x, \left(\bigcup_{n=1}^{\infty} E_n\right)_x\right)\mu(\mathrm{d}x)$$

$$= \int_X \sum_{n=1}^{\infty} K(x, E_{n_x})\mu(\mathrm{d}x)$$

$$= \sum_{n=1}^{\infty} \int_X K(x, E_{n_x})\mu(\mathrm{d}x)$$

$$= \sum_{n=1}^{\infty} \mu K(E_n).$$

所以 μK 为 $\mathcal{A} \times \mathcal{B}$ 上的测度, 且 $\forall A \in \mathcal{A}$, $\forall B \in \mathcal{B}$ 有

$$\mu K(A \times B) = \int_X K(x, (A \times B)_x) \mu(\mathrm{d}x)$$

$$= \int_X I_A K(x, B) \mu(\mathrm{d}x)$$

$$= \int_A K(x, B) \mu(\mathrm{d}x).$$

(3) 设 μ 为 σ 有限测度, 令 $\{A_n, n \geqslant 1\}$ 为 X 的一可数划分, 使得 $A_n \in \mathcal{A}$, $\mu(A_n) < +\infty$, $n \geqslant 1$. 令 $\{B_n, n \geqslant 1\}$ 为 Y 的一可数划分, 使得 $B_n \in \mathcal{B}$, $n \geqslant 1$, 且对一切 $x \in X$, 及 $n \geqslant 1$, 有 $K(x, B_n) < +\infty$, 再令

$$A_{m,k,l} = [l - 1 \leqslant K(\cdot, B_k) < l] \cap A_m, \quad m, k, l \geqslant 1,$$

则对一切 $k \geqslant 1$, 我们有 $\sum\limits_{m,l} A_{m,k,l} = X$, 且有

$$\mu K(A_{m,k,l} \times B_k) = \int_{A_{m,k,l}} K(x, B_k) \mu(\mathrm{d}x) < +\infty.$$

由于 $\sum\limits_{m,k,l} A_{m,k,l} \times B_k = X \times Y$, 故 μK 限于半代数 $\mathcal{C} = \{A \times B | A \in \mathcal{A},\ B \in \mathcal{B}\}$ 为 σ 有限. 因此由测度扩张定理 (定理 1.4.3), 结论得证. 证毕.

设 $(X, \mathcal{A}, \mu)$ 和 $(Y, \mathcal{B}, \nu)$ 是两个 σ 有限的测度空间. $\forall x \in X$, $B \in \mathcal{B}$, 若令 $K(x, B) = \nu(B)$, 则 $\mu K = \mu \times \nu$. 因此定理 5.3.1 是定理 5.2.2 的推广.

下一定理推广了定理 5.2.3.

定理 5.3.2 设函数 K 为从 $(X, \mathcal{A})$ 到 $(Y, \mathcal{B})$ 的一个 σ 有限核, μ 是 $(X, \mathcal{A})$ 上的 σ 有限测度. 若 f 是 $X \times Y$ 上的非负可测函数, 则

$$\int_{X \times Y} f(x, y) \mathrm{d}(\mu K) = \int_X \left[\int_Y f(x, y) K(x, \mathrm{d}y) \right] \mu(\mathrm{d}x).$$

其中函数 $x \mapsto \displaystyle\int_Y f(x, y) K(x, \mathrm{d}y)$ 为 $(X, \mathcal{A})$ 上的可测函数.

证明 先来证明函数 $x \mapsto \displaystyle\int_Y f(x, y) K(x, \mathrm{d}y)$ 为 $(X, \mathcal{A})$ 上的可测函数.

采用典型方法, 只需证对任何 $E \in \mathcal{A} \times \mathcal{B}$, 函数 $x \mapsto \displaystyle\int_Y I_E(x, y) K(x, \mathrm{d}y)$ 是 $(X, \mathcal{A})$ 上的可测函数. 不妨假定 μ 为有限测度, 且对一切 $x \in X$, $K(x, \cdot)$ 也是有限测度 (否则, 分别取 X 及 Y 的可数划分 $\{A_n, n \geqslant 1\}$ 和 $\{B_n, n \geqslant 1\}$, 使得 $\forall x \in X$, $n \geqslant 1$, 有

$K(x, B_n) < +\infty,\ \mu(A_n) < +\infty,$ 并在每个 $A_n \times B_m$ 上考虑问题). 令

$$\mathcal{D} = \{A \times B \mid A \in \mathcal{A},\ B \in \mathcal{B}\},$$

$$\mathcal{H} = \left\{ E \mid E \in \mathcal{A} \times \mathcal{B},\ 函数\ x \mapsto \int_Y I_E(x, y) K(x, \mathrm{d}y)\ 是\ \mathcal{A}\ 可测函数 \right\}.$$

则 $\mathcal{A} \times \mathcal{B} = \sigma(\mathcal{D})$, 且 $\mathcal{D} \subset \mathcal{H} \subset \mathcal{A} \times \mathcal{B}$.

事实上, 对 $A \times B \in \mathcal{D}$, 由于 $x \mapsto \displaystyle\int_Y I_{A \times B}(x, y) K(x, \mathrm{d}y) = \int_Y I_A(x) I_B(y) K(x, \mathrm{d}y)$
$= I_A(x) K(x, B)$, 从而是 $(X, \mathcal{A})$ 上的 $\mathcal{A}$ 可测函数, 这就说明 $A \times B \in \mathcal{H}$, 即有 $\mathcal{D} \subset \mathcal{H}$.

下证 $\mathcal{H} = \sigma(\mathcal{D})$. 已知 $\mathcal{H} \subset \mathcal{A} \times \mathcal{B}$, 故只需证 $\mathcal{H} \supset \mathcal{A} \times \mathcal{B}$.

由于 $\mathcal{D}$ 是一个 π 类, 故只需证 $\mathcal{H}$ 是 λ 类即可.

首先, $X \times Y \in \mathcal{D} \subset \mathcal{H}$.

其次, 设 $E, F \in \mathcal{H}$, 且 $E \subset F$, 则 $F \backslash E \in \mathcal{A} \times \mathcal{B}$, 且有

$$x \mapsto \int_Y I_{F \backslash E}(x, y) K(x, \mathrm{d}y) = \int_Y I_F(x, y) K(x, \mathrm{d}y) - \int_Y I_{F \cap E}(x, y) K(x, \mathrm{d}y).$$

其中 $x \mapsto \displaystyle\int_Y I_F(x, y) K(x, \mathrm{d}y)$ 和 $x \mapsto \displaystyle\int_Y I_{F \cap E}(x, y) K(x, \mathrm{d}y)$ 都是 $\mathcal{A}$ 可测函数, 从而
$x \mapsto \displaystyle\int_Y I_{F \backslash E}(x, y) K(x, \mathrm{d}y)$ 是 $\mathcal{A}$ 可测的, 所以 $F \backslash E \in \mathcal{H}$.

最后, 设 $E_n \in \mathcal{H}$, 且 $E_n \subset E_{n+1},\ n \geqslant 1$, 则对每个 $n \geqslant 1, x \mapsto \displaystyle\int_Y I_{E_n}(x, y) K(x, \mathrm{d}y)$
是 $\mathcal{A}$ 可测的, 故由单调收敛定理得

$$x \mapsto \int_Y I_{\left(\bigcup\limits_{n=1}^{\infty} E_n\right)}(x, y) K(x, \mathrm{d}y) = \lim_{n \to \infty} \int_Y I_{E_n}(x, y) K(x, \mathrm{d}y).$$

可见 $x \mapsto \displaystyle\int_Y I_{\left(\bigcup\limits_{n=1}^{\infty} E_n\right)}(x, y) K(x, \mathrm{d}y)$ 是 $\mathcal{A}$ 可测的.

因此 $\displaystyle\bigcup_{n=1}^{\infty} E_n \in \mathcal{H}$, 从而 $\mathcal{H}$ 是一个 λ 类, 所以 $\mathcal{A} \times \mathcal{B} = \sigma(\mathcal{D}) = \mathcal{H}$. 这就说明 $\mathcal{A} \times \mathcal{B}$
具有 $\mathcal{H}$ 的结构. 即 $\forall E \in \mathcal{A} \times \mathcal{B}$, 函数 $x \mapsto \displaystyle\int_Y I_E(x, y) K(x, \mathrm{d}y)$ 是 $(X, \mathcal{A})$ 上的 $\mathcal{A}$ 可测
函数.

接下来证明, 对任意的 $X \times Y$ 上的非负可测函数 f, 都有

$$\int_{X \times Y} f(x, y) \mathrm{d}(\mu K) = \int_X \left[\int_Y f(x, y) K(x, \mathrm{d}y) \right] \mu(\mathrm{d}x).$$

采用典型方法, 只需证对任何 $E \in \mathcal{A} \times \mathcal{B}$, $I_E(x, y)$ 满足上式. 令

$$\mathcal{D} = \{A \times B | A \in \mathcal{A}, \ B \in \mathcal{B}\},$$

$$\mathcal{H} = \left\{ E | E \in \mathcal{A} \times \mathcal{B}, \ \text{且} \int_{X \times Y} I_E(x, y)\mathrm{d}(\mu K) = \int_X \left[\int_Y I_E(x, y) K(x, \mathrm{d}y) \right] \mu(\mathrm{d}x) \right\}.$$

则 $\mathcal{A} \times \mathcal{B} = \sigma(\mathcal{D})$, 且 $\mathcal{D} \subset \mathcal{H} \subset \mathcal{A} \times \mathcal{B}$.

事实上, 对 $A \times B \in \mathcal{D}$, 由于

$$\int_{X \times Y} I_{A \times B}(x, y)\mathrm{d}(\mu K) = \mu K(A \times B) = \int_X I_A(x) K(x, B)\mu(\mathrm{d}x)$$

$$= \int_X \left[\int_Y I_{A \times B}(x, y) K(x, \mathrm{d}y) \right] \mu(\mathrm{d}x),$$

这就说明 $A \times B \in \mathcal{H}$, 即有 $\mathcal{D} \subset \mathcal{H}$.

下证 $\mathcal{H} = \sigma(\mathcal{D})$. 已知 $\mathcal{H} \subset \mathcal{A} \times \mathcal{B}$, 故只需证 $\mathcal{H} \supset \mathcal{A} \times \mathcal{B}$.

由于 $\mathcal{D}$ 是一个 π 类, 而显然 $\mathcal{H}$ 是一个 λ 类, 所以 $\mathcal{A} \times \mathcal{B} = \sigma(\mathcal{D}) = \mathcal{H}$. 这就说明了 $\mathcal{A} \times \mathcal{B}$ 具有 $\mathcal{H}$ 的结构. 即 $\forall E \in \mathcal{A} \times \mathcal{B}$, 都有

$$\int_{X \times Y} I_E(x, y)\mathrm{d}(\mu K) = \int_X \left[\int_Y I_E(x, y) K(x, \mathrm{d}y) \right] \mu(\mathrm{d}x).$$

证毕.

推论 5.3.1 在定理 5.3.2 的条件下, 如果 $\int_X \left[\int_Y |f(x, y)| K(x, \mathrm{d}y) \right] \mu(\mathrm{d}x) < +\infty$, 则 $f(x, y)$ 关于测度 μK 可积, 且有

$$\int_{X \times Y} f(x, y)\mathrm{d}(\mu K) = \int_X \left[\int_Y f(x, y) K(x, \mathrm{d}y) \right] \mu(\mathrm{d}x).$$

下一定理是 Fubini 定理 (定理 5.2.4) 的推广.

定理 5.3.3 (推广的 Fubini 定理) 设函数 K 为从 $(X, \mathcal{A})$ 到 $(Y, \mathcal{B})$ 的一个 σ 有限核, μ 是 $(X, \mathcal{A})$ 上的 σ 有限测度, μK 为定理 5.3.1 中定义的测度. 若 f 是 $X \times Y$ 上的可测函数, 它关于 μK 可积 (相应地, 积分存在), 则

(1) 对 μ-a.e. x, f_x 关于 $K(x, \cdot)$ 可积 (相应地, 积分存在);

(2) 对 $x \in X$, 令

$$I_f(x) = \begin{cases} \displaystyle\int_Y f_x(y) K(x, \mathrm{d}y), & \text{可积 (相应地, 积分存在) 情形,} \\ 0, & \text{其他情形.} \end{cases}$$

则 I_f 为 μ 可积（相应地, 积分存在）, 且有

$$\int_{X\times Y} f(x,y)\mathrm{d}(\mu K) = \int_X I_f(x)\mu(\mathrm{d}x).$$

证略.

5.4 无穷乘积空间上的概率测度

定义 5.4.1 设 $(\Omega_i)_{i\in I}$ 为一族集合, $\Omega = \bigcup_{i\in I}\Omega_i$, Ω^I 表示从 I 到 Ω 中的映射全体, 令

$$\prod_{i\in I}\Omega_i = \{\omega\in\Omega^I|\omega(i)\in\Omega_i,\ \forall i\in I\},$$

则称 $\prod_{i\in I}\Omega_i$ 为 $(\Omega_i)_{i\in I}$ 的乘积. 此外, 对每个 $i\in I$, 令

$$\pi_i(\omega) = \omega(i),\quad \omega\in\prod_{i\in I}\Omega_i,$$

称 π_i 为 $\prod_{i\in I}\Omega_i$ 到 Ω_i 上的投影（映射）. 更一般地, 设 $\varnothing\neq S\subset I$, 令 π_S 为 $\prod_{i\in I}\Omega_i$ 到 $\prod_{i\in S}\Omega_i$ 上的投影（映射）, 即令

$$\pi_S(\omega) = (\omega(i), i\in S),\quad \omega\in\prod_{i\in I}\Omega_i,$$

其中 $(\omega(i), i\in S)$ 表示 $\prod_{i\in S}\Omega_i$ 中的一个元素. 设 $(\Omega_i,\mathcal{F}_i)_{i\in I}$ 为一族可测空间, 在 $\prod_{i\in I}\Omega_i$ 上定义 σ 代数如下:

$$\prod_{i\in I}\mathcal{F}_i = \sigma\left(\bigcup_{i\in I}\pi_i^{-1}(\mathcal{F}_i)\right).$$

称 $\prod_{i\in I}\mathcal{F}_i$ 为乘积 σ 代数, $(\prod_{i\in I}\Omega_i, \prod_{i\in I}\mathcal{F}_i)$ 为乘积可测空间.

注 乘积 σ 代数 $\prod_{i\in I}\mathcal{F}_i$ 是使每个投影 π_i 都可测的最小的 σ 代数.

引理 5.4.1 设 $\varnothing\neq S\subset I$, 则 π_S 为 $\left(\prod_{i\in I}\Omega_i, \prod_{i\in I}\mathcal{F}_i\right)$ 到 $\left(\prod_{i\in S}\Omega_i, \prod_{i\in S}\mathcal{F}_i\right)$ 上的可测映射.

证明 设 π_i^S 为 $\prod\limits_{i \in S} \Omega_i$ 到 Ω_i 的投影, 则

$$\prod_{i \in S} \mathcal{F}_i = \sigma\left(\bigcup_{i \in S} (\pi_i^S)^{-1}(\mathcal{F}_i) \right).$$

故由定理 2.1.1, 只需证明

$$\pi_S^{-1}\left(\bigcup_{i \in S} (\pi_i^S)^{-1}(\mathcal{F}_i) \right) \subset \prod_{i \in I} \mathcal{F}_i.$$

由于

$$\pi_S^{-1}((\pi_i^S)^{-1}(\mathcal{F}_i)) = \pi_i^{-1}(\mathcal{F}_i).$$

再由 $\prod\limits_{i \in I} \mathcal{F}_i$ 的定义, 结论成立. 证毕.

定理 5.4.1 令 $\mathcal{P}_0$ (相应地, $\mathcal{P}$) 表示 I 的非空有限 (相应地, 至多可数) 子集全体, 则

(1) 可测矩形全体

$$\mathcal{I} = \left\{ \pi_S^{-1}\left(\prod_{i \in S} A_i \right) \,\middle|\, A_i \in \mathcal{F}_i,\, i \in S,\, S \in \mathcal{P}_0 \right\}$$

生成乘积 σ 代数 $\prod\limits_{i \in I} \mathcal{F}_i$, 即 $\sigma(\mathcal{I}) = \prod\limits_{i \in I} \mathcal{F}_i$.

(2) 可测柱集全体

$$\mathcal{Z} = \left\{ \pi_S^{-1}\left(\prod_{i \in S} \mathcal{F}_i \right) \,\middle|\, S \in \mathcal{P}_0 \right\}$$

为 $\prod\limits_{i \in I} \Omega_i$ 上一代数, 且 $\sigma(\mathcal{Z}) = \prod\limits_{i \in I} \mathcal{F}_i$.

(3) $\prod\limits_{i \in I} \mathcal{F}_i = \left\{ \pi_S^{-1}\left(\prod_{i \in S} \mathcal{F}_i \right) \,\middle|\, S \in \mathcal{P} \right\}$

证明 (1) 由 $\mathcal{P}_0$ 的定义和引理 5.4.1 可得

$$\bigcup_{i \in I} \pi_i^{-1}(\mathcal{F}_i) \subset \mathcal{I} \subset \prod_{i \in I} \mathcal{F}_i.$$

由此及 $\prod\limits_{i \in I} \mathcal{F}_i$ 的定义可知 $\sigma(\mathcal{I}) = \prod\limits_{i \in I} \mathcal{F}_i$.

(2) 任取 $j \in I$, 我们有 $\prod\limits_{i \in I} \Omega_i = \pi_j^{-1}(\Omega_j) \in \prod\limits_{i \in I} \mathcal{F}_i$. 设 $A_1, A_2, \cdots, A_n \in \mathcal{Z}$, 则存在

$S \in \mathcal{P}_0$ (可以取到统一的指标集) 及 $B_1, B_2, \cdots, B_n \in \prod\limits_{i \in S} \mathcal{F}_i$, 使得 $A_i = \pi_S^{-1}(B_i)$, $i =$

$1, 2, \cdots, n$. 因为 $A_1^c = \pi_S^{-1}(B_i^c)$, 故 $A_1^c \in \mathcal{Z}$. 因 $\bigcap\limits_{i=1}^{n} B_i \in \prod\limits_{i \in S} \mathcal{F}_i$, 故

$$\bigcap_{i=1}^{n} A_i = \bigcap_{i=1}^{n} \pi_S^{-1}(B_i) = \pi_S^{-1}\left(\bigcap_{i=1}^{n} B_i\right) \in \mathcal{Z}.$$

故 $\mathcal{Z}$ 为代数. 显然

$$\{\pi_i^{-1}(\mathcal{F}_i) | i \in I\} \subset \mathcal{Z},$$

由此式及引理 5.4.1 知, $\sigma(\mathcal{Z}) = \prod\limits_{i \in I} \mathcal{F}_i$.

(3) 由 $\prod\limits_{i \in I} \mathcal{F}_i$ 的定义及引理 5.4.1 知

$$\{\pi_i^{-1}(\mathcal{F}_i) | i \in I\} \subset \left\{\pi_S^{-1}\left(\prod_{i \in S} \mathcal{F}_i\right) \,\middle|\, S \in \mathcal{P}\right\} \subset \prod_{i \in I} \mathcal{F}_i.$$

因此, 为证明 $\prod\limits_{i \in I} \mathcal{F}_i = \left\{\pi_S^{-1}\left(\prod\limits_{i \in S} \mathcal{F}_i\right) \,\middle|\, S \in \mathcal{P}\right\}$, 只需证明 $\left\{\pi_S^{-1}\left(\prod\limits_{i \in S} \mathcal{F}_i\right) \,\middle|\, S \in \mathcal{P}\right\}$

为 σ 代数. 易证. 证毕.

在概率论中, 为了能在同一概率空间中考虑任意有限多个随机试验, 我们需要在可列维乘积可测空间上构造概率测度. 下面先给出可列维乘积空间上的一些符号说明.

设 $(\Omega_i, \mathcal{F}_i)$, $i = 1, 2, \cdots$ 为一列可测空间, $\left(\prod\limits_{i=1}^{\infty} \Omega_i, \prod\limits_{i=1}^{\infty} \mathcal{F}_i\right)$ 为 $(\Omega_i, \mathcal{F}_i)$, $i =$

$1, 2, \cdots$ 的可列维乘积可测空间. 记

$$\mathcal{D}_{(n)} = \left\{\prod_{i=1}^{n} A_i \,\middle|\, A_i \in \mathcal{F}_i, i = 1, 2, \cdots, n\right\}, \quad \mathcal{D}_{[n]} = \left\{A \times \prod_{i=n+1}^{\infty} \Omega_i \,\middle|\, A \in \mathcal{D}_{(n)}\right\}.$$

则 $\mathcal{D} = \bigcup\limits_{n=1}^{\infty} \mathcal{D}_{[n]}$ 为可测矩形全体. 记

$$\Omega_{(n)} = \prod_{i=1}^{n} \Omega_i, \quad \mathcal{F}_{(n)} = \prod_{i=1}^{n} \mathcal{F}_i,$$

$$\mathcal{A}_{[n]} = \left\{A_{(n)} \times \prod_{i=n+1}^{\infty} \Omega_i \,\middle|\, A_{(n)} \in \mathcal{F}_{(n)}\right\}.$$

则 $\mathcal{A} = \bigcup\limits_{n=1}^{\infty} \mathcal{A}_{[n]}$ 为可测柱集全体. 显然有 $\sigma(\mathcal{D}) = \sigma(\mathcal{A}) = \prod\limits_{i=1}^{\infty} \mathcal{F}_i$.

从 $\prod\limits_{i=1}^{\infty} \Omega_i$ 到 Ω_n 的映射

$$\pi_n(x_1, x_2, \cdots) = x_n$$

称为 $\prod\limits_{i=1}^{\infty} \Omega_i$ 到 Ω_n 的投影; 从 $\prod\limits_{i=1}^{\infty} \Omega_i$ 到 $\Omega_{(n)}$ 的映射

$$\pi_{(n)}(x_1, x_2, \cdots) = (x_1, x_2, \cdots, x_n)$$

称为 $\prod\limits_{i=1}^{\infty} \Omega_i$ 到 $\Omega_{(n)}$ 的投影. 因此有

$$\mathcal{D}_{[n]} = \pi_{(n)}^{-1}\mathcal{D}_{(n)}, \quad \mathcal{A}_{[n]} = \pi_{(n)}^{-1}\mathcal{F}_{(n)}.$$

下面的定理说明了如何在可列维乘积可测空间上构造概率测度.

定理 5.4.2 (Tulcea 定理) 设 $(\Omega_i, \mathcal{F}_i)$, $i = 1, 2, \cdots$ 为一列可测空间, $\Omega = \prod\limits_{i=1}^{\infty} \Omega_i$, $\mathcal{F} = \prod\limits_{i=1}^{\infty} \mathcal{F}_i$, P_1 为 $(\Omega_1, \mathcal{F}_1)$ 上的概率测度, 对每个 $i \geqslant 2$, $P(\omega_1, \cdots, \omega_{i-1}, \mathrm{d}\omega_i)$ 为从 $\left(\prod\limits_{j=1}^{i-1} \Omega_j, \prod\limits_{j=1}^{i-1} \mathcal{F}_j \right)$ 到 $(\Omega_i, \mathcal{F}_i)$ 的一个概率核 (概率转移函数), 则存在 $(\Omega, \mathcal{F})$ 上唯一的概率测度 P, 使得对一切 $n \geqslant 1$, 有

$$P\left(B^n \times \prod_{j=n+1}^{\infty} \Omega_j \right) = P_n(B^n), \quad B^n \in \prod_{j=1}^{n} \mathcal{F}_j,$$

其中 P_n 为 $\prod\limits_{j=1}^{n} \mathcal{F}_j$ 上如下定义的概率测度:

$$P_n(B^n) = \int_{\Omega_1} P(\mathrm{d}\omega_1) \int_{\Omega_2} P(\omega_1, \mathrm{d}\omega_2) \cdots \int_{\Omega_{n-1}} P(\omega_1, \cdots, \omega_{n-2}, \mathrm{d}\omega_{n-1}) \cdot$$

$$\int_{\Omega_n} I_{B^n}(\omega_1, \cdots, \omega_n) P(\omega_1, \cdots, \omega_{n-1}, \mathrm{d}\omega_n).$$

证明 设 $\mathcal{A}$ 为 $\prod\limits_{i=1}^{\infty} \mathcal{F}_i$ 中的全体可测柱集, 即

$$\mathcal{A} = \left\{ \pi_{(n)}^{-1}\left(\prod_{i=1}^{n} \mathcal{F}_i \right) \,\middle|\, n = 1, 2, \cdots \right\}.$$

则 $\mathcal{A}$ 为 $\prod\limits_{i=1}^{\infty} \Omega_i$ 上的代数, 且有 $\sigma(\mathcal{A}) = \prod\limits_{i=1}^{\infty} \mathcal{F}_i.$

$\forall A \in \mathcal{A}$, 一定存在正整数 n 和 $A_{(n)} \in \prod\limits_{i=1}^{n} \mathcal{F}_i$, 使得 $A = \pi_{(n)}^{-1}(A_{(n)})$. 由此可在 $\mathcal{A}$ 上

定义非负集函数 P 如下:

$$P(A) = P\left(A_{(n)} \times \prod_{j=n+1}^{\infty} \Omega_j\right) = P_n(A_{(n)}), \quad A \in \mathcal{A}.$$

其中 P_n 为 $\prod\limits_{i=1}^{n} \mathcal{F}_i$ 上如下定义的非负集函数:

$$P_n(A_{(n)}) = \int_{\Omega_1} P(\mathrm{d}\omega_1) \int_{\Omega_2} P(\omega_1, \mathrm{d}\omega_2) \cdots \int_{\Omega_{n-1}} P(\omega_1, \cdots, \omega_{n-2}, \mathrm{d}\omega_{n-1}) \cdot$$

$$\int_{\Omega_n} I_{A_{(n)}}(\omega_1, \cdots, \omega_n) P(\omega_1, \cdots, \omega_{n-1}, \mathrm{d}\omega_n).$$

下面说明 P 的定义是有意义的.

如果存在 $n, m \in \mathbb{Z}^+, n > m \geqslant 1, A_{(n)} \in \mathcal{F}_{(n)}, A_{(m)} \in \mathcal{F}_{(m)}$, 使得

$$A = \pi_{(n)}^{-1}(A_{(n)}) = \pi_{(m)}^{-1}(A_{(m)}),$$

由于

$$\pi_{(m)}^{-1}(A_{(m)}) = \pi_{(n)}^{-1}\left(A_{(m)} \times \prod_{i=m+1}^{n} \Omega_i\right),$$

则有

$$A_{(n)} = A_{(m)} \times \prod_{i=m+1}^{n} \Omega_i.$$

于是

$$P_n(A_{(n)}) = P_n\left(A_{(m)} \times \prod_{j=m+1}^{n} \Omega_j\right)$$

$$= \int_{\Omega_1} P(\mathrm{d}\omega_1) \int_{\Omega_2} P(\omega_1, \mathrm{d}\omega_2) \cdots \int_{\Omega_n} I_{A_{(m)} \times \prod\limits_{j=m+1}^{n} \Omega_j}(\omega_1, \cdots, \omega_n) P(\omega_1, \cdots, \omega_{n-1}, \mathrm{d}\omega_n)$$

$$= \int_{\Omega_1} P(\mathrm{d}\omega_1) \int_{\Omega_2} P(\omega_1, \mathrm{d}\omega_2) \cdots \int_{\Omega_m} I_{A_{(m)}}(\omega_1, \cdots, \omega_m) P(\omega_1, \cdots, \omega_{m-1}, \mathrm{d}\omega_m)$$

$$= P_m(A_{(m)}).$$

说明 P 的定义是有意义的. 下证 P 在 $\mathcal{A}$ 上具有 σ 可加性.

显然 $P(\varnothing) = 0$. 设 $A, B \in \mathcal{A}$, 且 $A \cap B = \varnothing$, 则存在正整数 n, $A_{(n)} \in \prod\limits_{i=1}^{n} \mathcal{F}_i$ 和

$B_{(n)} \in \prod\limits_{i=1}^{n} \mathcal{F}_i$ 使得

$$A = \pi_{(n)}^{-1}(A_{(n)}), \quad B = \pi_{(n)}^{-1}(B_{(n)}), \quad A_{(n)} \cap B_{(n)} = \varnothing.$$

于是

$$P(A \cup B) = P_n(A_{(n)} \cup B_{(n)})$$

$$= P_n(A_{(n)}) + P_n(B_{(n)})$$

$$= P(A) + P(B).$$

即 P 在 $\mathcal{A}$ 上具有有限可加性. 为此, 要证 P 在 $\mathcal{A}$ 上具有 σ 可加性, 由命题 1.3.2, 只需证 P 在空集 $\varnothing$ 处连续.

用反证法. 假定存在 $\{A_n, n \geqslant 1\} \subset \mathcal{A}$, $A_n \downarrow \varnothing$, 使得 $\lim\limits_{n\to\infty} P(A_n) > 0$. 由于 $A_n \downarrow \varnothing$, 则利用 $\mathcal{A}$ 的定义, 很容易找到正整数列 $\{m_n, n \geqslant 1\}$ 和集合序列 $\left\{ A_{(m_n)} | A_{(m_n)} \in \prod\limits_{i=1}^{m_n} \mathcal{F}_i, n \geqslant 1 \right\}$ 使得对每个 $n \geqslant 1$, 有

$$1 \leqslant m_1 < \cdots < m_n < \cdots, \quad A_n = \pi_{(m_n)}^{-1}(A_{(m_n)}),$$

对此, 在 $\{A_n, n \geqslant 1\}$ 的基础上, 可构造出一个新的集合序列 $\{\overline{A}_n, n \geqslant 1\}$, 具体规则是: 若 $m_1 > 1$, 则对 $k = 1, \cdots, m_1 - 1$, 令 $\overline{A}_k = \prod\limits_{i=1}^{\infty} \Omega_i$; 若 $m_{n-1} \leqslant k < m_n$, 则令 $\overline{A}_k = A_{n-1}$. 显然, 这样定义的 $\{\overline{A}_n, n \geqslant 1\}$ 满足 $\{\overline{A}_n, n \geqslant 1\} \subset \mathcal{A}$, $\overline{A}_n \downarrow \varnothing$, $\lim\limits_{n\to\infty} P(\overline{A}_n) > 0$, 且 $\overline{A}_n = \pi_{(n)}^{-1}(A_{(n)})$.

不失一般性, 我们依然用 $\{A_n, n \geqslant 1\}$ 来表示刚才构造的集合序列 $\{\overline{A}_n, n \geqslant 1\}$.

由于 $A_{n+1} \subset A_n$, 我们有 $A_{(n+1)} \subset A_{(n)} \times \Omega_{n+1}$. 此外, 对每个 $n \geqslant 2$, 有

$$P(A_n) = \int_{\Omega_1} g_n^{(1)}(\omega_1) P_1(\mathrm{d}\omega_1),$$

其中

$$g_n^{(1)}(\omega_1) = \int_{\Omega_2} P(\omega_1, \mathrm{d}\omega_2) \cdots \int_{\Omega_n} I_{A_{(n)}}(\omega_1, \cdots, \omega_n) P(\omega_1, \cdots, \omega_{n-1}, \mathrm{d}\omega_n).$$

由于 $I_{A_{(n+1)}}(\omega_1, \cdots, \omega_{n+1}) \leqslant I_{A_{(n)}}(\omega_1, \cdots, \omega_n)$, 故对固定的 ω_1, $g_n^{(1)}(\omega_1)$ 单调下降趋

于某极限 $h_1(\omega_1)$. 由控制收敛定理, 我们有

$$\int_{\Omega_1} h_1(\omega_1)P_1(\mathrm{d}\omega_1) = \lim_{n\to\infty}\int_{\Omega_1} g_n^{(1)}(\omega_1)P_1(\mathrm{d}\omega_1) = \lim_{n\to\infty}P_n(A_{(n)}) = \lim_{n\to\infty}P(A_n) > 0.$$

于是存在 $\omega_1' \in \Omega_1$, 使 $h_1(\omega_1') > 0$. 实际上, $\omega_1' \in A_{(1)}$, 否则, 若 $\omega_1' \notin A_{(1)}$, 又有 $\pi_{(n+1)}^{-1}(A_{(n+1)}) = A_{n+1} \subset A_n = \pi_{(n)}^{-1}(A_{(n)}), n = 1, 2, \cdots$. 这就说明了对一切 $n \geqslant 2$, 有 $I_{A_{(n)}}(\omega_1', \omega_2, \cdots, \omega_n) = 0$, 从而 $g_n^{(1)}(\omega_1') = 0$. 这导致 $h_1(\omega_1') = 0$. 因此, 存在 $\omega_1' \in A_{(1)}$, 使得对每个 $n \geqslant 2$, 都有 $g_n^{(1)}(\omega_1') \geqslant h_1(\omega_1') > 0$.

现设 $n \geqslant 3$, 则

$$g_n^{(1)}(\omega_1') = \int_{\Omega_2} g_n^{(2)}(\omega_2)P(\omega_1', \mathrm{d}\omega_2),$$

其中

$$g_n^{(2)}(\omega_2) = \int_{\Omega_3} P(\omega_1', \omega_2, \mathrm{d}\omega_3)\cdots\int_{\Omega_n} I_{A_{(n)}}(\omega_1', \omega_2, \cdots, \omega_n)P(\omega_1', \omega_2, \cdots, \omega_{n-1}, \mathrm{d}\omega_n).$$

如上所证, 可知 $g_n^{(2)}(\omega_2) \downarrow h_2(\omega_2)$. 由于 $g_n^{(1)}(\omega_1') \to h_1(\omega_1') > 0$, 故存在 $\omega_2' \in \Omega_2$, 使 $h_2(\omega_2') > 0$. 如上所证, 可知 $(\omega_1', \omega_2') \in A_{(2)}$.

最后, 由归纳法可得到一点列 $\{\omega_1', \omega_2', \cdots\}$, 使得 $\omega_j' \in \Omega_j$, 且 $(\omega_1', \cdots, \omega_n') \in A_{(n)}$. 因此最终有 $(\omega_1', \omega_2', \cdots) \in \bigcap_{n=1}^{\infty} A_n = \varnothing$, 这导致矛盾. 这样, 我们证明了 P 在 $\mathscr{A}$ 上具有可列可加性. 由测度扩张定理知, 它可唯一地扩张成为 $\mathscr{F} = \sigma(\mathscr{A})$ 上的概率测度. 证毕.

推论 5.4.1 (Kolmogorov 定理)　设 $(\Omega_i, \mathscr{F}_i, P_i)$, $i = 1, 2, \cdots$ 为一列概率空间, 令 $\Omega = \prod_{i=1}^{\infty}\Omega_i$, $\mathscr{F} = \prod_{i=1}^{\infty}\mathscr{F}_i$, 则存在 $(\Omega, \mathscr{F})$ 上唯一的概率测度 P, 使得对一切 $n \geqslant 1$, 对一切 $A_j \in \mathscr{F}_j, 1 \leqslant j \leqslant n$, 有

$$P\left(\prod_{j=1}^{n} A_j \times \prod_{j=n+1}^{\infty} \Omega_j\right) = \prod_{j=1}^{n} P_j(A_j).$$

习　题　5

1. 设 $\Omega_1 = \{0, 1\}, \mathscr{F}_1 = \{\varnothing, \{0\}, \{1\}, \{0, 1\}\}, \Omega_2 = \{3, 4\}, \mathscr{F}_2 = \{\varnothing, \{3\}, \{4\}, \{3, 4\}\}$. 求 $\Omega_1 \times \Omega_2$ 和 $\mathscr{F}_1 \times \mathscr{F}_2$.

2. 设 $\Omega_1 \times \Omega_2 = \mathbb{R} \times \mathbb{R}, E = \{(x, y)|\ x^2 + y^2 \leqslant 1\}, \forall x \in \mathbb{R}$, 求 E_x.

3. 设 $(\Omega_1, \mathcal{F}_1), (\Omega_2, \mathcal{F}_2), \cdots, (\Omega_n, \mathcal{F}_n)$ 是 n 个可测空间, 令

$$\mathcal{D} = \{A_1 \times A_2 \times \cdots \times A_n | A_1 \in \mathcal{F}_1, A_2 \in \mathcal{F}_2, \cdots, A_n \in \mathcal{F}_n\}.$$

证明 $\mathcal{D}$ 是 $\Omega_1 \times \Omega_2 \times \cdots \times \Omega_n$ 上的半代数.

4. 设 $(\Omega_1, \mathcal{F}_1), (\Omega_2, \mathcal{F}_2), \cdots, (\Omega_n, \mathcal{F}_n)$ 是 n 个可测空间, $\mathcal{C}_i$ 为 $\mathcal{F}_i$ 的子类, $i = 1, 2, \cdots, n$. 若对 $i = 1, 2, \cdots, n$, 有 $\mathcal{F}_i = \sigma(\mathcal{C}_i)$, 则 $\prod\limits_{i=1}^{n} \mathcal{F}_i = \sigma\left(\bigcup\limits_{k=1}^{n} \pi_k^{-1}(\mathcal{C}_k)\right).$

5. 若 $E \subset F \subset \Omega_1 \times \Omega_2$, 证明 $E_x \subset F_x$, $E^y \subset F^y$.

6. 若 $E \subset \Omega_1 \times \Omega_2$, $(x, y) \in \Omega_1 \times \Omega_2$, 证明

$$I_{E_x}(y) = I_E(x, y) = I_{E^y}(x).$$

7. 设 $A \subset \Omega_1$, $B \subset \Omega_2$, $(x, y) \in \Omega_1 \times \Omega_2$, 证明

$$(A \times B)_x = \begin{cases} B, & x \in A, \\ \varnothing, & x \notin A. \end{cases}$$

同理

$$(A \times B)^y = \begin{cases} A, & y \in B, \\ \varnothing, & x \notin B. \end{cases}$$

8. 设 $(X, \mathcal{A}, \mu)$ 和 $(Y, \mathcal{B}, \nu)$ 是 σ 有限测度空间, $E \in \mathcal{A} \times \mathcal{B}$, 则下列条件等价:

(1) $\mu \times \nu(E) = 0$;

(2) $\mu(E^y) = 0$, ν-a.e. y;

(3) $\nu(E_x) = 0$, μ-a.e. x.

9. 试用 Fubini 定理证明

$$\frac{1}{\sqrt{2\pi}} \int_{-\infty}^{+\infty} \exp\left(-\frac{x^2}{2}\right) \mathrm{d}x = 1.$$

10. 设 $(X, \mathcal{A}, \mu)$ 为 σ 有限测度空间, f 为 X 上的一非负 $\mathcal{A}$ 可测函数, 试证

$$\int_X f(x)\mu(\mathrm{d}x) = \int_0^{+\infty} \mu([f > y])\mathrm{d}y.$$

习题参考答案

习 题 1

1. 证明 (1) $(A \triangle B) \triangle C = ([AB^c \cup A^c B] \cap C^c) \cup ([AB^c \cup A^c B]^c \cap C)$

$$= (AB^c C^c) \cup (A^c BC^c) \cup [(A^c B^c \cup AB) \cap C]$$

$$= A(B^c C^c \cup BC) \cup A^c (BC^c \cup B^c C)$$

$$= A[BC^c \cup CB^c]^c \cup A^c (B \triangle C)$$

$$= A(B \triangle C)^c \cup A^c (B \triangle C)$$

$$= A \triangle (B \triangle C);$$

(2) $\quad (A \cap C) \triangle (B \cap C) = [AC \cap (BC)^c] \cup [(AC)^c \cap BC]$

$$= [AC \cap (B^c \cup C^c)] \cup [(A^c \cup C^c) \cap BC]$$

$$= AB^c C \cup A^c BC$$

$$= (AB^c \cup A^c B) \cap C$$

$$= (A \triangle B) \cap C;$$

(3) $\quad (A_1 \cup A_2) \triangle (B_1 \cup B_2) = [(A_1 \cup A_2) \cap (B_1 \cup B_2)^c] \cup [(A_1 \cup A_2)^c \cap (B_1 \cup B_2)]$

$$= A_1 B_1^c B_2^c \cup A_2 B_1^c B_2^c \cup A_1^c A_2^c B_1 \cup A_1^c A_2^c B_2$$

$$\subset A_1 B_1^c \cup A_2 B_2^c \cup A_1^c B_1 \cup A_2^c B_2$$

$$= (A_1 \triangle B_1) \cup (A_2 \triangle B_2).$$

2. 证明 $(\liminf_{n\to\infty} A_n) \cap (\limsup_{n\to\infty} B_n) \subset (\limsup_{n\to\infty} A_n) \cap (\limsup_{n\to\infty} B_n)$

$$= \left(\bigcap_{n=1}^{\infty} \bigcup_{k=n}^{\infty} A_k\right) \cap \left(\bigcap_{n=1}^{\infty} \bigcup_{k=n}^{\infty} B_k\right)$$

$$= \bigcap_{n=1}^{\infty} \bigcup_{k=n}^{\infty} (A_k \cap B_k)$$

$$= \limsup_{n\to\infty}(A_n \cap B_n).$$

3. 证明 设 $\mathcal{C}$ 对可列不交并封闭, 且 $\mathcal{C}$ 是一个代数. 取 $\{A_n, n \geqslant 1\} \subset \mathcal{C}$, 令

$$B_1 = A_1, \quad B_n = A_n \backslash \bigcup_{k=1}^{n-1} A_k, \quad n \geqslant 2.$$

则 $\{B_n, n \geqslant 1\} \subset \mathcal{C}$, 且两两不交, 由条件知 $\bigcup_{n=1}^{\infty} B_n \in \mathcal{C}$. 又

$$\bigcup_{n=1}^{\infty} A_n = \bigcup_{n=1}^{\infty} B_n \in \mathcal{C}.$$

从而 $\mathcal{C}$ 是一个 σ 代数.

4. 证明 首先证 $(1),(2) \Rightarrow (1)',(2)'$.

由 $\Omega \in \mathcal{F}$ 知, $\forall A \in \mathcal{F}$, 有 $A \subset \Omega$, 故 $A^c = \Omega\backslash A \in \mathcal{F}$. 即 $(1)'$ 成立.

$\forall A, B \in \mathcal{F}, A \cap B = \varnothing$, 因此有 $B \subset A^c$, 且 $A^c \in \mathcal{F}$. 所以

$$A^c\backslash B \in \mathcal{F}.$$

又 $A \cup B = (A^c\backslash B)^c$, 从而 $A \cup B \in \mathcal{F}$. 即 $(2)'$ 成立.

再证 $(1)',(2)' \Rightarrow (1),(2)$.

$\forall A \in \mathcal{F}$, 有 $A^c \in \mathcal{F}, A \cap A^c = \varnothing$, 因此 $A \cup A^c \in \mathcal{F}$, 即 $\Omega \in \mathcal{F}$. 从而 (1) 成立.

若 $A, B \in \mathcal{F}, B \subset A$, 则 $A^c \in \mathcal{F}$, 且 $A^c \cap B = \varnothing$, 故 $A^c \cup B \in \mathcal{F}$, 于是

$$A \cap B^c = (A^c \cup B)^c \in \mathcal{F}.$$

即 $A\backslash B \in \mathcal{F}$, 从而 (2) 成立.

5. 解 由于

$$\bigcap_{k=n}^{\infty} A_k = A \cap B, \quad \bigcup_{k=n}^{\infty} A_k = A \cup B.$$

因而

$$\liminf_{n\to\infty} A_n = \bigcup_{n=1}^{\infty} \bigcap_{k=n}^{\infty} A_k = A \cap B,$$

$$\limsup_{n\to\infty} A_n = \bigcap_{n=1}^{\infty}\bigcup_{k=n}^{\infty} A_k = A \cup B.$$

即

$$\liminf_{n\to\infty} A_n \subset \limsup_{n\to\infty} A_n.$$

6. 证明   用反证法.

设 $A_n \subset \Omega$, $n \geqslant 1$, 且两两不交, 假设 $\lim\limits_{n\to\infty} A_n \neq \varnothing$. 由于

$$\lim_{n\to\infty} A_n = \limsup_{n\to\infty} A_n = \liminf_{n\to\infty} A_n,$$

从而 $\liminf\limits_{n\to\infty} A_n \neq \varnothing$.

由于 $\{A_n, n \geqslant 1\}$ 两两不交, 因而

$$\liminf_{n\to\infty} A_n = \bigcup_{n=1}^{\infty}\bigcap_{k=n}^{\infty} A_k = \varnothing.$$

矛盾, 因此

$$\lim_{n\to\infty} A_n = \varnothing.$$

7. 证明   因为当 $A, B \in \mathcal{C}$ 时, 有 $A \cap B \in \mathcal{C}$, 而

$$A\backslash B = A\backslash(A \cap B).$$

结论得证.

8. 证明   只需证当 $A \in \mathcal{D}$ 时, $A^c \in \mathcal{D}$.

由于 $\Omega \in \mathcal{D}$, 从而 $A^c = \Omega\backslash A \in \mathcal{D}$. 得证.

9. 证明   显然 $\forall A, B \in \mathcal{D}$, 有

$$A \cap B = \varnothing \in \mathcal{D},$$

且 $A\backslash B = A$ 或 $A\backslash B = \varnothing$, 从而 $\mathcal{D}$ 是一个半环.

$$\sigma(\mathcal{D}) = \left\{\bigcup_{n\in I} A_n, I \subset \{1, 2, \cdots\}\right\}.$$

10. 证明   由于 $\mathcal{A} \subset m(\mathcal{A})$, $\mathcal{A} \subset \lambda(\mathcal{A})$, $\mathcal{A} \subset \sigma(\mathcal{A})$. 而 $\lambda(\mathcal{A})$ 是一个 λ 类, 从而是一个单调类, 所以 $m(\mathcal{A}) \subset \lambda(\mathcal{A})$. 同理 $\sigma(\mathcal{A})$ 是一个 σ 代数, 从而是一个 λ 类, 所以 $\lambda(\mathcal{A}) \subset \sigma(\mathcal{A})$.

11. 证明   首先证明 $\sigma_A(A\cap\mathcal{C}) \subset A\cap\sigma(\mathcal{C})$. 由于 $A\cap\mathcal{C} \subset A\cap\sigma(\mathcal{C})$, 下证 $A\cap\sigma(\mathcal{C})$

是 A 上的一个 σ 代数.

(1) $A = A \cap \Omega \in A \cap \sigma(\mathcal{C})$.

(2) $\forall B \in A \cap \sigma(\mathcal{C})$, 则存在 $C \in \sigma(\mathcal{C})$, 使得 $B = A \cap C$. 于是 $B^c = A \backslash B = A \backslash A \cap C = A \cap C^c \in A \cap \sigma(\mathcal{C})$.

(3) 设 $\{B_n, n \geqslant 1\} \subset A \cap \sigma(\mathcal{C})$, 则存在 $\{C_n, n \geqslant 1\} \subset \sigma(\mathcal{C})$, 使得

$$B_n = A \cap C_n, \ n \geqslant 1.$$

所以 $\displaystyle\bigcap_{n=1}^{\infty} C_n \in \sigma(\mathcal{C})$, 且

$$\bigcap_{n=1}^{\infty} B_n = \bigcap_{n=1}^{\infty} (A \cap C_n) = A \cap \left(\bigcap_{n=1}^{\infty} C_n \right) \in A \cap \sigma(\mathcal{C}).$$

所以 $A \cap \sigma(\mathcal{C})$ 为 A 上的 σ 代数, 从而

$$\sigma_A(A \cap \mathcal{C}) \subset A \cap \sigma(\mathcal{C}).$$

下证 $\sigma_A(A \cap \mathcal{C}) \supset A \cap \sigma(\mathcal{C})$. 令

$$\mathcal{G} = \{B \in \sigma(\mathcal{C}) | A \cap B \in \sigma_A(A \cap \mathcal{C})\}.$$

显然 $\mathcal{C} \subset \mathcal{G} \subset \sigma(\mathcal{C})$, 下证 $\mathcal{G}$ 为 Ω 上的 σ 代数.

(1) $\Omega \in \sigma(\mathcal{C})$, 且 $A \cap \Omega = A \in \sigma_A(A \cap \mathcal{C})$, 即 $\Omega \in \mathcal{G}$.

(2) 设 $B \in \mathcal{G}$, 则 $B \in \sigma(\mathcal{C})$, 且 $A \cap B \in \sigma_A(A \cap \mathcal{C})$, 于是 $B^c \in \sigma(\mathcal{C})$, $A \cap B^c \in \sigma_A(A \cap \mathcal{C})$. 即 $B^c \in \mathcal{G}$.

(3) 设 $\{B_n, n \geqslant 1\} \subset \mathcal{G}$, 则 $\{B_n, n \geqslant 1\} \subset \sigma(\mathcal{C})$, 且 $\{A \cap B_n, n \geqslant 1\} \subset \sigma_A(A \cap \mathcal{C})$. 于是

$$\bigcap_{n=1}^{\infty} B_n \in \sigma(\mathcal{C}), \quad A \cap \left(\bigcap_{n=1}^{\infty} B_n \right) = \bigcap_{n=1}^{\infty} (A \cap B_n) \in \sigma_A(A \cap \mathcal{C}).$$

即 $\displaystyle\bigcap_{n=1}^{\infty} B_n \in \mathcal{G}$. 所以 $\mathcal{G}$ 为 Ω 上的 σ 代数, 从而 $\mathcal{G} \supset \sigma(\mathcal{C})$. 故 $\mathcal{G} = \sigma(\mathcal{C})$. 即有

$$A \cap \sigma(\mathcal{C}) \subset \sigma_A(A \cap \mathcal{C}).$$

12. 证明 令

$$\mathcal{G} = \{A \in \sigma(\mathcal{C}) | \text{存在可数子类 } \mathcal{D}, \text{使得 } A \in \sigma(\mathcal{D})\}.$$

下证 $\mathcal{G} = \sigma(\mathcal{C})$. 显然有 $\mathcal{C} \subset \mathcal{G} \subset \sigma(\mathcal{C})$, 故只需证 $\mathcal{G}$ 是 σ 代数.

(1) 由于 $\Omega \in \sigma(\mathcal{C})$, 显然对 $\mathcal{C}$ 的任意的可数子类 $\mathcal{D}$, $\sigma(\mathcal{D})$ 都是 σ 代数, 因此 $\Omega \in \sigma(\mathcal{D})$.

(2) 设 $A \in \mathcal{G}$, 则存在 $\mathcal{C}$ 的可数子类 $\mathcal{D}$, 使得 $A \in \sigma(\mathcal{D})$. 显然 $A^c \in \sigma(\mathcal{D})$, 从而 $A^c \in \mathcal{G}$.

(3) 设 $\{A_n, n \geqslant 1\} \subset \mathcal{G}$, 则 $\{A_n, n \geqslant 1\} \subset \sigma(\mathcal{C})$, 且存在 $\mathcal{C}$ 的可数子类 $\mathcal{D}_n, n \geqslant 1$, 使得 $A_n \in \sigma(\mathcal{D}_n)$. 若令 $\mathcal{D} = \bigcup_{n=1}^{\infty} \mathcal{D}_n$, 则 $\mathcal{D} \subset \mathcal{C}$, 且 $\mathcal{D}$ 可数. 于是 $A_n \in \sigma(\mathcal{D}_n) \subset \sigma(\mathcal{D})$. 即 $\bigcap_{n=1}^{\infty} A_n \in \sigma(\mathcal{D})$. 故 $\bigcap_{n=1}^{\infty} A_n \in \mathcal{G}$.

所以 $\mathcal{G}$ 是一个 σ 代数. 因而有 $\mathcal{G} = \sigma(\mathcal{C})$. 即 $\forall A \in \sigma(\mathcal{C})$, 存在 $\mathcal{C}$ 的可数子类 $\mathcal{D}$, 使得 $A \in \sigma(\mathcal{D})$.

13. 证明　$(1) \Rightarrow (2)$

$A \in \mathcal{C} \subset \lambda(\mathcal{C})$, 则 $A^c \in \lambda(\mathcal{C}) = m(\mathcal{C})$. $A, B \in \mathcal{C}, A \cap B = \varnothing$. 则 $A, B \in \lambda(\mathcal{C}), A \subset B^c$, 从而 $B^c \backslash A \in \lambda(\mathcal{C})$, 所以 $A^c \cap B^c \in \lambda(\mathcal{C})$, 即有 $A \cup B \in \lambda(\mathcal{C}) = m(\mathcal{C})$.

$(2) \Rightarrow (1)$

显然有 $m(\mathcal{C}) \subset \lambda(\mathcal{C})$, 下证 $m(\mathcal{C})$ 为 λ 类. 由本节习题第 4 题知, 只需证:

① $A \in m(\mathcal{C}) \Rightarrow A^c \in m(\mathcal{C})$;

② $A, B \in m(\mathcal{C}), A \cap B = \varnothing \Rightarrow A \cup B \in m(\mathcal{C})$.

令

$$\mathcal{G}_1 = \{A \in m(\mathcal{C}) | A^c \in m(\mathcal{C}), \forall B \in \mathcal{C}, A \cap B = \varnothing \text{ 时}, A \cup B \in m(\mathcal{C})\}.$$

下证 $\mathcal{G}_1 = m(\mathcal{C})$.

显然有 $\mathcal{C} \subset \mathcal{G}_1 \subset m(\mathcal{C})$, 下证 $\mathcal{G}_1$ 为单调类. 设 $\{A_n, n \geqslant 1\} \subset \mathcal{G}_1$, 且 $A_n \uparrow A$, 则 $\{A_n, n \geqslant 1\} \subset m(\mathcal{C})$, 且 $A \in m(\mathcal{C})$. $\forall B \in \mathcal{C}, A_n \cap B = \varnothing, A_n \cup B \in m(\mathcal{C})$. 于是

$$A^c = \left(\bigcup_{n=1}^{\infty} A_n \right)^c = \bigcap_{n=1}^{\infty} A_n^c \in m(\mathcal{C}),$$

$$A \cap B = \bigcup_{n=1}^{\infty} (A_n \cap B) = \varnothing,$$

$$A_n \cup B \uparrow A \cup B = \left(\bigcup_{n=1}^{\infty} A_n \right) \cup B \in m(\mathcal{C}).$$

故 $A \in \mathcal{G}_1$, 同理可证对 $\{A_n, n \geqslant 1\} \subset \mathcal{G}_1$, 当 $A_n \downarrow A$ 时, 有 $A \in \mathcal{G}_1$, 即 $\mathcal{G}_1$ 为单调类, 于是 $\mathcal{G}_1 = m(\mathcal{C})$.

令

$$\mathcal{G}_2 = \{A \in m(\mathcal{C}) | A \cap B = \varnothing \text{ 时}, A \cup B \in m(\mathcal{C}), \forall B \in m(\mathcal{C})\}.$$

由 $\mathcal{G}_1 = m(\mathcal{C})$ 得 $\mathcal{C} \subset \mathcal{G}_2$. 同理可证 $\mathcal{G}_2$ 为单调类. 则 $\mathcal{G}_2 = m(\mathcal{C})$. 因此 $m(\mathcal{C})$ 为 λ 类, 故 $m(\mathcal{C}) = \lambda(\mathcal{C})$.

14. 证明 当 $A \subset B$ 时, $B = A \cup (B \backslash A)$. 因而
$$\mu(B) = \mu(A) + \mu(B \backslash A).$$
由于 $\mu(B \backslash A) \geqslant 0$, 所以
$$\mu(B) \geqslant \mu(A).$$

15. 解 (1) 对每一个 $n \geqslant 1$, 均有 $a_n \geqslant 0$;

(2) 对每一个 $n \geqslant 1$, 均有 $0 \leqslant a_n < \infty$;

(3) 对每一个 $n \geqslant 1$, 均有 $a_n \geqslant 0$, 且 $\sum_{n=1}^{\infty} a_n < \infty$;

(4) 对每一个 $n \geqslant 1$, 均有 $a_n \geqslant 0$, 且 $\sum_{n=1}^{\infty} a_n = 1$.

16. 证明 由于 $\mathcal{D}_{\Sigma f}$ 是一个包含 $\mathcal{D}$ 的代数, 所以对任意 $n \geqslant 1$, 有 $A \backslash \bigcup_{k=1}^{n} A_k \in \mathcal{D}_{\Sigma f}$. 于是存在 $D_1, D_2, \cdots, D_m \in \mathcal{D}$, $D_i \cap D_j = \varnothing$, $i \neq j$, 使得 $A \backslash \bigcup_{k=1}^{n} A_k = \bigcup_{i=1}^{m} D_i$, 从而有
$$A = \left(\bigcup_{k=1}^{n} A_k \right) \cup \left(\bigcup_{i=1}^{m} D_i \right).$$
故有
$$\mu(A) = \sum_{k=1}^{n} \mu(A_k) + \sum_{i=1}^{m} \mu(D_i) \geqslant \sum_{k=1}^{n} \mu(A_k).$$
当 $n \to \infty$ 时, 有
$$\sum_{k=1}^{\infty} \mu(A_k) \leqslant \mu(A).$$

17. 证明
$$\mu(\liminf_{n \to \infty} A_n) = \mu\left(\lim_{n \to \infty} \bigcap_{k=n}^{\infty} A_k \right) \leqslant \inf_{k \geqslant n} \{\mu(A_k), \mu(A_{k+1}), \cdots\}$$
$$= \liminf_{n \to \infty} \mu(A_n).$$

当 $\mu\left(\bigcup_{n=1}^{\infty} A_n\right) < +\infty$ 时, 有

$$
\mu(\limsup_{n\to\infty} A_n) = \mu\left(\lim_{n\to\infty} \bigcup_{k=n}^{\infty} A_k\right) \geqslant \sup_{k\geqslant n}\{\mu(A_k), \mu(A_{k+1}), \cdots\}
$$

$$
= \limsup_{n\to\infty} \mu(A_n).
$$

18. 参见定理 1.4.3 的证明.

19. 证明　首先 $\mu_A(\varnothing) = \mu(\varnothing \cap A) = \mu(\varnothing) = 0$. 其次, 设 $B, C \subset \Omega$, 且 $B \subset C$. 则 $C = B \cup (C \setminus B)$. 所以

$$
\begin{aligned}
\mu_A(C) &= \mu(C \cap A) \\
&= \mu((B \cup (C \setminus B)) \cap A) \\
&= \mu[(B \cap A) \cup ((C \setminus B) \cap A)] \\
&\geqslant \mu(B \cap A) \\
&= \mu_A(B).
\end{aligned}
$$

最后, 设 $\{B_n, n \geqslant 1\}$ 是 Ω 的子集合序列, 则

$$
\begin{aligned}
\mu_A\left(\bigcup_{n=1}^{\infty} B_n\right) &= \mu\left[\left(\bigcup_{n=1}^{\infty} B_n\right) \cap A\right] \\
&= \mu\left(\bigcup_{n=1}^{\infty} (B_n \cap A)\right) \\
&\leqslant \sum_{n=1}^{\infty} \mu(B_n \cap A) \\
&= \sum_{n=1}^{\infty} \mu_A(B_n).
\end{aligned}
$$

所以 μ_A 是 Ω 上的外测度.

20. 证明　首先 $\mu^*(\varnothing) \leqslant \mu(\varnothing) = 0$, 其次对 $A, B \subset \Omega$, 当 $A \subset B$ 时, 有

(1) 若 $B \in \mathcal{F}$, 则

$$
\mu^*(A) \leqslant \mu(B) = \mu^*(B).
$$

(2) 若 $B \notin \mathcal{F}$, 设 C 是包含 B 的任意一个 $\mathcal{F}$ 可测集, 则

$$
\mu^*(A) \leqslant \inf \mu(C) = \mu^*(B).
$$

最后, 设 $\{B_n, n \geqslant 1\}$ 是 Ω 的子集合序列. 则 $\forall \varepsilon > 0$, 存在可测集序列 $\{A_n, n \geqslant 1\}$, 使

得 $\bigcup\limits_{n=1}^{\infty} B_n \subset \bigcup\limits_{n=1}^{\infty} A_n \in \mathcal{F}$, 且

$$\mu^*(B_1) + \frac{\varepsilon}{2} \geqslant \mu(A_1),$$

$$\mu^*(B_2) + \frac{\varepsilon}{4} \geqslant \mu(A_2),$$

$$\vdots$$

$$\mu^*(B_n) + \frac{\varepsilon}{2^n} \geqslant \mu(A_n),$$

$$\vdots$$

因此有

$$\sum_{n=1}^{\infty} \mu^*(B_n) + \varepsilon \geqslant \sum_{n=1}^{\infty} \mu(A_n) \geqslant \mu\left(\bigcup_{n=1}^{\infty} A_n\right) \geqslant \mu^*\left(\bigcup_{n=1}^{\infty} B_n\right).$$

令 $\varepsilon \to 0$, 得

$$\sum_{n=1}^{\infty} \mu^*(B_n) \geqslant \mu^*\left(\bigcup_{n=1}^{\infty} B_n\right).$$

21. 证明　令 $\mathcal{H} = \{A \in \sigma(\mathcal{D}) | \mu(A) = v(A)\}$, 下证 $\mathcal{H} = \sigma(\mathcal{D})$. 由于 $\mathcal{D} \subset \mathcal{H} \subset \sigma(\mathcal{D})$, 故只需证 $\mathcal{H} \supset \sigma(\mathcal{D})$. 由于 $\mathcal{D}$ 是代数, 故 $\sigma(\mathcal{D}) = m(\mathcal{D})$, 故只需证明 $\mathcal{H}$ 是一个单调类. 设 $\{A_n, n \geqslant 1\} \subset \mathcal{H}$, 且 $A_n \uparrow A$, 即对每个 A_n, 有 $A_n \in \sigma(\mathcal{D})$, 且 $\mu(A_n) = v(A_n)$. 则

$$\mu(A) = \mu(\lim_{n\to\infty} A_n) = \lim_{n\to\infty} \mu(A_n) = \lim_{n\to\infty} v(A_n)$$

$$= v(\lim_{n\to\infty} A_n)$$

$$= v(A).$$

即 $A \in \mathcal{H}$, 从而 $\mathcal{H}$ 是一个单调类.

22. 证明　由本章习题第 17 题的结论可知

$$\liminf_{n\to\infty} \mu(A_n) \geqslant \mu(\liminf_{n\to\infty} A_n) = \mu(\limsup_{n\to\infty} A_n)$$

$$\geqslant \limsup_{n\to\infty} \mu(A_n) \geqslant \liminf_{n\to\infty} \mu(A_n).$$

所以

$$\lim_{n\to\infty} \mu(A_n) = \mu(\lim_{n\to\infty} A_n).$$

习　题　2

1. 证明　设 f 是 $(\Omega, \mathcal{F}, \mu)$ 上的任意一个函数, $\forall B \in \mathcal{B}(\overline{\mathbb{R}})$, 由于 $\mathcal{F}$ 包含了 Ω 的所有的子集, 故 $f^{-1}(B) \in \mathcal{F}$. 所以 f 是 $(\Omega, \mathcal{F}, \mu)$ 上的可测函数.

2. 证明　设 f 是 $(\Omega, \mathcal{F}, \mu)$ 上的常值函数, 即 $\forall \omega \in \Omega$, $f(\omega) = a_0$. 则 $\forall B \in \mathcal{B}(\overline{\mathbb{R}})$, 有

$$f^{-1}(B) = \begin{cases} \Omega, & \text{若 } a_0 \in B, \\ \varnothing, & \text{若 } a_0 \notin B. \end{cases}$$

因而 $f^{-1}(B) \in \mathcal{F}$. 则 f 是 $(\Omega, \mathcal{F}, \mu)$ 上的可测函数.

3. 证明　令 $f = aI_A + bI_B$, 由于 $A \cap B = \varnothing$, 故 $\forall C \in \mathcal{B}(\overline{\mathbb{R}})$, 有

$$f^{-1}(C) = \begin{cases} A, & \text{若 } a \in C, b \notin C, \\ B, & \text{若 } a \notin C, b \in C, \\ \Omega, & \text{若 } a \in C, b \in C, \\ \varnothing, & \text{若 } a \notin C, b \notin C. \end{cases}$$

所以 $f^{-1}(C) \in \mathcal{F}$, 因此 f 是 $(\Omega, \mathcal{F}, \mu)$ 上的可测函数.

4. 证明　记 $A = [f \neq g]$, $B_1 = [f_n \nrightarrow f]$, $B_2 = [f_n \nrightarrow g]$. 则

$$\mu(A) = \mu(AB_1) + \mu(AB_1^c)$$

$$= \mu(AB_1) + \mu(AB_1^c B_2) + \mu(AB_1^c B_2^c)$$

$$\leqslant \mu(B_1) + \mu(B_2)$$

$$= 0,$$

所以 $f = g$ a.e..

5. 证明　当 μ 是有限测度时, $\forall \varepsilon > 0$, 有

$$f_n \xrightarrow{\text{a.e.}} f \Leftrightarrow \mu\left(\bigcap_{n=1}^{\infty} \bigcup_{m=n}^{\infty} [|f_m - f| \geqslant \varepsilon]\right) = 0$$

$$\Leftrightarrow \lim_{n\to\infty} \mu\left(\bigcup_{m=n}^{\infty} [|f_m - f| \geqslant \varepsilon]\right) = 0$$

$$\Leftrightarrow \mu\left(\sup_{m\geqslant n} [|f_m - f| \geqslant \varepsilon]\right) = 0$$

$$\Leftrightarrow \sup_{m\geqslant n} |f_m - f| \xrightarrow{\mu} 0.$$

6. 解　取测度空间为 $(\mathbb{R}, \mathcal{B}(\mathbb{R}), \mu)$, 其中 μ 为 Lebesgue 测度. 设

$$f_n(\omega) = \begin{cases} 0, & |\omega| \leqslant n, \\ 1, & |\omega| > n. \end{cases}$$

令 $f(\omega) = 0, \forall \omega \in \mathbb{R}$, 显然有

$$\lim_{n\to\infty} f_n(\omega) = f(\omega).$$

从而 $f_n \xrightarrow{\text{a.e.}} f$, 但若取 $\varepsilon = \dfrac{1}{2}$, 则有

$$\mu\left(|f_n - f| > \frac{1}{2}\right) = \mu((-\infty, -n]) + \mu([n, +\infty)) = +\infty.$$

因而 $f_n \xrightarrow{\mu} f$ 不成立.

7. 证明　设 $f_n \xrightarrow{\mu} f$, 则存在子列 $\{f_{n_k}, k \geqslant 1\}$, 使得 $f_{n_k} \xrightarrow{\text{a.e.}} f$. 从而

$$\liminf_{n\to\infty} f_n \leqslant \liminf_{k\to\infty} f_{n_k} = f = \limsup_{k\to\infty} f_{n_k} \leqslant \limsup_{n\to\infty} f_n \quad \text{a.e..}$$

8. 证明　(1)

$$\mu\left(\liminf_{n\to\infty} A_n\right) = \mu\left(\bigcup_{n=1}^{\infty}\bigcap_{k=n}^{\infty} A_k\right) = \mu\left(\lim_{n\to\infty}\bigcap_{k=n}^{\infty} A_k\right)$$

$$= \lim_{n\to\infty} \mu\left(\bigcap_{k=n}^{\infty} A_k\right)$$

$$\leqslant \liminf_{n\to\infty} \mu(A_n).$$

(2)

$$\mu\left(\limsup_{n\to\infty} A_n\right) = \mu\left(\bigcap_{n=1}^{\infty}\bigcup_{k=n}^{\infty} A_k\right) = \mu\left(\lim_{n\to\infty}\bigcup_{k=n}^{\infty} A_k\right)$$

$$= \lim_{n \to \infty} \mu \left(\bigcup_{k=n}^{\infty} A_k \right)$$

$$\geqslant \limsup_{n \to \infty} \mu(A_n).$$

9. 证明 (1) 由于 $f_n \xrightarrow{\text{a.e.}} f$, 故存在 $A \in \mathcal{F}$, 使得 $\mu(A) = 0$, 且 $\forall \omega \in A^c$, 有

$$f_n(\omega) \to f(\omega), \ n \to \infty.$$

则存在 N, 当 $n > N$ 时, $\forall \omega \in A^c$, 有

$$\left| \frac{1}{n} \sum_{i=1}^{n} f_i(\omega) - f(\omega) \right| \leqslant \frac{1}{n} \left| \sum_{i=1}^{N} f_i(\omega) - N f(\omega) \right| + \frac{1}{n} \left| \sum_{i=N+1}^{n} f_i(\omega) - (n-N) f(\omega) \right| \to 0,$$

$$n \to \infty.$$

故 $\overline{f}_n = \dfrac{1}{n} \sum\limits_{i=1}^{n} f_i \xrightarrow{\text{a.e.}} f$.

(2) 不一定. 举例如下:

令 $\Omega = (0,1)$, $\mathcal{F} = (0,1) \cap \mathcal{B}(\mathbb{R})$, μ 为 Lebesgue 测度. 对每个 $m = 1, 2, \cdots,$ 和 $k = 0, 1, 2, \cdots, 2^m - 1$, 令

$$f_{2^m + k}(x) = \begin{cases} 2^m, & x \in \left(\dfrac{k}{2^m}, \dfrac{k+1}{2^m} \right), \\ 0, & x \notin \left(\dfrac{k}{2^m}, \dfrac{k+1}{2^m} \right). \end{cases}$$

且

$$f(x) = 0.$$

显然 $f_n \xrightarrow{\mu} f$, 但 $\overline{f}_n = \dfrac{1}{n} \sum\limits_{i=1}^{n} f_i \xrightarrow{\mu} f$ 不成立.

习 题 3

1. 证明 由于 $g \in L^{\infty}$, 则存在 c, 使得 $\mu(|g| \geqslant c) = 0$. 从而

$$|g| \leqslant \|g\|_{\infty},$$

故

$$\|fg\| = \int_{\Omega} |fg| \mathrm{d}\mu \leqslant \|g\|_{\infty} \int_{\Omega} |f| \mathrm{d}\mu = \|f\| \, \|g\|_{\infty},$$

$$\|f + g\|_\infty = \inf\{a | a \in \mathbb{R}^+, \mu(|f + g| > a) = 0\}$$

$$\leqslant \inf\{a_1 | a_1 \in \mathbb{R}^+, \mu(|f| > a_1) = 0\} + \inf\{a_2 | a_2 \in \mathbb{R}^+, \mu(|g| > a_2) = 0\}$$

$$= \|f\|_\infty + \|g\|_\infty.$$

2. 证明 当 $a = 0$ 或 $b = 0$ 时, 结论显然成立, 故以下只证 a, b 都不为零的情形. 由于

$$|a + b|^p \leqslant (|a| + |b|)^p,$$

故只需证对任意 $a, b \in \mathbb{R}^+$, 有

$$(a + b)^p \leqslant a^p + b^p.$$

上式等价于

$$1 \leqslant \left(\frac{a}{a+b}\right)^p + \left(\frac{b}{a+b}\right)^p.$$

若令 $f(x) = x^p + (1-x)^p$, $0 < p < 1$. $x \in [0, 1)$, 则显然函数 $f(x)$ 在 $\left(0, \frac{1}{2}\right]$ 上单调增, 在 $\left(\frac{1}{2}, 1\right)$ 上单调减. 而 $f(0) = f(1) = 1$. 从而

$$x^p + (1-x)^p \geqslant 1.$$

即有

$$\left(\frac{a}{a+b}\right)^p + \left(\frac{b}{a+b}\right)^p \geqslant 1.$$

3. 证明 利用上题的结论, 有

$$\|f + g\|_p = \int_\Omega |f + g|^p \mathrm{d}\mu \leqslant \int_\Omega (|f|^p + |g|^p) \mathrm{d}\mu = \|f\|_p + \|g\|_p.$$

4. 证明 由于 $f \leqslant g$ a.e., 可令 $h = g - f$, 则 h 非负可测, 且 $g = h + f$. 故对任意 $A \in \mathcal{F}$, 有

$$\int_A g \mathrm{d}\mu = \int_\Omega g I_A \mathrm{d}\mu = \int_\Omega h I_A \mathrm{d}\mu + \int_\Omega f I_A \mathrm{d}\mu \geqslant \int_\Omega f I_A \mathrm{d}\mu = \int_A f \mathrm{d}\mu.$$

5. 证明 由于 $\forall n$, 有 $f_n \leqslant f_{n+1}$ a.e., 则存在 N, 使得 $\mu(N) = 0$, 且 $\forall \omega \in N^c$, 有 $f_n(\omega) \leqslant f_{n+1}(\omega)$. 令

$$g_n(\omega) = \begin{cases} f_n(\omega), & \omega \in N^c, \\ 0, & \omega \in N. \end{cases}$$

则有 $g_n(\omega) \leqslant g_{n+1}(\omega)$, 且 $f_n = g_n$ a.e..

6. 证明　令 $B_1 = A_1,\ B_2 = A_2 \setminus A_1, \cdots,\ B_n = A_n \setminus A_1 \cup A_2 \cup \cdots \cup A_{n-1}$, 则 $\{B_i, i = 1, \cdots, n\}$ 两两不交, 且 $\bigcup\limits_{k=1}^{n} A_k = \bigcup\limits_{k=1}^{n} B_k$. 因此

$$\mu\left(\bigcup_{k=1}^{n} A_k \right) = \mu\left(\bigcup_{k=1}^{n} B_k \right) = \sum_{k=1}^{n} \mu(B_k)$$

$$= \sum_{k=1}^{n} \mu\left(A_k \setminus \bigcup_{j=1}^{k-1} A_j \right)$$

$$= \sum_{k=1}^{n} \left[\mu(A_k) - \mu\left(A_k \cap \left(\bigcup_{j=1}^{k-1} A_j \right) \right) \right]$$

$$= \sum_{k=1}^{n} \mu(A_k) - \sum_{k=1}^{n} \mu\left(\bigcup_{j=1}^{k-1} A_k A_j \right)$$

$$\geqslant \sum_{k=1}^{n} \mu(A_k) - \sum_{k=1}^{n} \sum_{j=1}^{k-1} \mu(A_k A_j)$$

$$= \sum_{k=1}^{n} \mu(A_k) - \sum_{1 \leqslant k < j \leqslant n} \mu(A_k A_j).$$

7. 证明　(1) 由于 $1 \leqslant p_1 < p_2 < +\infty$, 可令 $p = \dfrac{p_2}{p_1},\ q = \dfrac{p_2}{p_2 - p_1}$. 则 $1 < p,\ q < +\infty$, 且 $\dfrac{1}{p} + \dfrac{1}{q} = 1$. 因此

$$\|f\|_{p_1}^{p_1} = \int_{\Omega} |f|^{p_1} \cdot 1 \, \mathrm{d}P = \|f^{p_1} \cdot 1\|$$

$$\leqslant \|f^{p_1}\|_p \cdot \|1\|_q$$

$$= \left(\int_{\Omega} (f^{p_1})^p \, \mathrm{d}P \right)^{\frac{1}{p}}$$

$$= \|f\|_{p_2}^{p_1}.$$

故 $\|f\|_{p_1} \leqslant \|f\|_{p_2}$.

(2) 由 (1) 知 $\{\|f\|_p\}$ 是关于 p 的单调递增序列, 故极限存在. 于是存在 $E_0,\ P(E_0) = 0$, 使得 $\|f\|_\infty = \sup\limits_{x \in \Omega \setminus E_0} |f(x)|$, 则

$$\int_{\Omega} |f(x)|^p \, \mathrm{d}P = \int_{\Omega \setminus E_0} |f(x)|^p \, \mathrm{d}P \leqslant \|f\|_\infty^p, \quad \forall p \geqslant 1.$$

故 $\|f\|_p \leqslant \|f\|_\infty$, 即 $\lim\limits_{p \to \infty} \|f\|_p \leqslant \|f\|_\infty$.

对任意 $0 < \varepsilon < \|f\|_\infty$, 令

$$E_\varepsilon = \{\omega \| f(\omega)| \geqslant \|f\|_\infty - \varepsilon\},$$

则 E_ε 不为零测集, 故

$$\|f\|_p \geqslant \left(\int_{E_\varepsilon} |f(x)|^p \, \mathrm{d}P \right)^{\frac{1}{p}} \geqslant (\|f\|_\infty - \varepsilon)(P(E_\varepsilon))^{\frac{1}{p}}.$$

令 $p \to +\infty$, 则有

$$\lim\limits_{p \to +\infty} \|f\|_p \geqslant \|f\|_\infty - \varepsilon,$$

再由 ε 的任意性, 有 $\lim\limits_{p \to +\infty} \|f\|_p \geqslant \|f\|_\infty$. 因此

$$\|f\|_p \to \|f\|_\infty, \ p \to +\infty.$$

8. 证明　由于 $\dfrac{1}{p} + \dfrac{1}{q} = \dfrac{1}{r}$, 则 $\dfrac{r}{p} + \dfrac{r}{q} = 1$, 所以有

$$|ab| \leqslant \frac{r}{p}|a|^{\frac{p}{r}} + \frac{r}{q}|b|^{\frac{q}{r}}.$$

若令 $\overline{f} = \dfrac{|f|^r}{\|f\|_p^r}, \ \overline{g} = \dfrac{|g|^r}{\|g\|_q^r}$, 所以

$$\int_\Omega |\overline{f}\overline{g}| \mathrm{d}P \leqslant \int_\Omega \frac{r}{p} |\overline{f}|^{\frac{p}{r}} \, \mathrm{d}P + \int_\Omega \frac{r}{q} |\overline{g}|^{\frac{q}{r}} \mathrm{d}P$$

$$= \frac{r}{p} \frac{\int_\Omega |f(x)|^p \mathrm{d}P}{\|f\|_p^p} + \frac{r}{q} \frac{\int_\Omega |g(x)|^q \mathrm{d}P}{\|g\|_q^q}$$

$$= \frac{r}{p} + \frac{r}{q} = 1.$$

从而有

$$\int_\Omega |fg|^r \mathrm{d}P \leqslant \|f\|_p^r \cdot \|g\|_q^r.$$

即

$$\|fg\|_r \leqslant \|f\|_p \|g\|_q.$$

9. 证明　(1) $\forall p \geqslant 1$, 令 $c = \|f\|_\infty < +\infty$. 则

$$\int_\Omega |f|^p \mathrm{d}\mu = \int_\Omega |f||f|^{p-1}\mathrm{d}\mu$$

$$= \int_{[|f|>c]} |f||f|^{p-1}\mathrm{d}\mu + \int_{[|f|\leqslant c]} |f||f|^{p-1}\mathrm{d}\mu$$

$$\leqslant c^{p-1}\int_\Omega |f|\mathrm{d}\mu$$

$$= c^{p-1}\|f\|_1 < +\infty.$$

故 $f \in L^p$.

(2) 当 $\|f\|_\infty = 0$ 时, 显然结论成立.

当 $\|f\|_\infty \neq 0$ 时, 取 E_0, $\mu(E_0) = 0$, 使得 $\|f\|_\infty = \sup\limits_{x\in\Omega\setminus E_0} |f(x)|$, 由 $f \in L^\infty$ 得 $\mu(\Omega\setminus E_0) < +\infty$.

$$\int_\Omega |f(x)|^p \mathrm{d}\mu = \int_{\Omega\setminus E_0} |f(x)|^p\mathrm{d}\mu \leqslant \|f\|_\infty^p \mu(\Omega\setminus E_0).$$

故 $\|f\|_p \leqslant \|f\|_\infty [\mu(\Omega\setminus E_0)]^{\frac{1}{p}}$, 即 $\lim\limits_{p\to\infty} \|f\|_p \leqslant \|f\|_\infty$.

另外, $\forall \varepsilon > 0$, $\varepsilon < \|f\|_\infty$, 令

$$E_\varepsilon = \{\omega\||f| \geqslant \|f\|_\infty - \varepsilon\},$$

则 E_ε 不是零测集. 故

$$\|f\|_p = \left(\int_\Omega |f|^p\mathrm{d}\mu\right)^{\frac{1}{p}} \geqslant \left(\int_{E_\varepsilon} |f|^p\mathrm{d}\mu\right)^{\frac{1}{p}} \geqslant (\|f\|_\infty - \varepsilon)(\mu(E_\varepsilon))^{\frac{1}{p}}.$$

故

$$\lim\limits_{p\to\infty} \|f\|_p \geqslant \|f\|_\infty - \varepsilon,$$

令 $\varepsilon \to 0$, 得 $\lim\limits_{p\to\infty} \|f\|_p \geqslant \|f\|_\infty$. 因此

$$\lim\limits_{p\to\infty} \|f\|_p = \|f\|_\infty.$$

10. 证明　由于 f 积分存在, 故

$$\max\left\{\int_\Omega f^+\mathrm{d}\mu, \int_\Omega f^-\mathrm{d}\mu\right\} < +\infty.$$

又 $\forall A \in \mathcal{F}$,

$$(fI_A)^+ = f^+ I_A \leqslant f^+, \quad (fI_A)^- = f^- I_A \leqslant f^-.$$

故

$$\max\left\{ \int_\Omega (fI_A)^+ \mathrm{d}\mu, \int_\Omega (fI_A)^- \mathrm{d}\mu \right\} \leqslant \max\left\{ \int_\Omega f^+ \mathrm{d}\mu, \int_\Omega f^- \mathrm{d}\mu \right\} < +\infty.$$

从而 f 在任何 A 上的积分也存在. 这里

$$\int_A f \mathrm{d}\mu = \int_\Omega fI_A \mathrm{d}\mu = \int_\Omega (fI_A)^+ \mathrm{d}\mu - \int_\Omega (fI_A)^- \mathrm{d}\mu.$$

11. 证明　令 $A = [|f| \geqslant \varepsilon]$, 则

$$\int_\Omega |f| \mathrm{d}\mu = \int_A |f| \mathrm{d}\mu + \int_{\Omega \setminus A} |f| \mathrm{d}\mu$$

$$\geqslant \int_\Omega |f| I_A \mathrm{d}\mu$$

$$= \int_\Omega |f| I_{[|f| \geqslant \varepsilon]} \mathrm{d}\mu$$

$$\geqslant \varepsilon \cdot \mu(A).$$

故 $\mu([|f| \geqslant \varepsilon]) \leqslant \dfrac{1}{\varepsilon} \displaystyle\int_\Omega |f| \mathrm{d}\mu.$

12. 证明　由于 $a \leqslant f \leqslant b$, 故有

$$a \int_\Omega g \mathrm{d}\mu \leqslant \int_\Omega fg \mathrm{d}\mu \leqslant b \int_\Omega g \mathrm{d}\mu.$$

所以, 当 $\displaystyle\int_\Omega g \mathrm{d}\mu = 0$ 时, $\displaystyle\int_\Omega fg \mathrm{d}\mu = 0$, 故只要取 c 为 $[a, b]$ 中的任一值, 就有

$$\int_\Omega fg \mathrm{d}\mu = c \int_\Omega g \mathrm{d}\mu = 0.$$

若 $\displaystyle\int_\Omega g \mathrm{d}\mu \neq 0$. 可令

$$c = \frac{\displaystyle\int_\Omega fg \mathrm{d}\mu}{\displaystyle\int_\Omega g \mathrm{d}\mu}.$$

即证.

13. 证明 要证 $f = g$ a.e., 只需证 $\mu(\Omega \cap [f \neq g]) = 0$. 由于 μ 是 σ 有限测度, 取两两不交的 $\{A_n, n \geqslant 1\}$, 使得 $\bigcup\limits_{n=1}^{\infty} A_n = \Omega$, 且对所有的 n, 有 $\mu(A_n) < +\infty$. 故

$$\mu(\Omega \cap [f \neq g]) = \sum_{n=1}^{\infty} \mu(A_n \cap [f \neq g]).$$

下证对所有的 n, 都有 $\mu(A_n \cap [f \neq g]) = 0$.

用反证法. 假设存在 n_0, 使得 $\mu(A_{n_0} \cap [f \neq g]) > 0$, 又

$$\mu(A_{n_0} \cap [f \neq g]) = \mu(A_{n_0} \cap [f > g]) + \mu(A_{n_0} \cap [f < g]).$$

可设 $\mu(A_{n_0} \cap [f > g]) > 0$. 又

$$[f > g] = \bigcup_{m=1}^{\infty} \left[f > g + \frac{1}{m} \right],$$

故存在 m_0, 使得 $\mu\left(A_{n_0} \cap \left[f > g + \frac{1}{m_0} \right] \right) > 0$.

记 $A = A_{n_0} \cap \left[f > g + \frac{1}{m_0} \right]$, 则

$$\int_A f \mathrm{d}\mu \geqslant \int_A \left(g + \frac{1}{m_0} \right) \mathrm{d}\mu = \int_A g \mathrm{d}\mu + \int_A \frac{1}{m_0} \mathrm{d}\mu > \int_A g \mathrm{d}\mu.$$

矛盾. 从而 $f = g$ a.e..

14. 证明 因为

$$\int_{\Omega} |f_n - f| \mathrm{d}\mu = \int_{[|f_n - f| \geqslant \varepsilon]} |f_n - f| \mathrm{d}\mu + \int_{[|f_n - f| < \varepsilon]} |f_n - f| \mathrm{d}\mu \geqslant \varepsilon \mu([|f_n - f| \geqslant \varepsilon]).$$

因此

$$\mu([|f_n - f| \geqslant \varepsilon]) \leqslant \frac{1}{\varepsilon} \int_{\Omega} |f_n - f| \mathrm{d}\mu \to 0, \quad n \to \infty.$$

从而 $f_n \xrightarrow{\mu} f$. 又

$$\left| \int_{\Omega} f_n \mathrm{d}\mu - \int_{\Omega} f \mathrm{d}\mu \right| = \left| \int_{\Omega} (f_n - f) \mathrm{d}\mu \right| \leqslant \int_{\Omega} |f_n - f| \mathrm{d}\mu \to 0, \quad n \to \infty.$$

从而

$$\lim_{n \to \infty} \int_{\Omega} f_n \mathrm{d}\mu = \int_{\Omega} f \mathrm{d}\mu.$$

15. 证明 由于

$$\left| f_n - |f_n - f| - f \right| \leqslant 2|f_n - f| \quad \text{a.e.,}$$

可见

$$f_n - |f_n - f| \xrightarrow{\mu} f \quad \text{或} \quad f_n - |f_n - f| \xrightarrow{\text{a.e.}} f.$$

但是 $\left| f_n - |f_n - f| \right| \leqslant f$ a.e., 利用控制收敛定理得

$$\lim_{n \to \infty} \int_\Omega f_n \mathrm{d}\mu - \lim_{n \to \infty} \int_\Omega |f_n - f| \mathrm{d}\mu = \lim_{n \to \infty} \int_\Omega (f_n - |f_n - f|) \mathrm{d}\mu = \int_\Omega f \mathrm{d}\mu.$$

由此可见

$$\lim_{n \to \infty} \int_\Omega |f_n - f| \mathrm{d}\mu = 0.$$

16. 证明 (1) 显然 $\|f\|_\infty \geqslant 0$, 若 $\|f\|_\infty = 0$, 则 $\inf\{a \in \mathbb{R}^+ | \mu(|f| > a) = 0\} = 0$, 即 $\mu(|f| > 0) = 0$. 因此 $f = 0$ a.e..

(2) $\forall a \in \mathbb{R}$, 有

$$\|af\|_\infty = \inf\{b \in \mathbb{R}^+ | \mu(|af| > b) = 0\}$$

$$= |a| \inf\left\{ \frac{b}{|a|} \in \mathbb{R}^+ \Big| \mu\left(|f| > \frac{b}{|a|}\right) = 0 \right\}$$

$$= |a| \cdot \|f\|_\infty.$$

(3)

$$\|f + g\|_\infty = \inf\{a \in \mathbb{R}^+ | \mu(|f + g| > a) = 0\}$$

$$\leqslant \inf\{a_1 \in \mathbb{R}^+ | \mu(|f| > a_1) = 0\} + \inf\{a_2 \in \mathbb{R}^+ | \mu(|g| > a_2) = 0\}$$

$$= \|f\|_\infty + \|g\|_\infty.$$

17. 证明 只需证 $\langle \cdot, \cdot \rangle$ 具有内积的性质.

(1) $\langle f + h, g \rangle = \int_\Omega (f + h)g \mathrm{d}\mu = \int_\Omega fg \mathrm{d}\mu + \int_\Omega hg \mathrm{d}\mu = \langle f, g \rangle + \langle h, g \rangle.$

(2) $\langle af, g \rangle = \int_\Omega afg \mathrm{d}\mu = a \int_\Omega fg \mathrm{d}\mu = a\langle f, g \rangle.$

(3) $\langle f, g \rangle = \langle g, f \rangle.$

(4) $\langle f, f \rangle = \int_\Omega f^2 \mathrm{d}\mu \geqslant 0$, 当 $\langle f, f \rangle = 0$ 时, $\int_\Omega f^2 \mathrm{d}\mu = 0$. 从而 $f = 0$ a.e..

习　题　4

1. 证明　对 $\varnothing \in \mathcal{F}$, 由于 $\varnothing \subset \varnothing$, 且 $\mu(\varnothing) = 0$, 故 $\mu^*(\varnothing) = 0$. 下证 μ^* 单调增. 设 $A_1, A_2 \in \mathcal{F}$, 且 $A_1 \subset A_2$, 则 $\forall B \subset A_1$, $B \in \mathcal{F}$, 总有 $B \subset A_2$, 因此有

$$\mu^*(A_1) \leqslant \mu^*(A_2).$$

而 $\mu^*(\varnothing) = 0$, 从而 μ^* 是 $\mathcal{F}$ 上非负单调增的集函数.

2. 证明　(1) 由于 $A_n \uparrow A$, 可令 $B_1 = A_1$, $B_n = A_n \backslash A_{n-1}$, $n \geqslant 2$. 则 $\{B_n, n \geqslant 1\}$ 两两不交, 且

$$\bigcup_{n=1}^{\infty} B_n = \bigcup_{n=1}^{\infty} A_n = A.$$

故

$$\phi(A) = \phi\left(\bigcup_{n=1}^{\infty} A_n\right) = \phi\left(\bigcup_{n=1}^{\infty} B_n\right)$$

$$= \sum_{n=1}^{\infty} \phi(B_n)$$

$$= \sum_{n=1}^{\infty} [\phi(A_n) - \phi(A_{n-1})]$$

$$= \lim_{n \to \infty} \sum_{k=1}^{n} [\phi(A_k) - \phi(A_{k-1})]$$

$$= \lim_{n \to \infty} \phi(A_n).$$

(2) 由于 $A_n \downarrow A$, 可令 $B_1 = A_1 \backslash A_2, \cdots, B_n = A_n \backslash A_{n+1}, \cdots$ 则 $\{B_n, n \geqslant 1\}$ 两两不交, 且

$$\left(\bigcup_{n=1}^{\infty} B_n\right) \cup \left(\bigcap_{n=1}^{\infty} A_n\right) = A_1,$$

即 $\left(\bigcup_{n=1}^{\infty} B_n\right) \cup A = A_1$, 故

$$\phi(A) = \phi\left(A_1 \setminus \bigcup_{n=1}^{\infty} B_n\right)$$

$$= \phi(A_1) - \sum_{n=1}^{\infty} \phi(B_n)$$

$$= \phi(A_1) - \lim_{n \to \infty} \sum_{k=1}^{n} \phi(A_n \setminus A_{n+1})$$

$$= \lim_{n \to \infty} \phi(A_n).$$

3. 证明 设 $A \in \mathcal{F}$, 则 $\forall B \subset A, B \in \mathcal{F}$, 有

$$\phi(B) = \mu(B) - \nu(B) \leqslant \mu(B) \leqslant \mu(A).$$

因此 $\phi^+(A) = \phi^*(A) = \sup\{\phi(B) | B \subset A, B \in \mathcal{F}\} \leqslant \mu(A)$. 故 $\phi^+ \leqslant \mu$, 同理可证 $\phi^- \leqslant \nu$.

4. 证明 若令 $\mu = \sum_{n=1}^{\infty} \dfrac{\mu_n}{2^n \mu_n(\Omega)}$. 则显然 μ 是有限测度, 且对每个 μ_n, 都有 $\mu_n \ll \mu$.

5. 证明 充分性: 若 $\phi^+ \ll \mu$, $\phi^- \ll \mu$. 设 $A \in \mathcal{F}$, 且 $|\mu|(A) = 0$. 则 $\phi^+(A) = 0$, $\phi^-(A) = 0$. 从而

$$\phi(A) = \phi^+(A) - \phi^-(A) = 0.$$

则 $\phi \ll \mu$.

必要性: 设 $\phi \ll \mu$, 则 $\forall A \in \mathcal{F}$, 当 $|\mu|(A) = 0$ 时, 有 $\phi(A) = 0$. 设 $\{B, B^c\}$ 是 ϕ 的 Hahn 分解. 于是

$$0 \leqslant |\mu|(B \cap A) \leqslant |\mu|(A) = 0, \quad 0 \leqslant |\mu|(B^c \cap A) \leqslant |\mu|(A) = 0.$$

因此

$$\phi(B \cap A) = 0, \quad \phi(B^c \cap A) = 0.$$

又 $\phi^+(A) = \phi(B \cap A) = 0$, $\phi^-(A) = \phi(B^c \cap A) = 0$. 因而

$$\phi \ll \mu, \quad \phi^- \ll \mu.$$

6. 证明 利用 Radon-Nikodym 定理易得.

7. 证明 必要性显然, 下证充分性.

设 $\mu_1 \perp \nu$, $\mu_2 \perp \nu$. 设集合 A_1 和 A_2 满足

$$\mu_1(A_1) = \nu(A_1^c) = 0, \quad \mu_2(A_2) = \nu(A_2^c) = 0.$$

令 $A = A_1 \cap A_2$, 则

$$(\mu_1 + \mu_2)(A) = \mu_1(A) + \mu_2(A) = 0,$$

$$\nu(A^c) = \nu[(A_1 \cap A_2)^c] = \nu(A_1^c \cup A_2^c) \leqslant \nu(A_1^c) + \nu(A_2^c) = 0.$$

故 $(\mu_1 + \mu_2) \perp \nu$.

8. 证明　利用 Radon-Nikodym 定理易得.

9. 证明　$(2) \Rightarrow (1)$ 设 $\mu(A) = 0, \forall A \in \mathcal{F}$, 由 (2) 得 $\forall \varepsilon > 0, |\phi|(A) < \varepsilon$. 由 ε 的任意性得 $|\phi|(A) = 0$, 即有 $\phi \ll \mu$.

$(1) \Rightarrow (2)$ 用反证法.

假设 (2) 式不成立. 即存在 $\varepsilon_0 > 0$, 取 $\delta = \dfrac{1}{2^n} > 0$, 存在 $A_n \in \mathcal{F}, \mu(A_n) < \dfrac{1}{2^n}$, 但 $|\phi|(A_n) \geqslant \varepsilon_0 > 0$. 取 $A = \limsup\limits_{n \to \infty} A_n$, 有

$$\mu(A) = \mu\left(\bigcap_{n=1}^{\infty} \bigcup_{k=n}^{\infty} A_k\right) \leqslant \mu\left(\bigcup_{k=n}^{\infty} A_k\right) \leqslant \sum_{k=n}^{\infty} \mu(A_k) = \frac{1}{2^{n-1}}, \quad \forall n \geqslant 1.$$

则 $\mu(A) = 0$, 但

$$|\phi|(A) \geqslant |\phi|(A_n) \geqslant \varepsilon_0 > 0.$$

这与 $\phi \ll \mu$ 矛盾, 故 (2) 成立.

10. 证明　必要性: 由 Radon-Nikodym 定理知, 存在关于 μ 积分存在的可测函数 g, 使得

$$\nu(A) = \int_A g \mathrm{d}\mu, \quad \forall A \in \mathcal{F}.$$

此外, g 在 μ 等价意义下是唯一的, 且 g 为 μ a.e. 有限.

$$\nu([g \leqslant 0]) = \nu\left(\bigcap_{n=1}^{\infty} \left[g \leqslant \frac{1}{n}\right]\right) = \lim_{n \to \infty} \nu\left(\left[g \leqslant \frac{1}{n}\right]\right)$$

$$= \lim_{n \to \infty} \int_{\left[g \leqslant \frac{1}{n}\right]} g \mathrm{d}\mu \leqslant \lim_{n \to \infty} \frac{1}{n} \mu\left(\left[g \leqslant \frac{1}{n}\right]\right) = 0.$$

但 $\forall A \in \mathcal{F}, \nu(A) = \int_A g \mathrm{d}\mu \geqslant 0 \Rightarrow g \geqslant 0$ a.e., 故

$$\mu([g \leqslant 0]) = 0, \quad \nu([g \leqslant 0]) = 0,$$

即 $0 < g(\omega) < +\infty$ a.e.. 再在 $\mathcal{F}$ 可测集上定义 $g(\omega) = 1$, 即得满足条件的 g.

充分性: 因 $\nu(A) = \int_A g\mathrm{d}\mu$, $\forall A \in \mathcal{F}$. 得 $\nu \ll \mu$, 若 $\nu(A) = \int_A g\mathrm{d}\mu = 0$, 则

$$0 = \int_A g\mathrm{d}\mu \geqslant \int_{A\cap\left[g>\frac{1}{n}\right]} g\mathrm{d}\mu \geqslant \frac{1}{n}\mu\left(A \cap \left[g > \frac{1}{n}\right]\right), \quad \forall n \geqslant 1.$$

即 $\mu(A) = 0$, 故 $\mu \ll \nu$. 即有 $\mu \sim \nu$.

习 题 5

1. 解

$$\Omega_1 \times \Omega_2 = \{(0,3), (0,4), (1,3), (1,4)\}.$$

$$\mathcal{F}_1 \times \mathcal{F}_2 = \{\varnothing, \{(0,3)\}, \{(0,4)\}, \{(1,3)\}, \{(1,4)\}, \{(0,3),(0,4)\}, \{(1,3),(1,4)\},$$

$$\{(0,3),(1,3)\}, \{(0,4),(1,4)\}, \{(0,3),(0,4),(1,3),(1,4)\},$$

$$\{(0,3),(0,4),(1,3)\}, \{(0,3),(0,4),(1,4)\}, \{(0,3),(1,3),(1,4)\},$$

$$\{(0,4),(1,3),(1,4)\}, \{(0,3),(1,4)\}, \{(0,4),(1,3)\}\}.$$

2. 解 当 $|x| > 1$ 时, $E_x = \varnothing$.

当 $|x| = 1$ 时, $E_x = \{0\}$.

当 $|x| < 1$ 时, $E_x = [-\sqrt{1-x^2}, \sqrt{1-x^2}]$.

3. 证明 显然 $\phi \in \mathcal{D}$, $\Omega_1 \times \Omega_2 \times \cdots \times \Omega_n \in \mathcal{D}$. $\forall A = A_1 \times A_2 \times \cdots \times A_n$, $B = B_1 \times B_2 \times \cdots \times B_n \in \mathcal{D}$, 则

$$A\backslash B = (A_1\backslash B_1) \times (A_2\backslash B_2) \times \cdots \times (A_n\backslash B_n) \cup (A_1 B_1) \times (A_2\backslash B_2) \times \cdots \times (A_n\backslash B_n)$$

$$\cup \cdots \cup (A_1\backslash B_1) \times (A_2\backslash B_2) \times \cdots \times (A_n B_n) \in \mathcal{D}_{\Sigma f}.$$

故 $\mathcal{D}$ 是一个半代数.

4. 证明 $\forall A_k \in \mathcal{C}_k$, 有 $\pi_k^{-1}(A_k) = \Omega_1 \times \Omega_2 \times \cdots \times A_k \times \cdots \times \Omega_n \in \prod\limits_{i=1}^{n} \mathcal{F}_i$, 从而

$$\sigma\left(\bigcup_{k=1}^{n} \pi_k^{-1}(\mathcal{C}_k)\right) \subset \prod_{i=1}^{n} \mathcal{F}_i.$$

反之, 由于

$$\prod_{i=1}^{n} \mathcal{F}_i = \sigma(\mathcal{D}) = \sigma\{A_1 \times A_2 \times \cdots \times A_n | A_1 \in \mathcal{F}_1, \cdots, A_n \in \mathcal{F}_n\}.$$

$\forall A_1 \in \mathcal{F}_1$, $\forall A_2 \in \mathcal{F}_2, \cdots, \forall A_n \in \mathcal{F}_n$.

$$A_1 \times A_2 \times \cdots \times A_n = (A_1 \times \Omega_2 \times \Omega_3 \times \cdots \times \Omega_n) \cap (\Omega_1 \times A_2 \times \Omega_3 \times \cdots \times \Omega_n) \cap$$

$$\cdots \cap (\Omega_1 \times \Omega_2 \times \Omega_3 \times \cdots \times A_n)$$

$$= \pi_1^{-1}(A_1) \cap \pi_2^{-1}(A_2) \cap \cdots \cap \pi_n^{-1}(A_n) \in \sigma\left(\bigcup_{k=1}^n \pi_k^{-1}(\mathcal{C}_k)\right).$$

从而

$$\prod_{i=1}^n \mathcal{F}_i = \sigma(\mathcal{D}) \subset \sigma\left(\bigcup_{k=1}^n \pi_k^{-1}(\mathcal{C}_k)\right).$$

所以

$$\prod_{i=1}^n \mathcal{F}_i = \sigma\left(\bigcup_{k=1}^n \pi_k^{-1}(\mathcal{C}_k)\right).$$

5. 证明　只需证 $E_x \subset F_x$.

$y \in E_x \Rightarrow (x,y) \in E \Rightarrow (x,y) \in F \Rightarrow y \in F_x$. 故 $E_x \subset F_x$.

6. 证明　因为 $y \in E_x \Leftrightarrow (x,y) \in E \Rightarrow x \in E^y$.

7.　显然.

8. 证明　因为

$$(\mu \times \upsilon)(E) = \int_X \upsilon(E_x)\mu(\mathrm{d}x) = \int_Y \mu(E^y)\upsilon(\mathrm{d}y).$$

而 $\upsilon(E_x)$ 和 $\mu(E^y)$ 非负, 故

$$(\mu \times \upsilon)(E) = 0 \Leftrightarrow \mu(E^y) = 0, \ \upsilon - \mathrm{a.e.}y.$$

$$\Leftrightarrow \upsilon(E_x) = 0, \ \mu - \mathrm{a.e.}x.$$

9. 证明　设 $S_a = [0,a] \times [0,a]$, 显然函数 $f(x,y) = \mathrm{e}^{-\frac{x^2+y^2}{2}}$ 在 S_a 上可积, 且由 Fubini 定理知

$$F(a) = \iint_{S_a} \mathrm{e}^{-\frac{x^2+y^2}{2}} \, \mathrm{d}x\mathrm{d}y = \left(\int_0^a \mathrm{e}^{-\frac{x^2}{2}} \, \mathrm{d}x\right)^2.$$

作半径为 a 和 $\sqrt{2}a$ 的 $1/4$ 圆 D_1 和 D_2, 即有 $D_1 \subset S_a \subset D_2$. 由 $\mathrm{e}^{-\frac{x^2+y^2}{2}} > 0$ 及积分的单调性知:

$$H(a) = \iint_{D_1} \mathrm{e}^{-\frac{x^2+y^2}{2}} \, \mathrm{d}x\mathrm{d}y \leqslant \iint_{S_a} \mathrm{e}^{-\frac{x^2+y^2}{2}} \, \mathrm{d}x\mathrm{d}y \leqslant \iint_{D_2} \mathrm{e}^{-\frac{x^2+y^2}{2}} \, \mathrm{d}x\mathrm{d}y = G(a).$$

因为

$$H(a) = \iint\limits_{D_1} \mathrm{e}^{-\frac{x^2+y^2}{2}}\,\mathrm{d}x\mathrm{d}y = \int_0^{\frac{\pi}{2}}\mathrm{d}\theta\int_0^a \mathrm{e}^{-\frac{r^2}{2}}r\mathrm{d}r = \frac{\pi}{2}(1-\mathrm{e}^{-\frac{a^2}{2}}).$$

同理可得

$$G(a) = \frac{\pi}{2}(1-\mathrm{e}^{-a^2}).$$

且有 $\lim\limits_{a\to\infty} H(a) = \lim\limits_{a\to\infty} G(a) = \frac{\pi}{2}$, 从而有

$$\frac{1}{\sqrt{2\pi}}\int_{-\infty}^{+\infty}\mathrm{e}^{-\frac{x^2}{2}}\,\mathrm{d}x = 1.$$

10. 证明　设 λ 为 $(\mathbb{R}, \mathcal{B}(\mathbb{R}))$ 上的 Lebesgue 测度. 令

$$E = \{(x,y)\in X\times\mathbb{R}|0\leqslant y < f(x)\},$$

则 $\lambda(E_x) = f(x)$. 于是由 Fubini 定理得

$$\int_X f(x)\mu(\mathrm{d}x) = \int_X \lambda(E_x)\mu(\mathrm{d}x) = \int_{\mathbb{R}}\mu(E^y)\lambda(\mathrm{d}y) = \int_0^{+\infty}\mu([f>y])\mathrm{d}y.$$

参 考 文 献

[1] 严加安. 测度论讲义 [M].2 版. 北京: 科学出版社, 2004.

[2] 胡晓予. 高等概率论 [M]. 北京: 科学出版社, 2009.

[3] 林正炎, 白志东. 概率不等式 [M]. 北京: 科学出版社, 2006.

[4] 林正炎, 陆传荣, 苏中根. 概率极限理论基础 [M]. 北京: 高等教育出版社, 2006.

[5] 胡迪鹤. 高等概率论及其应用 [M]. 北京: 高等教育出版社, 2008.

[6] 朱成熹. 测度论基础 [M]. 北京: 科学出版社, 1983.

[7] 胡泽春. 高等概率论基础及极限理论 [M]. 北京: 清华大学出版社, 2014.

[8] 程士宏. 测度论与概率论基础 [M]. 北京: 北京大学出版社, 2004.

[9] 程其襄, 张奠宙, 魏国强. 实变函数与泛函分析 [M].3 版. 北京: 高等教育出版社, 2010.